国家"双高计划"水利水电建筑工程高水平专业群立体化教材

水利工程施工技术

主 编 闫国新 吴 伟
主 审 张梦宇 王飞寒

中国水利水电出版社
www.waterpub.com.cn
·北京·

内 容 提 要

本教材是高等职业教育水利类新形态一体化教材，也是国家"双高计划"水利水电建筑工程高水平专业群立体化教材项目成果。全教材共有六个学习项目，主要内容为施工导流与截流、爆破工程、地基和基础工程、土石坝工程、混凝土坝工程、地下建筑工程等的施工工艺和施工技术。

本教材可供高职高专水利水电建筑工程、水利水电工程技术、水利水电工程管理、水利工程等专业教学使用，也可供相关专业工程技术人员学习参考。

图书在版编目（CIP）数据

水利工程施工技术 / 闫国新，吴伟主编. -- 北京：中国水利水电出版社，2023.7
国家"双高计划"水利水电建筑工程高水平专业群立体化教材
ISBN 978-7-5226-1509-7

Ⅰ. ①水… Ⅱ. ①闫… ②吴… Ⅲ. ①水利工程-工程施工-高等职业教育-教材 Ⅳ. ①TV52

中国国家版本馆CIP数据核字(2023)第082306号

书　　名	国家"双高计划"水利水电建筑工程高水平专业群立体化教材 **水利工程施工技术** SHUILI GONGCHENG SHIGONG JISHU
作　　者	主编　闫国新　吴　伟 主审　张梦宇　王飞寒
出版发行	中国水利水电出版社 （北京市海淀区玉渊潭南路1号D座　100038） 网址：www.waterpub.com.cn E-mail：sales@mwr.gov.cn 电话：（010）68545888（营销中心）
经　　售	北京科水图书销售有限公司 电话：（010）68545874、63202643 全国各地新华书店和相关出版物销售网点
排　　版	中国水利水电出版社微机排版中心
印　　刷	清淞永业（天津）印刷有限公司
规　　格	184mm×260mm　16开本　15.5印张　377千字
版　　次	2023年7月第1版　2023年7月第1次印刷
印　　数	0001—2500册
定　　价	**55.00元**

凡购买我社图书，如有缺页、倒页、脱页的，本社营销中心负责调换
版权所有·侵权必究

前言

本书是贯彻落实《国家职业教育改革实施方案》（国发〔2019〕4号）、《国务院关于加快发展职业教育的决定》（国发〔2014〕19号）、《水利部教育部关于进一步推进水利职业教育改革发展的意见》（水人事〔2013〕121号）、中共中央办公厅 国务院办公厅印发《关于推动现代职业教育高质量发展的意见》和中共中央办公厅 国务院办公厅印发的《关于深化现代职业教育体系建设改革的意见》等文件精神，编写的立体化教材。

本教材以水利工程施工过程为导向，共划分为六个项目，内容包括施工导流与截流、爆破工程、地基与基础工程、土石坝工程、混凝土坝工程和地下建筑物施工等。其主要特点是全教材按照项目—任务—单元构建框架体系，共62个教学单元，工程图片、工程案例、微课视频、施工动画和测试题库贯穿每个教学单元，形成可学可测、贴近生产、贴近工艺的立体化教材。在编写过程中，突出新技术、新工艺、新规范，案例引导注重实践能力，与职业（执业）资格培训和考试相对接，具有先进性、实用性的特点。

本教材编写人员及编写分工如下：黄河水利职业技术学院闫国新编写项目一和项目五任务三，黄河水利职业技术学院吴伟编写项目二，杨二静编写项目三，代凌辉编写项目四，开封市水利规划服务中心张夏煜编写项目五任务一，张亚坤编写项目五任务二，韩晓育编写项目五任务四，李建编写项目五任务五，吕桂军编写项目六。本教材由闫国新、吴伟担任主编，韩晓育、杨二静、代凌辉、张夏煜、吕桂军担任副主编，由黄河水利职业技术学院张梦宇教授、王飞寒教授担任主审。

本教材在编写过程中，得到了各院校的专家、教授的支持和帮助，同时，参考了不少相关资料、著作、教材，对提供帮助的同仁及相关作者，在此一并致以诚挚的谢意！

由于编者水平有限，书中难免存在错漏和不足之处，恳请广大师生及专家、读者批评指正。

编者
2023年6月

"行水云课"数字教材使用说明

"行水云课"水利职业教育服务平台是中国水利水电出版社立足水电、整合行业优质资源全力打造的"内容"＋"平台"的一体化数字教学产品。平台包含高等教育、职业教育、职工教育、专题培训、行水讲堂五大版块，旨在提供一套与传统教学紧密衔接、可扩展、智能化的学习教育解决方案。

本套教材是整合传统纸质教材内容和富媒体数字资源的新型教材，将大量图片、音频、视频、3D动画等教学素材与纸质教材内容相结合，用以辅助教学。读者可通过扫描纸质教材二维码查看与纸质内容相对应的知识点多媒体资源，完整数字教材及其配套数字资源可通过移动终端APP"行水云课"微信公众号或中国水利水电出版社"行水云课"平台查看。

内页二维码具体标识如下：
- ⓐ为平面动画
- ▶为知识点视频
- ⑩为三维动画
- ⓣ为试题
- ⓒ为课件
- ⓟ为图片

线上教学与配套数字资源获取途径如下：
- 手机端。关注"注水云课"公众号→搜索"图书名"→封底激活码激活→学习或下载。
- PC端。登录"http://www.xingshuiyun.com"→搜索"图书名"→封底激活码激活→学习或下载。

多媒体知识点索引

序号	码号	资源名称	类型	页码
1	010101	施工导流的概念及意义	▶	1
2	010102	施工导流的概念及意义	◉	1
3	010103	单元一测试题	Ⓣ	1
4	010104	一次拦断河床围堰导流	∅	5
5	010105	小浪底隧洞导流	Ⓟ	5
6	010106	分期围堰导流	∅	7
7	010107	三峡工程二期明渠导流	Ⓟ	7
8	010108	施工导流基本方法	▶	13
9	010109	施工导流基本方法	◉	13
10	010110	单元二测试题	Ⓣ	13
11	010111	导流建筑物设计	▶	17
12	010112	导流建筑物设计	◉	17
13	010113	单元三测试题	Ⓣ	17
14	010201	围堰工程	▶	18
15	010202	围堰工程	◉	18
16	010203	围堰布置	∅	22
17	010204	围堰拆除	∅	24
18	010205	溪洛渡上下游土石围堰	Ⓟ	24
19	010206	单元一测试题	Ⓣ	24
20	010207	立堵法	∅	25
21	010208	平堵法	∅	25
22	010209	截流基本方法	▶	29
23	010210	截流基本方法	◉	29
24	010211	葛洲坝集团向家坝截流	Ⓟ	29
25	010212	单元二测试题	Ⓣ	29

续表

序号	码号	资源名称	类型	页码
26	010301	初期排水	▶	30
27	010302	初期排水	◉	30
28	010303	三峡二期初期排水	℗	30
29	010304	单元一测试题	Ⓣ	31
30	010305	明式排水	▶	32
31	010306	明式排水	◉	32
32	010307	明式排水	Ⓘ	32
33	010308	明式排水崔家营航电工程	℗	32
34	010309	单元二测试题	Ⓣ	32
35	010310	人工降低地下水位	▶	38
36	010311	人工降低地下水位	◉	38
37	010312	人工降低地下水位	Ⓘ	38
38	010313	人工降低地下水位井点法	℗	38
39	010314	单元三测试题	Ⓣ	38
40	020101	无限均匀介质爆破	Ⓘ	39
41	020102	有限均匀介质爆破	Ⓘ	40
42	020103	铵梯炸药	℗	43
43	020104	铵油炸药	℗	43
44	020105	黏性粒状乳化铵油炸药	℗	43
45	020106	1号铵松蜡炸药	℗	43
46	020107	1号岩石乳化炸药	℗	43
47	020108	爆破基本原理	▶	44
48	020109	爆破基本原理	◉	44
49	020110	单元一测试题	Ⓣ	44
50	020111	爆破基本方法	Ⓘ	44
51	020112	台阶爆破施工1	℗	45
52	020113	台阶爆破施工2	℗	45
53	020114	洞室爆破	℗	47
54	020115	洞室爆破——装药1	℗	47

续表

序号	码号	资源名称	类型	页码
55	020116	洞室爆破——装药2	Ⓟ	47
56	020117	洞室爆破——堵塞	Ⓟ	47
57	020118	分段间隔装药	Ⓟ	48
58	020119	爆破基本方法	▶	49
59	020120	爆破基本方法	◉	49
60	020121	单元二测试题	Ⓣ	49
61	020122	液压钻机	Ⓟ	50
62	020123	潜孔钻机	Ⓟ	50
63	020124	装药	Ⓟ	51
64	020125	堵塞 孔口保护	Ⓟ	53
65	020126	连线	Ⓟ	53
66	020127	起爆	Ⓟ	53
67	020128	爆破施工工艺	▶	53
68	020129	爆破施工工艺	◉	53
69	020130	单元三测试题	Ⓣ	54
70	020131	出渣	Ⓟ	54
71	020201	定向爆破	Ⓕ	55
72	020202	定向爆破	▶	55
73	020203	定向爆破	◉	55
74	020204	单元一测试题	Ⓣ	55
75	020205	预裂爆破	Ⓕ	56
76	020206	预裂爆破	▶	56
77	020207	预裂爆破	◉	56
78	020208	单元二测试题	Ⓣ	56
79	020209	预裂爆破工程应用	Ⓟ	56
80	020210	光面爆破	Ⓕ	57
81	020211	光面爆破	▶	59
82	020212	光面爆破	◉	59
83	020213	单元三测试题	Ⓣ	59

续表

序号	码号	资源名称	类型	页码
84	020301	爆破作业安全操作要求	▶	61
85	020302	爆破作业安全操作要求	🅰	61
86	020303	单元一测试题	Ⓣ	61
87	020304	爆破公害及爆破安全距离的确定	▶	63
88	020305	爆破公害及爆破安全距离的确定	🅰	63
89	020306	单元二测试题	Ⓣ	63
90	030101	灌浆分类	▶	65
91	030102	灌浆分类	🅰	65
92	030103	单元一测试题	Ⓣ	65
93	030104	水泥灌浆	Ⓟ	65
94	030105	砂砾石地基灌浆	▶	69
95	030106	砂砾石地基灌浆	🅰	69
96	030107	单元二测试题	Ⓣ	69
97	030108	砂砾石地基灌浆	Ⓟ	69
98	030109	岩基灌浆	▶	72
99	030110	岩基灌浆	🅰	72
100	030111	单元三测试题	Ⓣ	72
101	030112	帷幕灌浆	Ⓘ	72
102	030113	岩基灌浆	Ⓟ	72
103	030114	高压喷射灌浆	▶	76
104	030115	高压喷射灌浆	🅰	76
105	030116	单元四测试题	Ⓣ	76
106	030117	高压喷射灌浆	Ⓟ	76
107	030118	高喷灌浆	Ⓘ	76
108	030201	防渗墙概念及类型	▶	77
109	030202	防渗墙概念及类型	🅰	77
110	030203	单元一测试题	Ⓣ	77
111	030204	防渗墙概念及类型	Ⓟ	77
112	030205	防渗墙施工工艺	▶	80

续表

序号	码号	资源名称	类型	页码
113	030206	防渗墙施工工艺	ⓔ	80
114	030207	单元二测试题	Ⓣ	80
115	030208	防渗墙施工工艺	Ⓟ	80
116	030209	防渗墙施工	Ⓐ	80
117	030210	防渗墙质量检测	▶	82
118	030211	防渗墙质量检测	ⓔ	82
119	030212	单元三测试题	Ⓣ	82
120	030213	防渗墙质量检测——开挖检查	Ⓟ	82
121	030301	预制桩施工	▶	83
122	030302	预制桩施工	ⓔ	83
123	030303	单元一测试题	Ⓣ	83
124	030304	预制桩施工	Ⓟ	83
125	030305	钻孔灌注桩	▶	85
126	030306	钻孔灌注桩	ⓔ	85
127	030307	单元二测试题	Ⓣ	85
128	030308	钻孔灌注桩	Ⓟ	85
129	030309	钻孔灌注桩	Ⓐ	85
130	040101	砂砾石	Ⓟ	86
131	040102	土石分级	Ⓟ	86
132	040103	土石方分类	▶	87
133	040104	土石方分类	ⓔ	87
134	040105	单元一测试题	Ⓣ	87
135	040106	土石料场规划	Ⓟ	88
136	040107	料场规划	Ⓐ	88
137	040108	料场规划与土方调配	▶	90
138	040109	料场规划与土方调配	ⓔ	90
139	040110	单元二测试题	Ⓣ	90
140	040111	土石方开挖	Ⓐ	90
141	040112	土方挖运	Ⓟ	98

续表

序号	码号	资源名称	类型	页码
142	040113	土石方挖运方案	▶	99
143	040114	土石方挖运方案	◉	99
144	040115	单元三测试题	Ⓣ	99
145	040201	南水北调中线焦作段碾压试验	Ⓟ	100
146	040202	碾压试验	Ⓩ	100
147	040203	碾压试验	▶	100
148	040204	碾压试验	◉	100
149	040205	单元一测试题	Ⓣ	100
150	040206	羊脚碾	Ⓟ	101
151	040207	气胎碾	Ⓟ	101
152	040208	振动碾	Ⓟ	101
153	040209	蛙式打夯机	Ⓟ	101
154	040210	碾压机械	▶	101
155	040211	碾压机械	◉	101
156	040212	单元二测试题	Ⓣ	101
157	040213	青山水库黏土心墙坝填筑	Ⓟ	102
158	040214	土料压实	Ⓩ	103
159	040215	土石坝填筑	▶	105
160	040216	土石坝填筑	◉	105
161	040217	单元三测试题	Ⓣ	105
162	040218	灌水法	Ⓟ	105
163	040219	环刀取样1	Ⓟ	105
164	040220	环刀取样2	Ⓟ	105
165	040221	土石坝质检	▶	106
166	040222	土石坝质检	◉	106
167	040223	单元四测试题	Ⓣ	106
168	040301	面板堆石坝分区	Ⓟ	107
169	040302	堆石料质量要求及坝体分区	▶	107
170	040303	堆石料质量要求及坝体分区	◉	107

续表

序号	码号	资源名称	类型	页码
171	040304	单元一测试题	Ⓣ	107
172	040305	坝体堆填	Ⓘ	108
173	040306	垫层碾压	Ⓘ	108
174	040307	堆石料填筑施工	Ⓟ	109
175	040308	堆石料填筑施工	Ⓥ	109
176	040309	堆石料填筑施工	Ⓐ	109
177	040310	单元二测试题	Ⓣ	109
178	040311	混凝土面板施工1	Ⓟ	110
179	040312	混凝土面板施工2	Ⓟ	110
180	040313	面板止水	Ⓘ	110
181	040314	混凝土面板施工3	Ⓟ	110
182	040315	混凝土面板施工4	Ⓟ	110
183	040316	面板施工	Ⓘ	111
184	040317	趾板施工	Ⓘ	111
185	040318	面板止板止水	Ⓘ	111
186	040319	防浪墙	Ⓘ	112
187	040320	护坡与坝顶公路	Ⓘ	112
188	040321	混凝土面板施工	Ⓥ	113
189	040322	混凝土面板施工	Ⓐ	113
190	040323	单元三测试题	Ⓣ	113
191	050101	模板	Ⓟ	115
192	050102	模板的作用与分类	Ⓥ	115
193	050103	模板的作用与分类	Ⓐ	115
194	050104	单元一测试题	Ⓣ	115
195	050105	模板形式	Ⓟ	116
196	050106	钢模板类型	Ⓘ	116
197	050107	模板的基本形式	Ⓥ	120
198	050108	模板的基本形式	Ⓐ	120
199	050109	单元二测试题	Ⓣ	120

续表

序号	码号	资 源 名 称	类型	页码
200	050110	模板设计	▶	124
201	050111	模板设计	◉	124
202	050112	单元三测试题	Ⓣ	124
203	050113	模板施工	Ⓟ	124
204	050114	模板安装与拆除	▶	125
205	050115	模板安装与拆除	◉	125
206	050116	单元四测试题	Ⓣ	125
207	050201	钢筋验收与储存	▶	126
208	050202	钢筋验收与储存	◉	126
209	050203	单元一测试题	Ⓣ	126
210	050204	钢筋配料	Ⓙ	126
211	050205	钢筋配料	▶	127
212	050206	钢筋配料	◉	127
213	050207	单元二测试题	Ⓣ	127
214	050208	钢筋加工	Ⓟ	128
215	050209	钢筋的内场加工	▶	131
216	050210	钢筋的内场加工	◉	131
217	050211	单元三测试题	Ⓣ	131
218	050212	钢筋连接1	Ⓟ	131
219	050213	钢筋连接2	Ⓟ	131
220	050214	钢筋连接3	Ⓟ	131
221	050215	钢筋的连接与安装	▶	136
222	050216	钢筋的连接与安装	◉	136
223	050217	单元四测试题	Ⓣ	136
224	050301	砂石料制备	Ⓟ	137
225	050302	砂石料生产工艺	Ⓙ	137
226	050303	三峡工程古树岭碎石加工系统	Ⓟ	143
227	050304	砂石料制备	▶	145
228	050305	砂石料制备	◉	145

续表

序号	码号	资源名称	类型	页码
229	050306	单元一测试题	Ⓣ	145
230	050307	混凝土制备	Ⓟ	147
231	050308	混凝土制备	▶	151
232	050309	混凝土制备	◉	151
233	050310	单元二测试题	Ⓣ	151
234	050311	混凝土搅拌车	Ⓟ	152
235	050312	缆机浇筑	▶	154
236	050313	混凝土输送泵	Ⓟ	155
237	050314	混凝土混凝土运输	▶	161
238	050315	混凝土混凝土运输	◉	161
239	050316	单元三测试题	Ⓣ	161
240	050317	混凝土浇筑1	Ⓟ	163
241	050318	挂花管喷水养护	Ⓟ	165
242	050319	大体积混凝土冷却水管	Ⓟ	165
243	050320	混凝土混凝土浇筑与养护	▶	165
244	050321	混凝土混凝土浇筑与养护	◉	165
245	050322	单元四测试题	Ⓣ	165
246	050323	大体积混凝土温度控制	▶	173
247	050324	大体积混凝土温度控制	◉	173
248	050325	单元五测试题	Ⓣ	173
249	050401	碾压混凝土	Ⓟ	174
250	050402	碾压混凝土原材料及配合比	▶	174
251	050403	碾压混凝土原材料及配合比	◉	174
252	050404	单元一测试题	Ⓣ	174
253	050405	碾压混凝土施工	Ⓟ	176
254	050406	碾压混凝土施工	▶	176
255	050407	碾压混凝土施工	◉	176
256	050408	单元二测试题	Ⓣ	176
257	050409	碾压混凝土温控	Ⓟ	177

续表

序号	码号	资源名称	类型	页码
258	050410	碾压混凝土温控及质量控制	▶	178
259	050411	碾压混凝土温控及质量控制	◉	178
260	050412	单元三测试题	Ⓣ	178
261	050501	先张法	Ⓟ	179
262	050502	先张法施工	Ⓘ	179
263	050503	先张法	▶	182
264	050504	先张法	◉	182
265	050505	单元一测试题	Ⓣ	182
266	050506	后张法	Ⓟ	182
267	050507	后张法施工	Ⓘ	182
268	050508	后张法	▶	190
269	050509	后张法	◉	190
270	050510	单元二测试题	Ⓣ	190
271	060101	平洞	Ⓟ	192
272	060102	隧洞开挖方法	Ⓘ	193
273	060103	竖井	Ⓟ	194
274	060104	地下厂房	Ⓟ	199
275	060105	地下工程开挖方式	▶	199
276	060106	地下工程开挖方式	◉	199
277	060107	单元一测试题	Ⓣ	199
278	060108	隧洞垂直掏槽孔	Ⓟ	200
279	060109	楔形掏槽炮孔	Ⓟ	200
280	060110	多臂凿岩台车	Ⓟ	205
281	060111	爆岩出渣	Ⓟ	207
282	060112	循环作业图	Ⓘ	210
283	060113	钻孔爆破开挖	▶	210
284	060114	钻孔爆破开挖	◉	210
285	060115	单元二测试题	Ⓣ	210
286	060116	小型综合掘进机01	Ⓟ	211

续表

序号	码号	资源名称	类型	页码
287	060117	小型综合掘进机02	Ⓟ	211
288	060118	全断面掘进机	Ⓟ	211
289	060119	盾构机	Ⓟ	211
290	060120	掘进机施工	Ⓥ	214
291	060121	掘进机施工	Ⓒ	214
292	060122	单元三测试题	Ⓣ	214
293	060201	衬砌施工	Ⓘ	215
294	060202	衬砌施工	Ⓥ	219
295	060203	衬砌施工	Ⓒ	219
296	060204	单元一测试题	Ⓣ	219
297	060205	隧洞灌浆	Ⓥ	219
298	060206	隧洞灌浆	Ⓒ	219
299	060207	单元二测试题	Ⓣ	219
300	060301	喷混凝土护坡	Ⓟ	220
301	060302	喷混凝土锚杆挂钢丝网支护	Ⓟ	220
302	060303	土钉墙支护	Ⓟ	220
303	060304	锚喷支护原理	Ⓥ	220
304	060305	锚喷支护原理	Ⓒ	220
305	060306	单元一测试题	Ⓣ	220
306	060307	锚杆1	Ⓟ	221
307	060308	锚杆2	Ⓟ	221
308	060309	锚杆支护（先插杆后注浆）	Ⓟ	221
309	060310	锚杆支护	Ⓘ	222
310	060311	锚杆支护	Ⓥ	223
311	060312	锚杆支护	Ⓒ	223
312	060313	单元二测试题	Ⓣ	223
313	060314	喷混凝土施工	Ⓥ	228
314	060315	喷混凝土施工	Ⓒ	228
315	060316	单元三测试题	Ⓣ	228

目录

前言
"行水云课"数字教材使用说明
多媒体知识点索引

项目一 施工导流与截流 ········· 1
    任务一 施工导流 ········· 1
    任务二 截流工程施工 ········· 18
    任务三 基坑排水 ········· 29

项目二 爆破工程 ········· 39
    任务一 爆破施工 ········· 39
    任务二 特种爆破技术 ········· 54
    任务三 爆破安全 ········· 59

项目三 地基和基础工程 ········· 64
    任务一 灌浆工程 ········· 64
    任务二 防渗墙施工 ········· 76
    任务三 桩基础施工 ········· 82

项目四 土石坝工程 ········· 86
    任务一 土石方开挖 ········· 86
    任务二 土石方填筑 ········· 99
    任务三 面板堆石坝施工 ········· 106

项目五 混凝土坝工程 ········· 114
    任务一 模板工程 ········· 114
    任务二 钢筋工程 ········· 125
    任务三 常态混凝土施工 ········· 137
    任务四 碾压混凝土施工 ········· 174
    任务五 预应力混凝土施工 ········· 178

项目六 地下建筑工程 ········· 191
    任务一 地下工程开挖 ········· 191
    任务二 衬砌施工 ········· 214
    任务三 锚喷支护 ········· 219

参考文献 ········· 229

项目一　施工导流与截流

水工建筑物施工和其他建筑物施工不同。水工建筑物通常修建于河床之中，施工期受到河道水流的影响，需要解决水流与施工的矛盾问题。实践表明：人们用土、石、草木、混凝土等材料拦截水流，将所要施工的基坑部分围护起来（即围堰工程，是围护基坑施工的临时挡水建筑物），然后排除基坑中的水流进行施工，而原河道中的水流通过另外修建的泄水建筑物导向下游，创造干地施工条件，施工期对水流控制贯穿于施工的全过程。

施工过程中水流控制，概括起来讲就是采用"导、截、拦、蓄、泄"等措施来解决水流宣泄和施工之间的矛盾，把河道中的流量全部或部分地导向下游或拦蓄起来，以保证在干地上施工，使施工期不影响或尽可能少的影响水资源的综合利用。

任务一　施　工　导　流

单元一　施工导流的概念和意义

河床上修建水利水电工程时，为了使水工建筑物能在干地施工，需要用围堰围护基坑，并将河水引向预定的泄水建筑物泄向下游，这就是施工导流。

根据《水利水电工程施工组织设计规范》（SL 303—2017），施工导流的方法大体上分为两类：一类是一次拦断河床围堰导流方式，另一类是分期围堰导流方式。

施工导流在水利水电工程施工组织中具有十分重要的意义，具体表现在以下几个方面：

（1）施工导流影响坝址的选择。
（2）施工导流影响工程施工安全。
（3）施工导流影响工程施工工期。
（4）施工导流影响施工期水资源利用。

单元二　施工导流的基本方法

一、一次拦断河床围堰导流

一次拦断河床围堰导流是在河床主体工程的上下游各建一道拦河围堰，使上游来水通过预先修筑的临时或永久泄水建筑物（如明渠、隧洞等）泄向下游，主体建筑物在排干的基坑中进行施工，主体工程建成或接近建成时再封堵临时泄水道。这种方法的优点是工作面大，河床内的建筑物在一次性围堰的围护下建造，如能利用水利枢纽中的永久泄水建筑物导流，可大大节约工程投资。

一次拦断河床围堰导流方式按泄水建筑物的类型不同可分为明渠导流、隧洞导流、涵管导流等。

1. 明渠导流

上下游围堰一次拦断河床形成基坑，保护主体建筑物在干地施工，天然河道水流经河岸或滩地上开挖的导流明渠泄向下游的导流方式称为明渠导流。

（1）明渠导流的适用条件。如坝址河床较窄，或河床覆盖层很深，分期导流困难，且具备下列条件之一者，可考虑采用明渠导流。

1）河床一岸有较宽的台地、垭口或古河道。

2）导流流量大，地质条件不适于开挖导流隧洞。

3）施工期有通航、排冰、过木要求。

4）总工期紧，不具备洞挖经验和设备。

国内外工程实践证明，在导流方案比较过程中，如明渠导流和隧洞导流均可采用时，一般是倾向明渠导流，这是因为明渠开挖可采用大型设备，加快施工进度，对主体工程提前开工有利。对于施工期间河道有通航、过木和排冰要求时，明渠导流更是有利。

（2）导流明渠布置。导流明渠布置分岸坡上和滩地上两种布置形式（图1-1）。

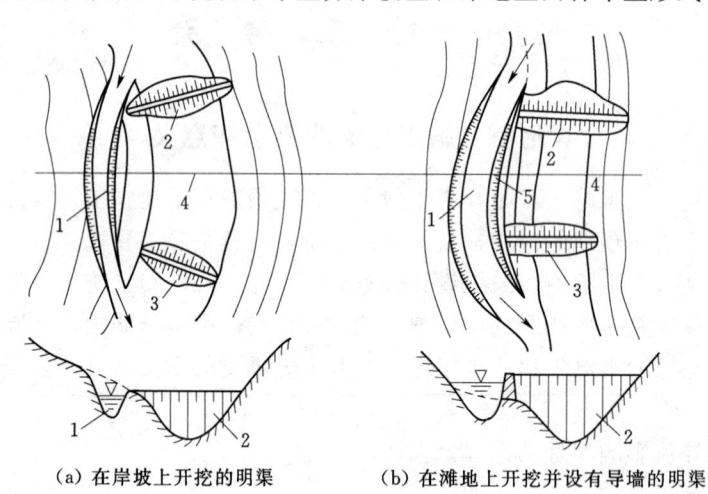

(a) 在岸坡上开挖的明渠　　(b) 在滩地上开挖并设有导墙的明渠

图1-1 明渠导流示意图

1—导流明渠；2—上游围堰；3—下游围堰；4—坝轴线；5—明渠外导墙

1）导流明渠轴线的布置。导流明渠应布置在较宽台地、垭口或古河道一岸；渠身轴线要伸出上下游围堰外坡脚，水平距离要满足防冲要求，一般为50～100m；明渠进出口应与上下游水流相衔接，与河道主流的交角以30°为宜；为保证水流畅通，明渠转弯半径应大于5倍渠底宽；明渠轴线布置应尽可能缩短明渠长度和避免深挖方。

2）明渠进出口位置和高程的确定。明渠进出口力求不冲、不淤和不产生回流，可通过水力学模型试验调整进出口形状和位置，以达到这一目的；进口高程按截流设计选择，出口高程一般由下游消能控制；进出口高程和渠道水流流态应满足施工期通航、过木和排冰要求；在满足上述条件下，尽可能抬高进出口高程，以减少水下开挖量。

(3) 导流明渠断面设计。

1) 明渠断面尺寸的确定。明渠断面尺寸由设计导流流量控制，并受地形地质和允许抗冲流速影响，应按不同的明渠断面尺寸与围堰的组合，通过综合分析确定。

2) 明渠断面形式的选择。明渠断面一般设计成梯形，渠底为坚硬基岩时，可设计成矩形。有时为满足截流和通航的不同目的，也会设计成复式梯形断面。

3) 明渠糙率的确定。明渠糙率大小直接影响到明渠的泄水能力，而影响糙率大小的因素有衬砌的材料、开挖的方法、渠底的平整度等，可根据具体情况查阅有关手册确定，对大型明渠工程，应通过模型试验选取糙率。

(4) 明渠封堵。导游明渠结构布置应考虑后期封堵要求。当施工期有通航、放木和排冰任务，且明渠较宽时，可在明渠内预设闸门墩，以利于后期封堵。施工期无通航、过木和排冰任务时，应在明渠通水前，将明渠坝段施工到适当高程，并设置导流底孔和坝面缺口使二者联合泄流。

2. 隧洞导流

上下游围堰一次拦断河床形成基坑，保护主体建筑物干地施工的环境，天然河道水流全部由导流隧洞宣泄的导流方式称为隧洞导流。

(1) 隧洞导流适用条件。导流流量不大、坝址河床狭窄、两岸地形陡峻（如一岸或两岸地形条件良好）的可考虑采用隧洞导流。

(2) 导流隧洞的布置（图1-2）。

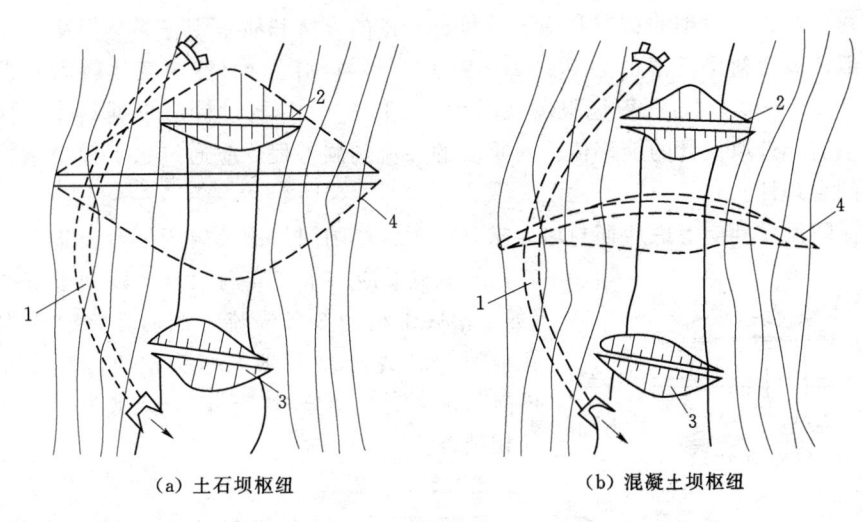

(a) 土石坝枢纽 (b) 混凝土坝枢纽

图1-2 隧洞导流示意图
1—导流隧洞；2—上游围堰；3—下游围堰；4—主坝

1) 隧洞轴线沿线地质条件良好，足以保证隧洞施工和运行的安全。

2) 隧洞轴线宜按直线布置，如有转弯时，转弯半径不小于5倍洞径（或洞宽），转角不宜大于60°，弯道首尾应设直线段，长度不宜小于5倍的洞径（或洞宽）；进出口引渠轴线与河流主流方向夹角宜小于30°。

3) 隧洞间净距、隧洞与永久建筑物间距、洞脸与洞顶围岩厚度均应满足结构和应力要求。

4) 隧洞进出口位置应保证水力学条件良好，并伸出堰外坡脚一定距离，一般距离应大于50m，以满足围堰防冲要求。进口高程多由截流控制，出口高程由下游消能控制，洞底按需要设计成缓坡或急坡，避免成反坡。

(3) 导流隧洞断面设计。隧洞断面尺寸的大小取决于设计流量、地质和施工条件，洞径应控制在施工技术和结构安全允许范围内。目前国内单洞断面面积多在200m²以下，单洞泄量控制在2000~2500m³/s以内。

隧洞断面形式取决于地质条件、隧洞工作状况（有压或无压）及施工条件，常用断面形式有圆形、马蹄形、方圆形（图1-3）。圆形多用于高水头处，马蹄形多用于地质条件不良处，方圆形有利于截流和施工，国内外导流隧洞采用方圆形为多。

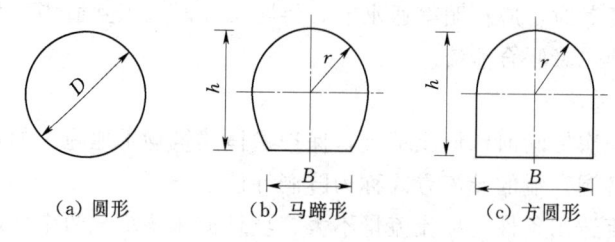

(a) 圆形　　(b) 马蹄形　　(c) 方圆形

图1-3　隧洞断面形式

洞身设计中，糙率n值的选择是十分重要的问题，糙率的大小直接影响断面的大小，而衬砌与否、衬砌的材料和施工质量、开挖的方法和质量则是影响糙率大小的因素。一般混凝土衬砌糙率值为0.014~0.017；不衬砌隧洞的糙率变化较大，光面爆破时为0.025~0.032，一般炮眼爆破时为0.035~0.044。设计时根据具体条件，查阅有关手册，选取设计的糙率值。对重要的导流隧洞工程，应通过水工模型试验验证其糙率的合理性。

导流隧洞设计应考虑后期封堵要求，布置封堵闸门门槽及启闭平台设施。有条件者，导流隧洞应与永久隧洞结合，以利于节省投资（如小浪底工程的3条导流隧洞后期将改建为3条孔板消能泄洪洞）。一般高水头枢纽，导流隧洞只可能与永久隧洞部分相结合，中低水头则有可能全部相结合。

3. 涵管导流

涵管导流一般在修筑土坝、堆石坝工程中采用。

涵管通常布置在河岸岩滩上，其位置在枯水位以上，这样可在枯水期不修围堰或只修一小围堰时先将涵管筑好，然后再修上下游全断围堰，将河水经涵管下泄，如图1-4所示。

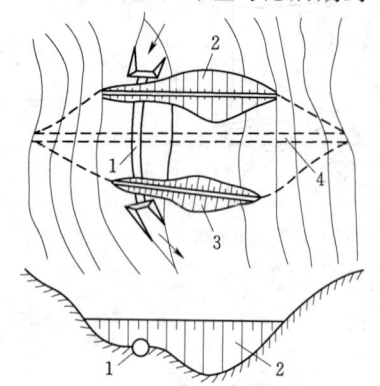

图1-4　涵管导流示意图
1—导流涵管；2—上游围堰；
3—下游围堰；4—土石坝

当有永久涵管可以利用或修建隧洞有困难时，采用涵管导流是合理的。在某些情况下，可在建筑物基岩中开挖沟槽，必要时予以衬砌，然后封上混凝土或钢筋混凝土顶盖，形成涵管。利用这种涵管导流往往可以获得经济、可靠的效果。由于涵管的泄水能力较低，所以一般用于导流流量较小的河流上，或只用来担负枯水期的导流任务。

为了防止涵管外壁与坝身防渗体之间的渗流，通常在涵管外壁每隔一定距离设置截流环，以延长渗径，降低渗透坡降，减少渗流的破坏作用。此外，必须严格控制涵管外壁防渗体的压实质量。涵管管身的温度缝或沉陷缝中的止水必须认真施工。

二、分期围堰导流

分期围堰导流，又称分段围堰导流，是用围堰将建筑物分段分期围护起来进行施工的方法。图1-5是一种常见的分期围堰导流方式示意图。

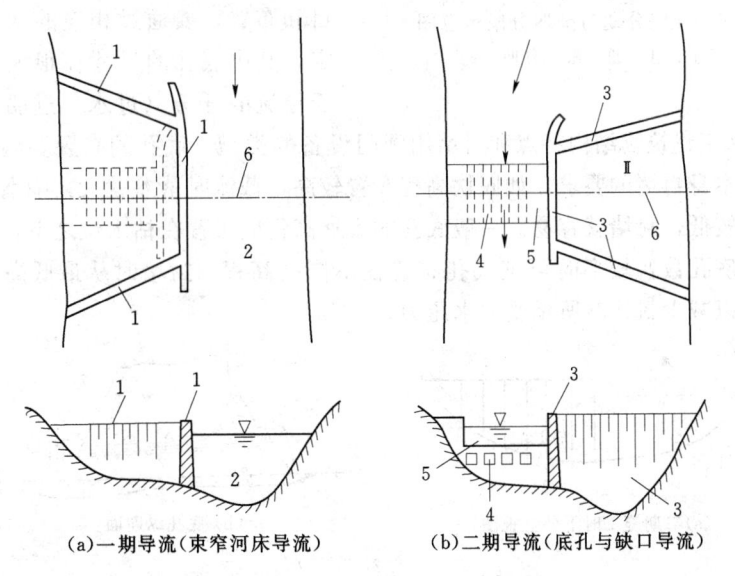

(a)一期导流(束窄河床导流)　　(b)二期导流(底孔与缺口导流)

图1-5　分期导流布置示意图

1——一期围堰；2——束窄河床；3——二期围堰；4——导流底孔；5——坝体缺口；6——坝轴线

所谓分段，就是从空间上将河床围护成若干个干地施工的基坑段进行施工。所谓分期，就是从时间上将导流过程划分成阶段。图1-6所示为导流分期和围堰分段的几种情况，从图中可以看出，导流的分期数和围堰的分段数并不一定相同，因为在同一导流分期中，建筑物可以在一段围堰内施工，也可以同时在不同段内施工。必须指出，段数分得越多，围堰工程量越大，施工也越复杂；同样，期数分的越多，工期有可能拖得越长。因此在工程实践中，二段二期导流法采用得最多(如葛洲坝工程、三门峡工程等)。只有在比较宽阔的通航河道上施工，不允许断航或其他特殊情况下，才采用多段多期导流法(如三峡工程施工导流就采用二段三期的导流法)

分期围堰导流方式一般适用于河床宽阔、流量大、施工期较长的工程，尤其在通航河流和冰凌严重的河流上。这种导流方法的费用较低，国内外一些大、中型水利水电工程采用较多。分期围堰导流方式，前期由束窄的原河道导流，后期可利用事先修建好的泄水道导流，常见泄水道的类型有底孔、缺口等。

1. 底孔导流

利用设置在混凝土坝体中的永久底孔或临时底孔作为泄水道，是后期导流经常采用的方法。导流时让全部或部分导流流量通过底孔宣泄到下游，保证后期工程施工的顺利进行。如系临时底孔，则在工程接近完工或需要蓄水时要加以封堵。底孔导流的布置形式如图1-7所示。

采用临时底孔时，底孔的尺寸、数目和布置，要通过相应的水力学计算确定，其中底孔的尺寸在很大程度上取决于导流的任务（过水、过船、过木和过鱼），以及水工建筑物结构特点和封堵用闸门设备的类型。底孔的布置要满足截流、围堰工程以及本身封堵的要求。如底坎高程布置较高，截流时落差就大，围堰也高。但封堵时的水头较低，封堵就容易。一般底孔的底坎高程应布置在枯水位之下，以保证枯水期泄水。当底孔数目较多时可把底孔布置在不同的高程，封堵时从最低高程的底孔堵起，这样可以减少封堵时所承受的水压力。

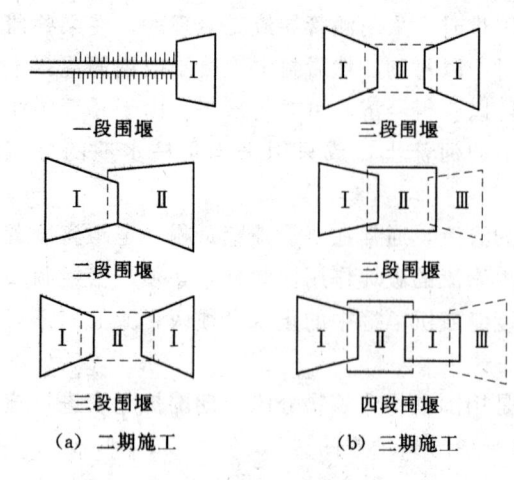

图1-6 导流分期与围堰分段示意图
Ⅰ、Ⅱ、Ⅲ—施工分期

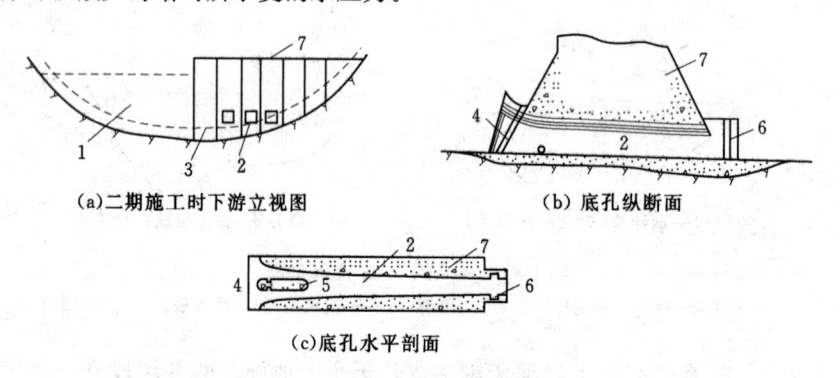

图1-7 底孔导流
1—二期修建坝体；2—底孔；3—二期纵向围堰；4—封闭闸门门槽；5—中间墩；6—出口封闭门槽；7—已浇筑的混凝土坝体

临时底孔的断面形状多采用矩形，为了改善孔周的应力状况，也可采用有圆角的矩形。按水工结构要求，孔口尺寸应尽量小，但某些工程由于导流流量较大，只好采用尺寸较大的底孔，见表1-1。

表1-1　　　　　　　　水利水电工程导流底孔尺寸

工程名称	底孔尺寸（宽×高）/m	工程名称	底孔尺寸（宽×高）/m
新安江（浙江省）	10×13	石泉（陕西省）	7.5×10.41
黄龙滩（湖北省）	8×11	白山（吉林省）	9×14.2

底孔导流的优点是挡水建筑物上部的施工可以不受水流的干扰,有利于均衡连续施工,这对修建高坝特别有利。若坝体内设有永久底孔可以用来导流时,更为理想。底孔导流的缺点是:由于坝体内设置了临时底孔,使钢材用量增加;如果封堵质量不好,会削弱坝体的整体性,还有可能漏水;在导流过程中底孔有被漂浮物堵塞的危险;封堵时由于水头较高,安放闸门及止水等均较困难。

2. 坝体缺口导流

混凝土坝施工过程中,当汛期河水暴涨暴落,其他导流建筑物不足以宣泄全部流量时,为了不影响坝体施工进度,使坝体在涨水时仍能继续施工,可以在未建成的坝体上预留缺口(图1-8),以便配合其他建筑物宣泄洪峰流量,待洪峰过后,上游水位回落,再继续修筑缺口。所留缺口的宽度和高度取决于导流设计流量、其他建筑物的泄水能力、建筑物的结构特点和施工条件。采用底坎高程不同的缺口时,为避免高低缺口单宽流量相差过大,产生高缺口向低缺口的侧向泄流,

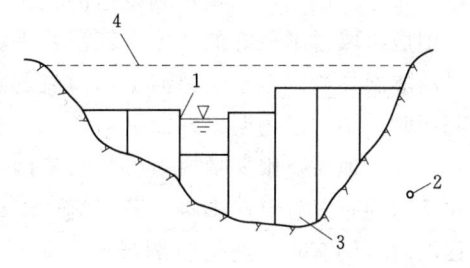

图1-8 坝体缺口过水示意图
1—过水缺口;2—导流隧洞;3—坝体;4—坝顶

从而引起压力分布不均匀,需要适当控制高低缺口间的高差。根据湖南省柘溪工程的经验,高差以不超过4m为宜。

在修建混凝土坝,特别是大体积混凝土坝时,由于这种导流方法比较简单,常被采用。

上述两种导流方式,一般只适用于混凝土坝,特别是重力式混凝土坝枢纽。至于土石坝或非重力式混凝土坝枢纽,则采用分期围堰导流方式,常与隧洞导流、明渠导流等河床外导流方式相结合。

三、选择导流方案时应考虑的主要因素

水利水电工程的施工,从开工到完建往往不是采用单一的导流方法,而是几种导流方法组合起来配合运用,以取得最佳的技术经济效果。例如,三峡工程采用分期导流方式,分三期进行施工:第一期土石围堰围护右岸叉河,江水和船舶从主河槽通过;第二期围护主河槽,江水经导流明渠泄向下游;第三期修建碾压混凝土围堰拦断明渠,江水经由泄洪坝段的永久深孔和22个临时导流底孔下泄。这种不同导流时段不同导流方法的组合,通常就称为导流方案。

导流方案的选择受各种因素的影响。合理的导流方案,必须在周密地研究各种影响因素的基础上,拟定几个可能的方案,进行技术经济比较,从中选择技术经济指标优越的方案。

选择导流方案时考虑的主要因素如下:

(1)水文条件。河流的流量大小、水位变化的幅度、全年流量的变化情况、枯水期的长短、汛期洪水的延续时间、冬季的流冰及冰冻情况等,均直接影响导流方案的选择。一般来说,对于河床单宽流量大的河流,宜采用分段围堰法导流;对于水位变化幅度大的山区河流,可采用允许基坑淹没的导流方法,在一定时期内通过过水围堰

和淹没基坑来宣泄洪峰流量；对于枯水期较长的河流，充分利用枯水期安排工程施工是完全必要的；对于枯水期不长的河流，如果不利用洪水期进行施工，就会拖延工期；对于流冰的河流，应充分注意流冰的宣泄问题，以免流冰壅塞，影响泄流，造成导流建筑物失事。

（2）地形条件。坝区附近的地形条件对导流方案的选择影响很大。对于河床宽阔的河流，尤其在施工期间有通航、过木要求时，宜采用分段围堰法导流，当河床中有天然石岛或沙洲时，采用分段围堰法导流，更有利于导流围堰的布置，特别是纵向围堰的布置。例如，三峡水利枢纽的施工导流就曾利用了长江中的中堡岛来布置一期纵向围堰，取得了良好的技术、经济效果。在河段狭窄两岸陡峻、山岩坚实的地区，宜采用隧洞导流。至于平原河道，河流的两岸或一岸比较平坦，或有河湾、老河道可资利用时，则宜采用明渠导流。

（3）地质及水文地质条件。河流两岸及河床的地质条件对导流方案的选择与导流建筑物的布置有直接影响。若河流两岸或一岸岩石坚硬、风化层薄、且有足够的抗压强度时，则有利于选用隧洞导流。如果岩石的风化层厚且破碎，或有较厚的沉积滩地，则适合于采用明渠导流。由于河床的束窄，减小了过水断面的面积，使水流流速增大，这时为了河床不受过大的冲刷，避免把围堰基础淘空，应根据河床地质条件来决定河床可能束窄的程度。对于岩石河床，抗冲刷能力较强，河床允许束窄程度较大，甚至可达到88%，流速有增加到7.5m/s的；但对覆盖层较厚的河床，抗冲刷能力较差，其束窄程度都不到30%，流速仅允许达到3.0m/s。此外，选择围堰形式，基坑能否允许淹没，能否利用当地材料修筑围堰等，也都与地质条件有关。水文地质条件则对基坑排水工作和围堰形式的选择有很大关系。因此，为了更好地进行导流方案的选择，要对地质和水文地质勘测工作提出专门要求。

（4）水工建筑物的形式及其布置。水工建筑物的形式和布置与导流方案相互影响，因此在决定建筑物的形式和枢纽布置时，应该同时考虑并拟定导流方案，而在选定导流方案时，又应该充分利用建筑物形式和枢纽布置方面的特点。

如果枢纽组成中有隧洞、渠道、涵管、泄水孔等永久泄水建筑物，在选择导流方案时应该尽可能加以利用。在设计永久泄水建筑物的断面尺寸并拟定其布置方案时，应该充分考虑施工导流的要求。

采用分段围堰法修建混凝土坝枢纽时，应当充分利用水电站与混凝土坝之间或混凝土坝溢流段与非溢流段之间的隔墙作为纵向围堰的一部分，以降低导流建筑物的造价。在这种情况下，对于第二期工程所修建的混凝土坝，应该核算它是否能够布置二期工程导流建筑物（底孔、预留缺口）。例如，三门峡水利枢纽溢流坝段的宽度主要就是由二期导流条件控制的，与此同时，为了防止河床冲刷过大，还应核算河床的束窄程度，保证有足够的过水断面来宣泄施工流量。

就挡水建筑物的形式来说，土坝、土石混合坝和堆石坝的抗冲刷能力小，除采用特殊措施外，一般不允许从坝身过水，所以多利用坝身以外的泄水建筑物（如隧洞、明渠等）或坝身范围内的涵管来导流，这时，通常要求在一个枯水期内将坝身抢筑到拦洪高程以上，以免水流漫顶，发生事故。至于混凝土坝，特别是混凝土重力坝，由于抗冲刷能力较强,允许流速达到25m/s,故不但可以通过底孔泄流,而且还可以通过未完建的坝身过水,使导流方案选择的灵活性大大增加。

(5) 施工期间河流的综合利用。施工期间,为了满足通航、筏运、渔业、供水、灌溉或水电站运转等的要求,导流问题的解决更加复杂。如前所述,在通航河流上,大多采用分段围堰法导流,要求河流在束窄以后,河宽仍能便于船只的通行,水深要与船只吃水深度相适应,束窄断面的最大流速一般不得超过2.0m/s,特殊情况需与当地航运部门协商研究确定。

对于浮运木筏或散材的河流,在施工导流期间,要避免木材壅塞泄水建筑物或者堵塞束窄河床。

在施工中后期,水库拦洪蓄水时,要注意满足下游供水、灌溉用水和水电站运行的要求,有时为了保证渔业的要求,还要修建临时的过鱼设施,以便鱼群能洄游。

(6) 施工进度、施工方法及施工场地布置。水利水电工程的施工进度与导流方案密切相关。通常是根据导流方案才能安排控制性进度计划,在水利水电工程施工导流过程中,对施工进度起控制作用的关键性时段主要有:导流建筑物的完工期限、截断河床水流的时间、坝体拦洪的期限、封堵临时泄水建筑物的时间以及水库蓄水发电的时间等。但各项工程的施工方法和施工进度又直接影响到各时段中导流任务的合理性和可能性。例如,在混凝土坝施工中,采用分段围堰施工时,若导流底孔没有建成,就不能截断河床水流和全面修建第二期围堰,若坝体没有达到一定高程和没有完成基础及坝体接缝灌浆以前,就不能封堵底孔和使水库蓄水等。因此,施工方法、施工进度与导流方案三者是密切相关的。

此外,导流方案的选择与施工场地的布置亦相互影响,例如,在混凝土坝施工中,当混凝土生产系统布置在一岸时,以采用全段围堰法导流为宜。若采用分段围堰法导流,则应以混凝土生产系统所在的一岸作为第一期工程,因为这样两岸的交通运输问题比较容易解决。在选择导流方案时,除了综合考虑以上各方面因素以外,还应使主体工程尽可能及早发挥效益,简化导流程序,降低导流费用,使导流建筑物既简单易行,又适用可靠。

四、案例分析

导流方案的比较选择,应在同精度、同深度的几种可行性方案中进行。首先研究分析采用何种导流方法,然后再研究采用什么类型,在此全面分析的基础上,排除明显不合理的方案,保留可行的方案或可能的组合方案。

【案例1】 龚嘴水电站施工导流方案

龚嘴水电站位于大渡河中游,由拦河大坝、水电站厂房、溢洪道等组成。拦河大坝为混凝土重力坝,最大坝高85.5m,在6号和10号坝段分设两个9m×8m的底孔,水电站厂房分设两处,右岸为坝后式厂房,装机4台,左岸为地上式厂房,装机3台,装机总容量为77万kW。溢洪道布置在河床中部,作排沙、泄洪和放空水库用。主体工程中土石方开挖的80%在水下,混凝土浇筑量的50%也在水下,工期5年。

河流流量充沛、稳定,洪峰高水量大。实测最大流量为9560m³/s,最枯流量为320m³/s。河道有漂木任务,且80%~90%集中在每年汛期散漂。

坝址处为高山峡谷，岸坡陡峻、河床狭窄，枯水面宽130m，洪水面宽200m，河床比降约为2‰，河床砂砾覆盖层深约为20~30m。两岸基岩裸露，多为震旦纪中粗花岗岩。

该工程为Ⅰ等工程，大坝属1级建筑物，根据原《水利水电枢纽工程等级划分及设计标准（平原、滨海部分）》（SDJ 217—87），临时建筑物按5%频率的洪水进行设计，2%频率的洪水进行校核。

分析：鉴于洪枯变幅不大，水下工程量大，河床狭窄，且覆盖层深厚，没有分期导流的条件，也没有采用过水围堰的条件，同时也没有采用不过水的低围堰条件，因此只有采用全段围堰法。导流建筑物的设计流量为9560m³/s，校核流量为10600m³/s。

导流方法确定后，应着手确定导流建筑物类型，鉴于流量大的特点，只有在明渠与隧洞两者之间选择。具体方案见表1-2。

表1-2　　　　　　　　　导流方案比较表

比较方案	断面尺寸/m	条数	长度/m	工程量/万 m³	
				土石方开挖	混凝土
隧洞导流	$B×H=18×25$	2	430与592	176	45.9
明渠导流	$B=54$	1	750	160	18.0

通过对导流建筑物的施工、漂木条件、主体工程完建期施工条件等方面的分析，左岸大明渠导流方案较右岸设2条大隧洞导流方案具有工程量小、漂木条件好、简单可靠、施工方便、对提前进行主体工程施工有利等突出优点。但对地下厂房施工带来一定干扰，后期明渠坝段完建施工较紧张。不过，这时主体工程已处于后期，在技术力量得到提高、机械设备日趋完善的条件下，困难较易克服。因此决定采用明渠导流。龚嘴导流明渠布置如图1-9所示。

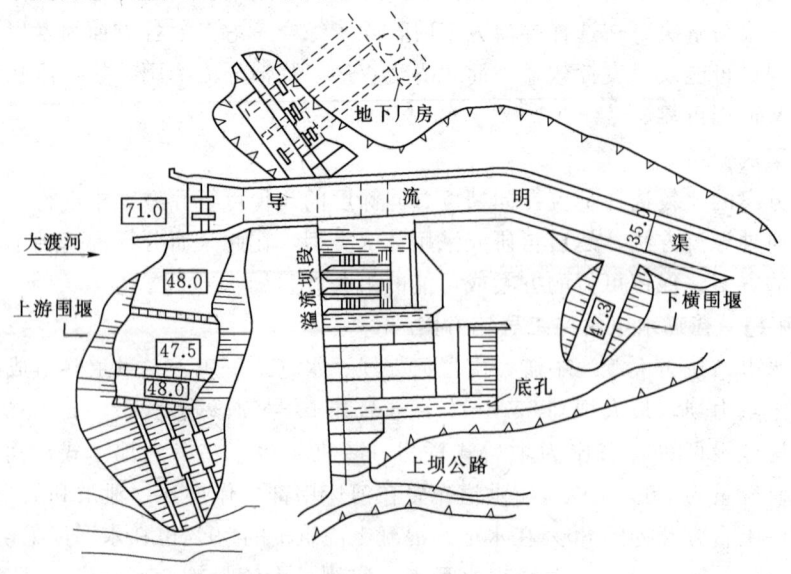

图1-9　龚嘴导流明渠布置图

【案例 2】 三峡工程施工导流方案

长江三峡工程位于长江干流三峡河段，由大坝、水电站厂房、通航建筑物等主要建筑物组成。大坝坝顶高程为 185m，正常蓄水位为 175m，汛期防洪限制水位为 145m，枯季消落最低水位为 155m，相应的总库容、防洪库容和兴利库容分别为 393 亿 m^3、221.5 亿 m^3 和 165 亿 m^3。安装单机容量 70 万 kW 的水轮发电机组 26 台，总装机容量为 1820 万 kW，年发电量为 847 亿 kW·h。

选定的坝址位于西陵峡中的三斗坪镇。坝址地质条件优越，基岩为完整坚硬的花岗岩（闪云斜长花岗岩），地形条件也有利于布置枢纽建筑物和施工场地，是一个理想的高坝坝址。选定的坝线在左岸的坛子岭及右岸的白岩尖之间，并穿过河床中的一个小岛——中堡岛。该岛左侧为主河槽，右侧为支沟（称后河）。

施工导流方案：三斗坪坝址河谷宽阔，江中有中堡岛将长江分为主河床及后河，适于采用分期导流方案。长江为我国的水运交通动脉，施工期通航问题至关重要。分期导流方案设计必须结合施工期通航方案和枢纽布置方案一并研究。在可行性论证和初步设计阶段，对右岸导流明渠施工期通航和不通航两大类型的多种方案进行了大量的技术经济比较工作。1993 年 7 月，经国务院三峡建设委员会批准，确定为"三期导流，明渠通航"方案（图 1-10～图 1-12）。

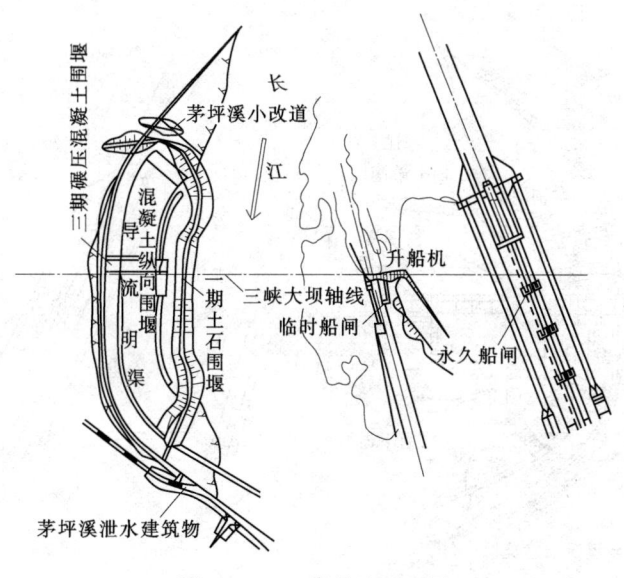

图 1-10 一期导流平面图

第一期围右岸（图 1-10）。一期导流的时间为 1993 年 10 月至 1997 年 11 月，共计 3.5 年。在中堡岛左侧及后河上下游修筑一期土石围堰，形成一期基坑，并修建茅坪溪小改道工程，将茅坪溪水导引出一期基坑。在一期土石围堰保护下挖除中堡岛，扩宽后河修建导流明渠、混凝土纵向围堰，并预建三期碾压混凝土围堰基础部分的混凝土。水流仍从主河床通过。一期土石围堰形成后束窄河床约 30%。汛期长江水面宽约 1000m，当流量不大于长江通航流量 45000m^3/s 时，河床流速为 3m/s 左右，因此船只仍可在主航道航行。一期土石围堰全长 2502.36m，最大堰高 37m。堰体及堰

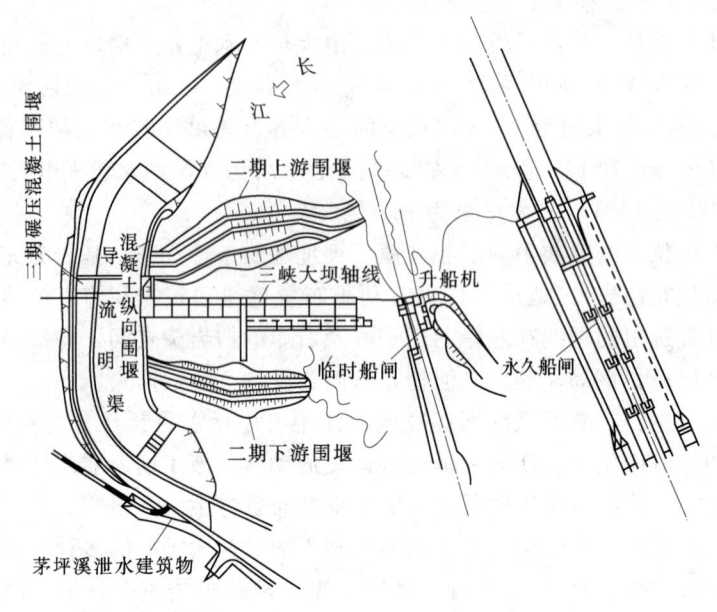

图 1-11 二期导流平面图

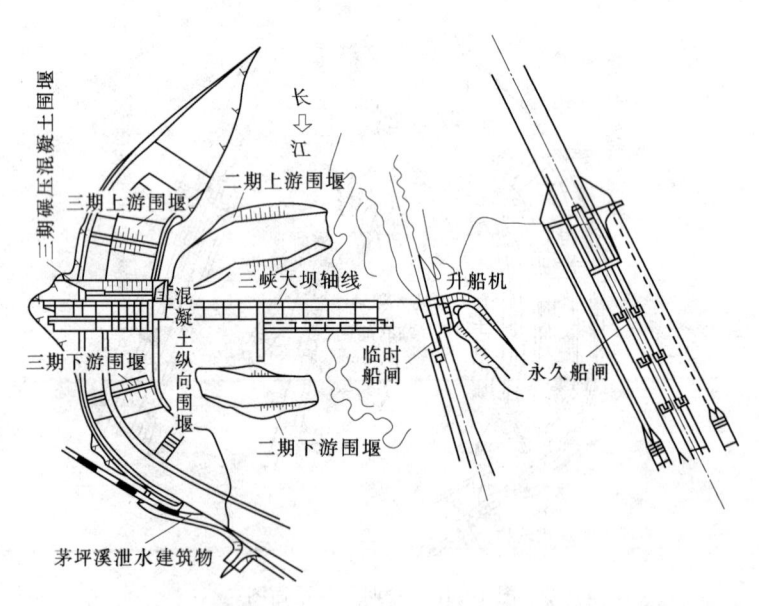

图 1-12 三期导流平面图

基采用塑性混凝土防渗墙上接土工膜防渗形式，局部地质条件不良地段的地基采用防渗墙下接帷幕灌浆或高压旋喷桩柱墙等措施。混凝土纵向围堰全长1191.47m，分为上纵段、坝身段与下纵段。坝身段为三峡大坝的一部分，下纵段兼作右岸电站厂房和泄洪坝段间的导墙。导流明渠为高低渠复式断面，全长3726m，最小底宽350m；右侧高渠底宽100m，渠底高程58m（进口部位59m）；左侧低渠宽250m，渠底高程自上至下分别为59m、58m、50m、45m、53m。

第二期围左岸（图1-11）。二期导流时间为1997年11月至2002年11月，共计5年。

1997年11月实现大江截流后，立即修建二期上下游横向围堰将长江主河床截断，并与混凝土纵向围堰共同形成二期基坑。在基坑内修建泄洪坝段、左岸厂房坝段及电站厂房等主体建筑物。二期导流时，江水由导流明渠宣泄，船舶从导流明渠和左岸已建成的临时船闸通航。

二期上、下游土石围堰轴线长度分别为1440m、999m，最大高度分别为75.5m、57.0m，基本断面为石渣堤夹风化砂复式断面，防渗体为1～2排塑性混凝土防渗墙上接土工合成材料，基岩防渗采用帷幕灌浆。二期围堰是在60m水深中抛填建成的，工程量大、基础条件复杂、工期紧迫、施工技术难度极高，是三峡工程最重要的临时建筑物之一。

第三期再围右岸（图1-12）。三期导流时间为2002年11月至2009年5月，共计6.5年。总进度安排于2002年汛末拆除二期土石横向围堰，在导流明渠内进行三期截流，建造上、下游土石围堰。在其保护下修建三期上游碾压混凝土围堰并形成右岸三期基坑，在三期基坑内修建右岸厂房坝段和右岸电站厂房。三期截流和三期碾压混凝土围堰施工是三峡工程施工中的又一关键技术问题。在导流明渠中截流时，江水从泄洪坝段内高程56.5m的22个6.5m×8.5m的导流底孔中宣泄，截流最大落差达3.5m，龙口最大流速为6.13m/s，技术难度与葛洲坝大江截流相当。碾压混凝土围堰要求在截流以后的120天内，从高程50m浇筑到140m，最大月浇筑强度达39.8万m^3/月，最大日上升高度达1.18m，且很快挡水并确保在近90m水头下安全运行，设计和施工难度为世所罕见。三期截流后到水库蓄水前，船只从临时船闸航行，当流量超过12000m^3/s、上下游水位差超过6m时临时船闸不能运行，长江断航。经测算，断航时间发生在5月下半月至6月上半月内，共计33d。断航期间设转运码头用水陆联运解决客货运输问题。三期碾压混凝土围堰建成后，即关闭导流底孔和泄洪深孔，水库蓄水至135m，第一批机组开始发电，永久船闸开始通航。水库蓄水以后，由三期碾压混凝土围堰与左岸大坝共同挡水（下游仍由三期土石围堰挡水），长江洪水由导流底孔及泄洪深孔宣泄。继续在右岸基坑内建造大坝和电站厂房。左岸各主体建筑物上部结构同时施工，直至工程全部完建。

单元三　导流建筑物设计

一、导流设计流量确定

1. 导流设计标准

导流设计流量的大小，取决于导流设计的洪水频率标准（通常简称为导流设计标准）。

施工期可能遭遇的洪水是一个随机事件。如果标准太低，不能保证工程的施工安全，反之则使导流工程设计规模过大，不仅导流费用增加，而且可能因其规模太大而无法按期完工，造成工程施工的被动局面。因此，导流设计标准的确定，实际是要在经济性与风险性之间进行抉择。

(1) 导流建筑物的级别。根据现行规范《水利水电工程施工组织设计规范》(SL 303—2017)，在确定导流设计标准时，首先根据导流建筑物（指枢纽工程施工期所使用的临时性挡水和泄水建筑物）所保护对象、失事后果、使用年限和工程规模等因素划分为 3～5 级，具体按表 1－3 确定。然后再根据导流建筑物级别及导流建筑物类型确定导流标准（表 1－4）。

在确定导流建筑物的级别时，当导流建筑物根据表 1－3 指标分属不同级别时，应以其中最高级别为准。但列为 3 级导流建筑物时，至少应有两项指标符合要求；当不同级别的导流建筑物或同级导流建筑物的结构形式不同时，应分别确定洪水标准、堰顶超高值和结构设计安全系数。导流建筑物级别应根据不同的施工阶段按表 1－3 划分，同一施工阶段中的各导流建筑物的级别应根据其不同作用划分。各导流建筑物的洪水标准必须相同，一般以主要挡水建筑物的洪水标准为准；利用围堰挡水发电时，围堰级别可提高一级，但必须经过技术经济论证；当导流建筑物与永久建筑物结合时，结合部分结构设计应采用永久建筑物级别标准，但导流设计级别与洪水标准仍按表 1－3 及表 1－4 规定执行。

表 1－3　　　　　　　　　　　　导流建筑物级别划分

级别	保护对象	失事后果	使用年限/年	围堰工程规模 堰高/m	围堰工程规模 库容/亿 m³
3	有特殊要求的 1 级永久建筑物	淹没重要城镇、工矿企业、交通干线或推迟工程总工期及第一台（批）机组发电，造成重大灾害和损失	>3	>50	>1.0
4	1、2 级永久建筑物	淹没一般城镇、工矿企业、或推迟工程总工期及第一台（批）机组发电而造成较大灾害和损失	1.5～3	15～50	0.1～1.0
5	3、4 级永久建筑物	淹没基坑，但对总工期及第一台（批）机组发电影响不大，经济损失较小	<1.5	<15	<0.1

注　1. 导流建筑物包括挡水和泄水建筑物，两者级别相同。
　　2. 表中所列四项指标（包括保护对象，失事后果、使用年限和围堰工程规模）均按施工阶段划分。
　　3. 有、无特殊要求的永久建筑物均系针对施工期而言，有特殊要求的 1 级永久建筑物系指施工期不允许过水的土坝及其他有特殊要求的永久建筑物。
　　4. 使用年限系指导流建筑物每一施工阶段的工作年限，两个或两个以上施工阶段共用的导流建筑物，如分期导流，一、二期共用的纵向围堰，其使用年限不能叠加计算。
　　5. 围堰工程规模一栏中，堰高指挡水围堰最大高度，库容指堰前设计水位所拦蓄的水量，两者必须同时满足。

表 1－4　　　　　　　　　　　　导流建筑物洪水标准划分

导流建筑物类型	导流建筑物级别 3	4	5
	洪水重现期/年		
土 石	50～20	20～10	10～5
混凝土	20～10	10～5	5～3

当4~5级导流建筑物地基的地质条件非常复杂时，或工程具有特殊要求必须采用新型结构时，或失事后淹没重要厂矿、城镇时，结构设计级别可以提高一级，但设计洪水标准不需相应提高。

因确定导流建筑物级别的因素复杂，当按表1-3和上述各条件确定的级别不合理时，可根据工程具体条件和施工导流阶段的不同要求，经过充分论证，予以提高或降低。

(2) 导流建筑物设计洪水标准。根据建筑物的类型和级别在表1-4规定幅度内选择标准级别，并结合风险度综合分析，使所选择标准经济合理，对失事后果严重的工程，要考虑对超标准洪水的应急措施。

导流建筑物洪水标准，在下述情况下可用表1-4中的上限值：

1) 河流水文实测资料系列较短（小于20年），或工程处于暴雨中心区。
2) 采用新型围堰结构形式。
3) 处于关键施工阶段，失事后可能导致严重后果。
4) 工程规模、投资和技术难度用上限值与下限值相差不大。

当枢纽所在河段上游建有水库时，导流建筑物采用的洪水标准需考虑上游梯级水库的影响及调蓄作用，本工程截流期间还可通过上游水库调度降低出库流量。

过水围堰的挡水标准，应结合水文特点、施工工期、挡水时段等要点，经技术经济比较后，在重现期3~20年范围内选定。当水文序列较长（不小于30年）时，也可按实测流量资料分析选用。过水围堰级别，按表1-3确定的各项指标系以过水围堰挡水期情况作为衡量依据。围堰过水时的设计洪水标准，根据过水围堰的级别和表1-4选定。当水文系列较长（不小于30年）时，也可按实测典型年资料分析选用。通过水力学计算或水工模型试验，找出围堰过水时控制稳定的流量作为设计依据。

2. 导流时段划分

导流时段就是按照导流程序划分的各施工阶段的延续时间。

导流时段的划分与河流的水文特征、水工建筑物的形式、导流方案、施工进度有关。在我国一般河流全年的流量变化过程如图1-13所示。

土坝、堆石坝和支墩坝一般不允许过水，因此当施工期较长，而洪水来临前又不能完建时，导流时段就要考虑以全年为标准，其导流设计流量，就应是以导流设计标准确定的有一定频率的年最大流量。但如安排的施工进度能够保证在洪水来临之前使坝体起拦洪作用，则导流时段既可按洪水来临前的施工时

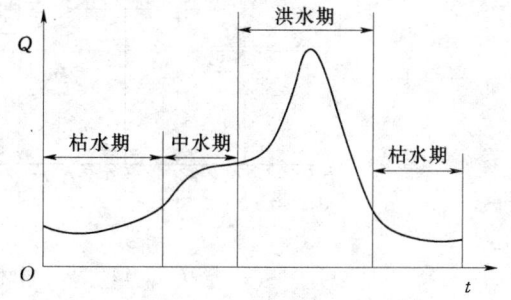

图1-13 河流流量变化过程线

段为标准，导流设计流量既为该时段内按导流标准确定的有一定频率的最大流量。当采用分段围堰法导流时，后期用临时底孔导流来修建混凝土坝时，一般宜划分为3个导流时段：第一时段，河水由束窄的河流通过进行第一期基坑内的工程施工；第二时

段河水由导流底孔下泄,进行第二期基坑内的工程施工;第三时段进行底孔封堵,坝体全面升高,河水由永久建筑物下泄,也可部分或完全拦蓄在水库中,直到工程完建。在各时段中,围堰和坝体的挡水高程和泄水建筑物的泄水能力,均应按相应时段内一定频率的最大流量作为导流设计流量进行设计。

山区型河流,其特点是洪水期流量特别大,历时短,而枯水期流量特别小,因此水位变幅很大。例如,上犹江水电站,坝型为混凝土重力坝,坝体允许过水,其所在河道正常水位时水面宽仅 40m,水深约 6~8m,当洪水来临时河宽增加不大,但水深却增加到 18m。若按一般导流标准要求设计导流建筑物,不是挡水围堰修得很高,就是泄水建筑物的尺寸很大,而使用期又不长,这显然是不经济的。在这种情况下可以考虑采用允许基坑淹没的导流方案,就是大水来临时围堰过水,基坑被淹没,河床部分停工,待洪水退落、围堰挡水时再继续施工。这种方案,由于基坑淹没引起的停工天数不长,施工进度能够保证,而导流总费用(导流建筑物费用与淹没基坑费用之和)却较为节省,所以是合理的。

采用允许基坑淹没的导流方案时,导流费用最低的导流设计流量,必须经过技术经济比较才能确定。

二、导流建筑物的水力计算

导流水力计算的主要任务是计算各种导流泄水建筑物的泄水能力,以便确定泄水建筑物的尺寸和围堰高程。

1. 束窄河床水位壅高计算

分期导流围堰束窄河床后,使天然水流发生改变,在围堰上游产生水位壅高(图 1-14),其值可采用式(1-1)试算。即先假设上游水位 H_0 算出 Z 值,以 $Z+t_{cp}$ 与所设 H_0 进行比较,逐步修改 H_0 值,直至接近 $Z+t_{cp}$ 值,一般 2~3 次后即可。

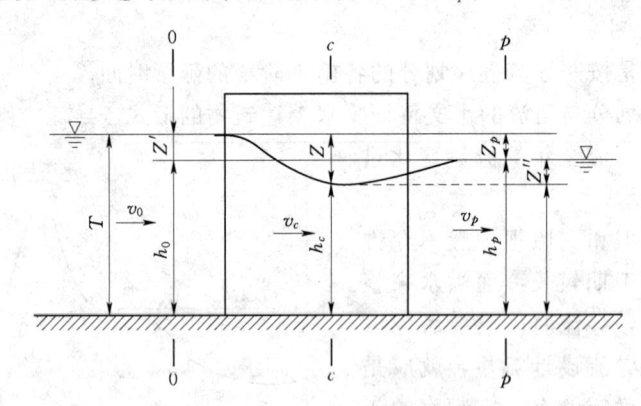

图 1-14 束窄河床水力计算简图

$$Z=\frac{1}{\varphi^2} \cdot \frac{v_c^2}{2g} - \frac{v_0^2}{2g} \tag{1-1}$$

$$v_c = \frac{Q}{W_c} \tag{1-2}$$

$$W_c = b_c t_{cp} \tag{1-3}$$

式中 Z——水位壅高，m；

v_0——行近流速，m/s；

g——重力加速度（取 9.80m/s²）；

φ——流速系数（与围堰布置形式有关，见表 1-5）；

v_c——束窄河床平均流速，m/s；

Q——计算流量，m³/s；

W_c——收缩断面有效过水断面，m²；

b_c——束窄河段过水宽度，m；

t_{cp}——河道下游平均水深，m。

表 1-5 不同围堰布置的 φ 值

布置形式	矩形	梯形	梯形且有导水墙	梯形且有上导水坝	梯形且有顺流丁坝
布置简图					
φ	0.70～0.80	0.80～0.85	0.85～0.90	0.70～0.80	0.80～0.85

2. 堰顶高程的确定

堰顶高程的确定，取决于导流设计流量及围堰的工作条件。

下游横向围堰堰顶高程为

$$H_d = h_d + \delta \tag{1-4}$$

式中 H_d——下游围堰的顶部高程，m；

h_d——下游水位高程，m，可直接由天然河道水位流量关系曲线查得；

δ——围堰的安全超高，一般结构不过水围堰可按表 1-6 查得，对于过水围堰采用 0.2～0.5m。

表 1-6 不过水围堰堰顶安全超高下限值 单位：m

围堰形式	围堰级别 3	围堰级别 4～5
土石围堰	0.7	0.5
混凝土围堰	0.4	0.3

上游围堰的堰顶高程为

$$H_u = h_d + Z + h_a + \delta \tag{1-5}$$

式中 H_u——上游围堰顶部高程，m；

Z——上下游水位差，m；

h_a——波浪高度，可参照永久建筑物的有关规定和其他专业规范计算，一般情况可以不计算 h_a，但应适当增加超高。

纵向围堰的堰顶高程，应与堰侧水面曲线相适应。通常纵向围堰顶面往往做成阶梯形或倾斜状，其上、下游高程分别与相应的横向围堰同高。

项目一　施工导流与截流

任务二　截流工程施工

单元一　围堰工程

围堰是导流工程中的临时挡水建筑物，用来围护施工中的基坑，保证水工建筑物能在干地施工。在导流任务结束后，如果围堰对永久建筑物的运行有妨碍或没有考虑其作为永久建筑物的一部分时，应予拆除。

水利水电工程中经常采用的围堰，按其所使用的材料，可以分为土石围堰、混凝土围堰、钢板桩格型围堰和草土围堰。

按围堰与水流方向的相对位置，可分为横向围堰和纵向围堰。

按导流期间基坑淹没条件，可以分为过水围堰和不过水围堰。过水围堰除了需要满足一般围堰的基本要求，还要满足围堰顶过水的专门要求。

选择围堰形式时，必须根据当地当时的具体条件，在满足下述基本要求的原则下，通过技术经济比较加以选定。

（1）具有足够的稳定性、防渗性、抗冲刷性和一定的强度。

（2）造价低，构造简单，修建、维护和拆除方便。

（3）围堰的布置应力求使水流平顺，避免发生严重的水流冲刷。

（4）围堰接头和岸边连接必须安全可靠，不致因集中渗漏等破坏作用而引起围堰失事。

（5）有必要时应设置抵抗冰凌、船筏的冲击和破坏的设施。

一、围堰的基本形式和构造

1. 土石围堰

土石围堰是水利水电工程中采用最为广泛的一种围堰形式，如图1-15所示。它

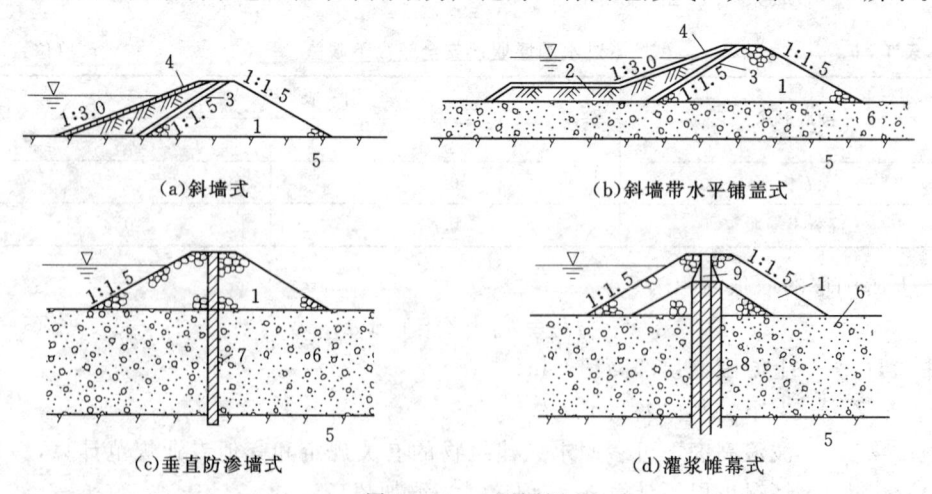

图1-15　土石围堰

1—堆石体；2—黏土斜墙、铺盖；3—反滤层；4—护面；5—隔水层；6—覆盖层；
7—垂直防渗墙；8—灌浆帷幕；9—黏土心墙

是用当地材料填筑而成的围堰，不仅可以就地取材，充分利用开挖弃料作围堰填料，而且构造简单，施工方便，易于拆除，工程造价低，可以在流水中、深水中、岩基或有覆盖层的河床上修建。但其工程量较大，堰身沉陷变形也较大。如柘溪水电站的土石围堰一年中累计沉陷量最大达 40.1cm，为堰高的 1.75%，一般为 0.8~1.5%。

因土石围堰断面较大，一般用于横向围堰，但在宽阔河床的分期导流中，由于围堰束窄河床增加的流速不大，也可作为纵向围堰，但需注意防冲刷设计，以保证围堰安全。

土石围堰的设计与土石坝基本相同，但其结构形式在满足导流期正常运行的情况下应力求简单，便于施工。

2. 混凝土围堰

混凝土围堰的抗冲与抗渗能力强，挡水水头高，底宽小，易于与永久混凝土建筑物相连接，必要时还可以过水，因此采用范围比较广泛。在国外，采用拱形混凝土围堰的工程较多。国内贵州省的乌江渡、湖南省的凤滩等水利水电工程也采用拱形混凝土围堰作为横向围堰，但多数还是以重力式围堰作纵向围堰，如我国的三门峡、丹江口、三峡工程的混凝土纵向围堰均为重力式混凝土围堰。

（1）拱形混凝土围堰（图 1-16）。一般适用于两岸陡峻、岩石坚实的山区河流，常采用隧洞及允许基坑淹没的导流方案。通常围堰的拱座是在枯水期的水面以上施工的。在对围堰的基础处理中，当河床的覆盖层较薄时需进行水下清基，若覆盖层较厚，则可灌注水泥浆防渗加固。堰身的混凝土浇筑则要进行水下施工，因此，难度较高。在拱基两侧要回填部分砂砾料以利灌浆，形成阻水帷幕。

拱形混凝土围堰由于利用了混凝土抗压强度高的特点，与重力式相比，断面较小，可节省混凝土工程量。

（2）重力式混凝土围堰。采用分段围堰法导流时，重力式混凝土围堰往往可兼作第一期和第二期纵向围堰，两侧均能挡水，还能作为永久建筑物的一部分，如隔墙、导墙等。

重力式围堰可做成普通的实心式，与非溢流重力坝类似；也可做成空心式，如三门峡工程的纵向围堰（图 1-17）。

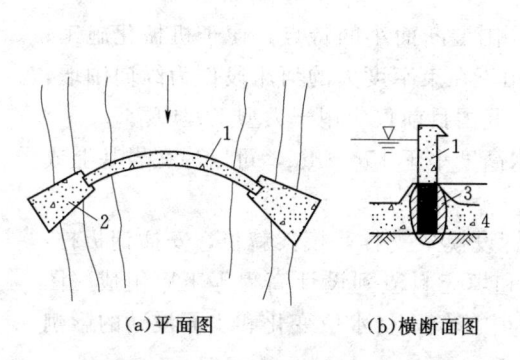

图 1-16 拱形混凝土围堰
1—拱身；2—拱座；3—灌浆帷幕；4—覆盖层

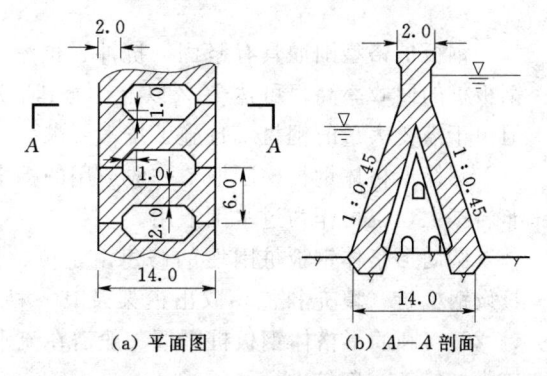

图 1-17 三门峡工程的纵向围堰（单位：m）

纵向围堰需抗御高速水流的冲刷，所以一般均修建在岩基上。为保证混凝土的施工质量，一般可将围堰布置在枯水期出露的岩滩上。如果这样还不能保证干地施工，则通常需另修土石低水围堰加以围护。

重力式混凝土围堰现在有普遍采用碾压混凝土浇筑的趋势，如三峡工程三期上游横向围堰及纵向围堰均采用碾压混凝土。

3. 钢板桩格型围堰

钢板桩格型围堰是重力式挡水建筑物，由一系列彼此相接的格体构成，格体按照平面形状，可分为圆筒形格体、扇形格体和花瓣形格体。这些形式适用于不同的挡水高度，应用较多的是圆筒形格体。图1-18所示为钢板桩格型围堰的平面示意图，它是由许多钢板桩通过锁口互相连接而成为格型整体。钢板桩的锁口有握裹式、互握式和倒钩式三种（图1-19）。格体内填充透水性强的填料，如砂、砂卵石或石渣等。在向格体内进行填料时，必须保持各格体内的填料表面大致均衡上升，因高差太大会使格体变形。

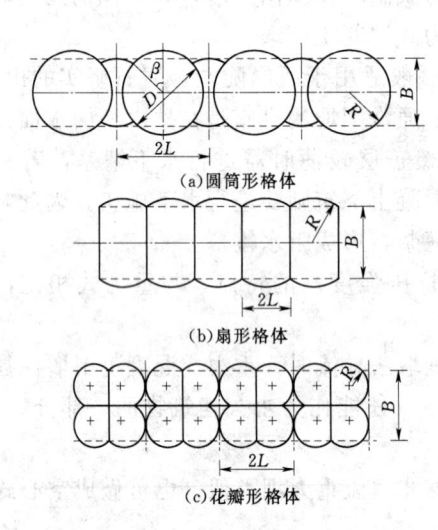

图1-18 钢桩格型围堰平面形式　　图1-19 钢板桩锁口示意图

钢板桩格型围堰具有坚固、抗冲、抗渗、围堰断面小的特点，便于机械化施工；钢板桩的回收率高，可达70%以上。尤其适用于在束窄度大的河床段作为纵向围堰，但由于需要大量的钢材，且施工技术要求高，我国目前仅应用于大型工程中。

圆筒形格体钢板桩围堰，一般适用的挡水高度小于15～18m，可以建在岩基上或非岩基上，也可作为过水围堰用。

圆筒形格体钢板桩围堰的修建由定位、打设模架支柱，模架就位，安插钢板桩，打设钢板桩，填充料渣，取出模架及其支柱和填充料渣到设计高程等工序组成（图1-20）。圆筒形格体钢板桩围堰一般需在流水中修筑，受水位变化和水面波动的影响较大，施工难度较大。

4. 草土围堰

草土围堰是一种以麦草、稻草、芦柴、柳枝和土为主要原料的草土混合结构（图

(a) 定位、打设模架支柱　　(b) 模架就位　　(c) 安插钢板桩

(d) 打设钢板桩　　(e) 填充料渣　　(f) 取出模架及其支柱和填充料渣到设计高程

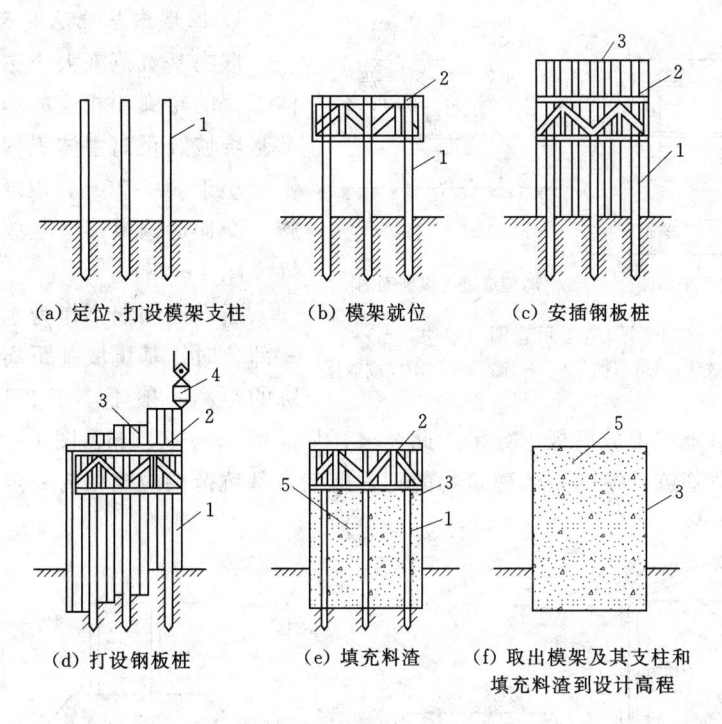

图 1-20　圆筒形格体钢板桩围堰施工程序图
1—模架支柱；2—模架；3—钢板桩；4—桩锤；5—料渣

1-21），我国运用它已经有 2000 多年的历史。这种围堰主要用于黄河流域中下游的堵口工程中，中华人民共和国成立后，在青铜峡、盐锅峡、八盘峡，以及南方的黄坛口等工程中均得到应用。

草土围堰施工简单，速度快、取材容易、造价低、拆除也方便，具有一定的抗冲、抗渗能力，堰体的容重较小，特别适用于软土地基。但这种围堰不能承受较大的水头，所以仅限水深不超过 6m、流速不超过 3.5m/s、使用期 2 年以内的工程。

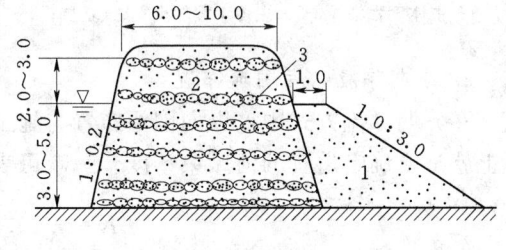

图 1-21　草土围堰断面（单位：m）
1—戗土；2—土料；3—草捆

草土围堰的施工方法比较特殊，就其实质来说也是一种进占法。按其所用草料形式的不同，可以分为散草法、捆草法、埽捆法 3 种。按其施工条件可分为水中填筑和干地填筑两种。由于草土围堰本身的特点，水中填筑质量比干填法容易保证，这是与其他围堰不同的，实践中的草土围堰，普遍采用捆草法施工。图 1-22 是草土围堰施工的示意图。

二、围堰的平面布置

围堰的平面布置主要包括围堰内基坑范围确定和纵向围堰布置两个方面。

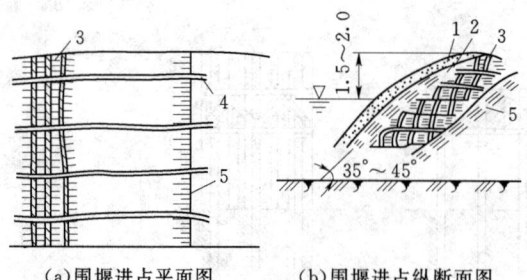

1. 围堰内基坑范围确定

堰内基坑范围大小主要取决于主体工程的轮廓和相应的施工方法。通常基坑坡趾距离主体工程轮廓的距离不应小于20~30m，以便布置排水设施、交通运输道路、堆放材料和模板等（图1-23）。

当纵向围堰不作为永久建筑物的一部分时，基坑坡趾距离主体工程轮廓的距离一般不小于2.0m，以便布置排水导流系统和堆放模板。如果无此要求，只需留0.4~0.6m[图1-23（c）]。

为了保证基坑开挖和主体建筑物的正常施工，基坑范围应当留有一定富余。

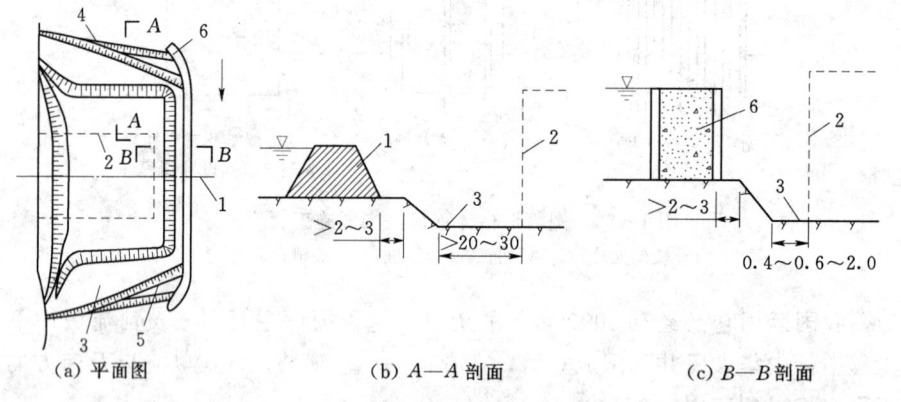

图1-22 草土围堰施工示意图（单位：m）
1—黏土；2—散草；3—草捆；4—草绳；5—河岸线或堰体

图1-23 围堰布置与基坑范围示意图（单位：m）
1—主体工程轴线；2—主体工程轮廓；3—基坑；4—上游横向围堰；5—下带横向围堰；6—纵向围堰

2. 分期导流纵向围堰布置

在分期导流方式中，纵向围堰布置与施工是关键性问题，选择纵向围堰位置，实际上就是要确定适宜的河床束窄度。一般可表示为

$$K = \frac{A_2}{A_1} \times 100\% \tag{1-6}$$

式中 K——河床的束窄程度（一般取值在47%~68%），%；
A_1——原河床的过水面积，m²；
A_2——围堰和基坑所占据的过水面积，m²。

适宜的纵向围堰位置，主要与以下因素有关。

（1）地形地质条件。河心洲、浅滩、小岛、基岩露头等，都是可供布置纵向围堰的有利条件，这些部位便于施工，并有利于防冲保护。例如，三门峡工程曾巧妙地利用了河心的几个礁岛布置纵、横围堰（图1-24）。

（2）水工布置。尽可能利用厂坝、厂闸、闸坝等建筑物之间的隔水导墙作为纵向围堰的一部分。例如，葛洲坝工程就是利用厂闸导墙，三峡、三门峡、丹江口等工程

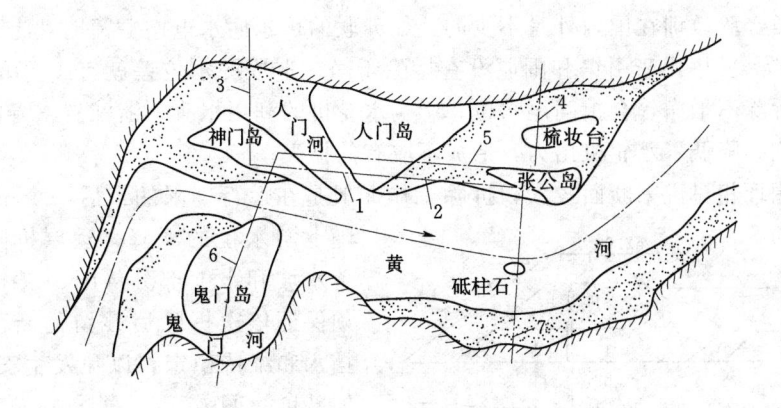

图 1-24 三门峡工程的围堰布置

1、2——一期纵向低水围堰；3——一期上游横向高水围堰；4——一期下游横向高水围堰；
5——纵向混凝土围堰；6——二期上游横向围堰；7——二期下游横向围堰

则利用厂坝导墙作为二期纵向围堰的一部分。

（3）河床允许束窄度。允许束窄度主要与河床地质条件和通航要求有关。对于非通航河道，如河床易冲刷，一般均允许河床产生一定程度的变形，只要能保证河岸、围堰堰体和基础免受淘刷即可。束窄流速通常可允许达到 3m/s 左右，岩石河床允许束窄度主要视岩石的抗冲流速而定。

对于一般性河流和小型船舶，当缺乏具体研究资料时，可参考以下数据：当流速小于 2.0m/s 时，机动木船可以自航；当流速小于 3.0~3.5m/s，且局部水面集中落差不大于 0.5m 时，拖轮可自航；木材流放最大流速可考虑为 3.5~4.0m/s。

（4）导流过水要求。主要应考虑的问题是，一期基坑中能否布置下宣泄二期导流流量的泄水建筑物；由一期转入二期施工时的截流落差是否太大。

（5）施工布局的合理性。各期基坑中的施工强度应尽量均衡。一期工程施工强度可比二期低些，但不宜相差太悬殊。如有可能，分期分段数应尽量少一些。导流布置应满足总工期的要求。

以上 5 个方面，仅仅是选择纵向围堰位置时应考虑的主要问题。如果天然河槽呈对称形状，没有明显有利的地形地质条件可供利用时，可以通过经济比较方法选定纵向围堰的适宜位置，使一、二期总的导流费用最小。

分期导流时，上、下游围堰一般不与河床中心线垂直，围堰的平面布置常呈梯形，既可使水流顺畅，同时也便于运输道路的布置和衔接。当采用一次拦断法导流时，上、下游围堰不存在突出的绕流问题，为了减少工程量，围堰多与主河道垂直。

纵向围堰的平面布置形状，对于过水能力有较大影响。但是，围堰的防冲安全，通常比前者更重要。实践中常采用流线型和挑流式布置。

三、围堰的拆除

围堰是临时建筑物，导流任务完成后，应按设计要求拆除，以免影响永久建筑物的施工及运转。例如，在采用分段围堰法导流时，第一期横向围堰的拆除，如果不合要求，势必会增加上下游水位差，从而增加截流工作的难度，增大截流料物的重量及数量。这类经验教训在国内外是不少的，如苏联的伏尔谢水电站截流时，上下游水位差是1.88m，其中由于引渠和围堰没有拆除干净，造成的水位差就有1.73m。另外，下游围堰拆除不干净，会抬高尾水位，影响水轮机的利用水头。浙江省富春江水电站曾受此影响，降低了水轮机出力，造成不应有的损失。

土石围堰相对说来断面较大，拆除工作一般是在运行期限的最后一个汛期过后，随上游水位的下降，逐层拆除围堰的背水坡和水上部分（图1-25）。但必须保证依次拆除后残留的断面能继续挡水和维持稳定，以免发生安全事故，使基坑过早淹没，影响施工。土石围堰的拆除一般可用挖土机或爆破开挖等方法。

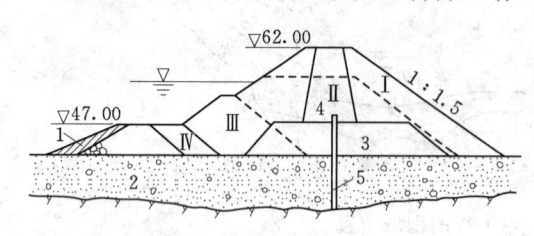

图1-25 葛洲坝一期土石围堰的拆除程序图（单位：m）
（Ⅰ、Ⅱ、Ⅲ、Ⅳ为拆除顺序）
1—黏土斜墙；2—覆盖层；3—堆碴；4—心墙；5—防渗墙

钢板桩格型围堰的拆除，首先要用抓斗或吸石器将填料清除，然后用拔桩机起拔钢板桩。混凝土围堰的拆除，一般只能用爆破法炸除，但应注意，必须使主体建筑物或其他设施不受爆破危害。

单元二 截流的基本方法

施工导流过程中，当导流泄水建筑物建成后，应抓住有利时机，迅速截断原河床水流，迫使河水经完建的导流泄水建筑物下泄，然后在河床中全面展开主体建筑物的施工，这就是截流工程。

截流过程一般为：先在河床的一侧或两侧向河床中填筑截流戗堤，逐步缩窄河床，称为进占。戗堤进占到一定程度，河床束窄，形成流速较大的泄水缺口（称龙口）。为了保证龙口两侧堤端和底部的抗冲稳定，通常采用工程防护措施，如抛投大块石、铅丝笼等，这种防护堤端称为裹头。封堵龙口的工作称为合龙。合龙以后，龙口段及戗堤本身仍然漏水，必须在戗堤全线设置防渗措施，这一工作称为闭气。所以整个截流过程包括戗堤进占、龙口裹头及护底、合龙、闭气等4项工作。截流后，对戗堤进一步加高培厚，修筑成设计围堰。

由此可见，截流在施工中占有重要地位，如不能按时完成，就会延误整个建筑物施工，河槽内的主体建筑物就无法施工，甚至可能拖延工期一年。所以在施工中常将截流作为关键性工程。

一、截流的方式

截流方式分戗堤法截流和无戗堤法截流两种。戗堤法截流主要有立堵法截流、平堵法截流和综合法截流，无戗堤法截流主要有建闸截流、水力冲填法、定向爆破法、浮运结构截流等。

1. 戗堤法截流

（1）立堵法。立堵法截流是将截流材料从龙口一端或两端向中间抛投进占，逐渐束窄河床，直至全部拦断（图1-26）。

立堵法截流不需架设浮桥，准备工作比较简单，造价较低。但截流时水力条件较为不利，龙口单宽流量较大，出现的流速也较大，同时水流绕截流戗堤端部使水流产生强烈的立轴漩涡，在水流分离线附近造成紊流，易造成河床冲刷，且流速分布很不均匀，需抛投单个重量较大的截流材料。截流时由于工作前线狭窄，抛投强度受到限制。

立堵法截流适用于大流量、岩基或覆盖层较薄的岩基河床，对于软基河床应采用护底措施后才能使用。

立堵法截流又分为单戗、双戗和多戗立堵截流，单戗适用于截流落差不超过3m的情况。

（2）平堵法。平堵法截流是沿整个龙口宽度全线抛投，抛投料堆筑体全面上升，直至露出水面（图1-27）。这种方法的龙口一般是部分河宽，也可以是全河宽。因此，合龙前必须在龙口架设浮桥，由于它是沿龙口全宽均匀地抛投，所以其单宽流量小，出现的流速也较小，需要的单个材料的重量也较轻，抛投强度较大，施工速度快，但有碍于通航，适用于软基河床，河流架桥方便且对通航影响不大的河流。

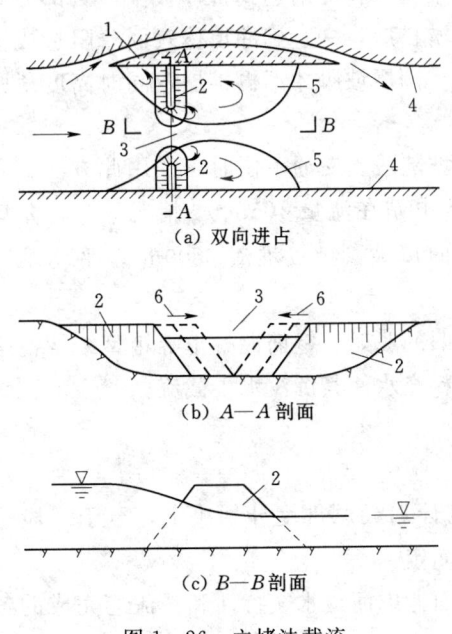

图1-26 立堵法截流
1—分流建筑物；2—截流戗堤；3—龙口；
4—河岸；5—回流区；6—进占方向

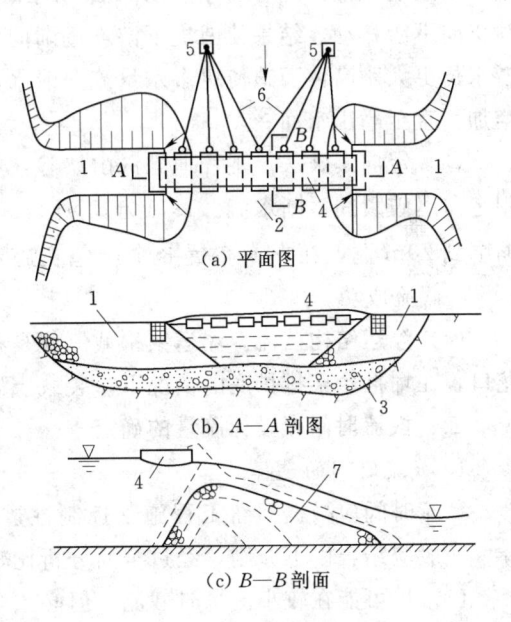

图1-27 平堵法截流
1—截流戗堤；2—龙口；3—覆盖层；4—浮桥；
5—锚墩；6—钢缆；7—平堵截流抛石体

（3）综合法。

1）立平堵。为了充分发挥平堵水力学条件较好的优点，同时又降低架桥的费用，有的工程采用先立堵，后在栈桥上平堵的方式。苏联布拉茨克水电站，在截流流量3600m³/s，最大落差3.5m的条件下，采用先立堵进占，缩窄龙口至100m，然后利用管柱栈桥全面平堵合龙。

多瑙河上的铁门工程，经过方案比较，决定采取立、平堵方式，立堵进占结合管柱栈桥平堵。立堵段首先进占，完成长度149.5m，平堵段龙口100m，由栈桥上抛投完成截流，最终落差达3.72m。

2）平立堵。对于软基河床，单纯立堵易造成河床冲刷，采用先平抛护底，再立堵合龙，平抛多利用驳船进行。我国青铜峡、丹江口、大化及葛洲坝等工程均采用此法，三峡工程在二期大江截流时也采用了该方法，取得了满意的效果。由于护底均为局部性，故这类工程本质上同属立堵法截流。

2. 无戗堤法截流

(1) 建闸截流。建闸截流是在泄水道中预先建闸墩，并建截流闸分流，降低戗堤的水头，待抛石截流后，再下闸截流。该方法可克服7~8m以上的截流落差，但这种方法需要具备建闸的地形地质条件。该法在三门峡和乌江渡工程中曾被成功采用。

(2) 水力冲填法。河流在某种流量下有一定的挟沙能力，当水流含沙量远大于该挟沙能力时，粗颗粒泥沙将沉淀河底进行冲填。冲填开始时，大颗粒泥沙首先沉淀，而小颗粒则冲至其下游逐渐沉落。随着冲填的进展，上游水位逐步壅高，部分流量通过泄水通道下泄。随着河床过水断面的缩窄，某些颗粒逐渐达到抗冲极限，一部分泥沙仍向下游移动，结果使戗堤下游坡逐渐向下游扩展，一直到冲填体表面摩阻造成上游水位更大壅高，而迫使更多水量流向泄水道，围堰坡脚才不再扩展，同时高度急剧增加，直至高出水面。

(3) 定向爆破法。工程地处深山峡谷、岸坡陡峻、交通不便时可采用此方法。利用定向爆破瞬间截断水流。1971年3月碧口水电站在流量105m³/s情况下，将龙口缩窄到20m宽，在左岸布置3个药包实施定向爆破，抛投堆渣6800m³，平均堆高10m，截流成功。

(4) 浮运结构截流。浮运结构截流就是将旧的驳船、钢筋混凝土等箱型结构拖至龙口，在埽捆、柴排护底的情况下，装载土砂料充水使其沉没水中截流。

二、截流时间和设计流量的确定

1. 截流时间的选择

截流时间应根据枢纽工程施工控制性进度计划或总进度计划决定，至于时段选择，一般应结合以下原则，经过全面分析比较而定。

(1) 尽可能在较小流量时截流，但必须全面考虑河道水文特性和截流应完成的各项控制工程量，合理使用枯水期。

(2) 对于具有通航、灌溉、供水、过木等特殊要求的河道，应全面兼顾这些要求，尽量使截流对河道综合利用的影响最小。

(3) 有冰冻河流，一般不在流冰期截流，避免截流和闭气工作复杂化，如特殊情况必须在流冰期截流时应有充分论证，并有周密的安全措施。

根据以上所述，截流时间应根据河流水文特征、气候条件、围堰施工及通航、过木等因素综合分析确定，一般多选在枯水期初，流量已有显著下降的时候，严寒地区应尽量避开河道流冰及封冻期。

2. 截流设计流量的确定

截流设计流量是指某一确定的截流时间的截流设计流量。一般按频率法确定，根据已选定的截流时段，采用该时段内一定频率的流量作为设计流量，截流设计标准一般可采用截流时段重现期5～10年的月或旬平均流量。

除了频率法以外，也有不少工程采用实测资料分析法。当水文资料系列较长，河道水文特性稳定时，这种分析方法可应用。至于预报法，因当前的可靠预报期较短，一般不能在初设中应用，但在截流前夕有可能根据预报流量适当修改设计。

在大型工程截流设计中，通常多以选取一个流量为主，再考虑较大、较小流量出现的可能性，用几个流量进行截流计算和模型试验研究。对于有深槽和浅滩的河道，如分流建筑物布置在浅滩上，对截流的不利条件，要特别进行研究。

三、截流材料种类、尺寸和数量的确定

1. 材料种类的选择

截流时采用当地材料的做法在我国已有悠久的历史，材料主要有块石、石串、装石竹笼等。此外，当截流水利条件较差时，还须采用混凝土块体。

石料容重较大，抗冲能力强，容易获得且较为经济，故多在一般工程中使用。因此，凡有条件者，均应优先选用石块截流。

在大中型工程截流中，混凝土块体的运用较普遍。这种人工块体的制作、使用方便，抗冲能力强，故为许多工程（如三峡工程、葛洲坝工程等）采用。

在中小型工程截流中，因受起重运输设备能力限制，所采用的单个石块或混凝土块体的重量不能太大。石笼（如竹笼、铅丝笼、钢筋笼）或石串，一般使用在龙口水力条件不利的条件下。大型工程中除了石笼、石串外，也采用混凝土块体串。某些工程，因缺乏石料，或因河床易冲刷，则也可根据当地条件采用梢捆、草土等材料截流。

2. 材料尺寸的确定

采用块石和混凝土块体截流时，所需材料尺寸可通过水力计算初步确定，然后，考虑该工程可能拥有的起重运输设备能力，做出最后抉择。

3. 材料数量的确定

(1) 不同粒径材料数量的确定。无论是平堵还是立堵截流，原则上可以按合龙过程中水力参数的变化来计算相应的材料粒径和数量。常用的方法是将合龙过程按高程（平堵）或宽度（立堵）划分成若干区段，然后按分区最大流速计算出所需材料粒径和数量。实际上，每个区段也不是只用一种粒径材料，所以设计中均参照国内外已有工程经验来决定不同粒径材料的比例。例如平堵截流时，最大粒径材料数量可按实际使用区段（$Z=0.42Z_{max}$～$0.6Z_{max}$）考虑，也可按最大流速出现时起，直到戗堤出水时所用材料总量的70%～80%考虑。立堵截流时，最大粒径材料数量，常按困难区段抛投总量的1/3考虑。根据国内外十几个工程的截流资料统计，特殊材料数量约占合龙段总工程量的10%～30%，一般为15%～20%。如仅按最终合龙段统计，特殊材料所占比例约为60%。

(2) 备料量的确定。备料量的计算，可按设计戗堤体积为准，另外还得考虑各项

损失。平堵截流的设计戗堤体积计算比较复杂，需按戗堤不同阶段的轮廓计算。立堵截流戗堤断面为梯形，设计戗堤体积计算比较简单。戗堤顶宽视截流施工需要而定，通常取 10~18m 者较多，可保证 2~3 辆汽车同时卸料。

备料量的多少取决于对流失量的估计。实际工程的备料量与设计用量之比多在 1.3~1.5，个别工程达到 2.0。例如，铁门水电站工程达到 1.35，青铜峡水电站采用 1.5。实际合龙后还剩下很多材料。因此，初步设计时备料系数不必取得过大，实际截流前夕，可根据水情变化适当调整。

4. 分区用料规划

在合龙过程中，必须根据龙口的流速流态变化采用相应的抛投技术和材料。这一点在截流规划时就应予考虑。

四、减小截流难度的技术措施

截流工程是整个水利枢纽施工的关键，它的成败直接影响工程进度。截流工程的难易程度取决于河道流量、泄水条件、龙口的落差、流速、地形地质条件、材料供应情况及施工方法、施工设备等因素。

减少截流难度的主要技术措施包括：加大分流量，改善分流条件；改善龙口水力条件；增大抛投料的稳定性，减少块料流失；加大截流施工强度等。

（1）加大分流量，改善分流条件。分流条件的好坏直接影响到截流过程中龙口的流量、落差和流速。分流条件好，截流就容易，反之就困难。改善分流条件的主要措施有：

1）合理确定导流建筑物尺寸、断面形式和底高程。导流建筑物不仅要满足导流要求，而且应满足截流的需要。

2）确保泄水建筑物上下游引渠开挖和上下游围堰拆除的质量。这是改善分流条件的关键环节，不然泄水建筑物虽然尺寸很大，但分流却受上下游引渠或上下游围堰残留部分控制，泄水能力受到限制，增加截流工作的难度。

3）在永久泄水建筑物泄流能力不足时，可以专门修建截流分水闸或其他形式泄水道帮助分流，待截流完成后，借助于闸门封堵泄水闸，最后完成截流任务。

4）增大截流建筑物的泄水能力。当采用木笼、钢板桩格式围堰时，也可以间隔一定距离安放木笼或钢板桩格体，在其中间孔口宣泄河水，然后以闸板截断中间孔口，完成截流任务。另外也可以在进占戗堤中埋设泄水管帮助泄水，或者采用投抛构架块体增大戗堤的渗流量等办法减少龙口溢流量和溢流落差，从而减轻截流的困难程度。

（2）改善龙口水力条件。龙口水力条件是影响截流的重要因素，改善龙口水力条件的措施有双戗截流、三戗截流、宽戗截流、平抛垫底等。

1）双戗截流。双戗截流采取上下游二道戗堤，协同进行截流，以分担落差。通常采取上下戗堤立堵。常见的进占方式有上下戗轮换进占、双戗固定进占和以上两种进占方式混合使用。也有以上戗进占为主，由下戗配合进占一定距离，局部壅高上戗下游水位，减少上戗进占的龙口落差和流速。

双戗进占，可以起到分摊落差，减轻截流难度，便于就地取材，避免使用或少使用大块料、人工块料的好处。但双线施工，施工组织较单戗截流复杂；双戗堤进度要求严格，指挥不易；软基截流，若双线进占龙口均要求护底，则大大增加了护底的工程量；在通航河道，船只需要经过两个龙口，困难较多，因此双戗截流应谨慎采用。

2) 三戗截流。三戗截流是利用第三戗堤分担落差，可以在更大的落差下用来完成截流任务。

3) 宽戗截流。宽戗截流是增大戗堤宽度，以分散水流落差，从而改善龙口水流条件。但是进占前线宽，要求投抛强度大，工程量也大为增加，所以只有当戗堤可以作为坝体（土石坝）的一部分时，才宜采用，否则用料太多，过于浪费。

4) 平抛垫底。对于水位较深，流量较大，河床基础覆盖层较厚的河道，常采取在龙口部位一定范围抛投适宜填料，抬高河床底部高程，以减少截流抛投强度，降低龙口流速，达到降低截流难度的目的。

(3) 增大抛投料的稳定性，减少块料流失。增大抛投料的稳定性，减少块料流失的主要措施是采用特大块石、葡萄串石、钢构架石笼、混凝土块体等来提高投抛体的本身稳定。也可在龙口下游平行于戗堤轴线设置一排拦石坎来保证抛投料的稳定，防止抛投料的流失。

(4) 加大截流施工强度。加大截流施工强度，加快施工速度，可减少龙口的流量和落差，起到降低截流难度的作用，并可减少投抛料的流失。加大截流施工强度的主要措施有加大材料供应量、改进施工方法、增加施工设备投入等。

【案例 3】 葛洲坝水利枢纽截流材料选择

葛洲坝水利枢纽位于湖北省宜昌市境内的长江三峡末端河段上，距上游的三峡水电站 38km。它是长江上第一座大型水电站，也是世界上最大的低水头、大流量、径流式水电站。葛洲坝工程施工分两段两期，1980 年 1 月 4 日采用立堵法实现大江截流。截流材料分区如图 1-28 所示。

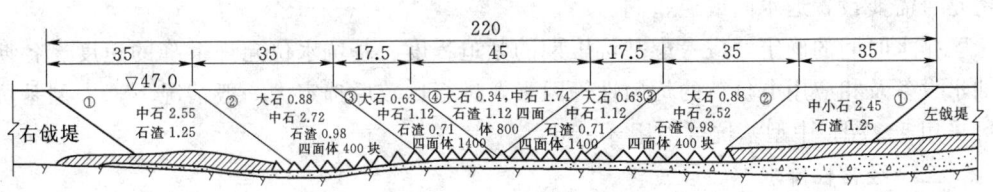

图 1-28 葛洲坝工程立堵截流材料分区（单位：m）

任务三 基 坑 排 水

单元一 基坑排水的概念及分类

围堰合拢闭气以后，要排除基坑积水和渗水，以保持基坑处于基本干燥状态，以利于基坑开挖、地基处理和建筑物正常施工。因此，基坑施工一般包括基坑排水、基坑开挖和地基处理。

一、初期排水

围堰合龙闭气之后,为使主体工程能在干地施工,必须首先排除基坑积水、堰体和堰基的渗水、降雨汇水等,称为初期排水。

1. 排水量的组成及计算

初期排水总量应按围堰闭气后的基坑积水量、抽水过程中围堰及地基渗水量、堰身及基坑覆盖层中的含水量,以及可能的降水量等组成计算。其中可能的降水量可采用抽水时段的多年日平均降水量计算。

初期排水流量一般可根据地质情况、工程等级、工期长短及施工条件等因素,参考实际工程经验,按式(1-7)确定。

$$Q = \eta V / t \tag{1-7}$$

式中　Q——初期排水流量,m^3/s;

　　　V——基坑的积水体积,m^3;

　　　t——初期排水时间,s;

　　　η——经验系数,主要与围堰种类、防渗措施、地基情况、排水时间等因素有关,一般取 $\eta = 3 \sim 6$。当覆盖层较厚,渗透系数较大时取上限。

2. 水位降落速度及排水时间

为了避免基坑边坡因渗透压力过大,造成边坡失稳产生坍坡事故,在确定基坑初期抽水强度时,应根据不同围堰形式对渗透稳定的要求确定基坑水位下降速度。

对于土质围堰或覆盖层边坡,其基坑水位下降速度必须控制在允许范围内。开始排水降速以 0.5~0.8m/d 为宜,接近排干时可允许达 1.0~1.5m/d。其他形式围堰,基坑水位降速一般不是控制因素。

对于有防渗墙的土石过水围堰和混凝土围堰,如河槽退水较快,而水泵降低基坑水位不能适应时,其反向水压力差有可能造成围堰破坏,应经过技术经济论证后,决定是否需要设置退水闸或逆止阀。

排水时间的确定,应考虑基坑工期的紧迫程度、基坑水位允许下降的速度、各期抽水设备及相应用电负荷的均匀性等因素,进行比较后选定。一般情况下,大型基坑可采用 5~7d,中型基坑可采用 3~5d。

二、经常性排水

基坑积水排干后,围堰内外的水位差增大,此时渗透流量相应增大。另外基坑已开始施工,在施工过程中还有不少施工废水积蓄在基坑内,需要不停地排除,在施工期内,还会遇到降雨,当降雨量较大且历时较长时,其水量也是不可低估的。

1. 排水量的组成

经常性排水应分别计算围堰和地基在设计水头的渗流量、覆盖层中的含水量、排水时的降水量及施工弃水量。其中降水量按抽水时段最大日降水量在当天抽干计算;施工弃水量与降水量不应叠加。基坑渗水量可分析围堰形式、防渗方式、堰基情况、地质资料可靠程度、渗流水头等因素适当扩大。

2. 排水方式

基坑开挖的降排水一般有两种途径:明排法和人工降水。其中,人工降水经常采用轻型井点或管井井点降水方式。

(1) 明排法的适用条件：

1) 不易产生流砂、流土、潜蚀、管涌、淘空、塌陷等现象的黏性土、砂土、碎石土的地层。

2) 基坑地下水位超出基础底板或洞底标高不大于2.0m。

(2) 轻型井点降水的适用条件：

1) 黏土、粉质黏土、粉土的地层。

2) 基坑边坡不稳，易产生流土、流砂、管涌等现象。

3) 地下水位埋藏小于6.0m时，宜用单级真空点井；当大于6.0m时，场地条件有限，宜用喷射点井、接力点井；场地条件允许，宜用多级点井。

(3) 管井井点降水适用条件：

1) 第四系含水层厚度大于5.0m。

2) 基岩裂隙和岩溶含水层，厚度可小于5.0m。

3) 含水层渗透系数K宜大于1.0m/d。

单元二 明 式 排 水

明式排水适宜于地基为岩基或粒径较粗、渗透系数较大的砂卵石覆盖面，在国内已建和在建的水利水电工程中应用最多。这种排水方式是通过一系列的排水沟渠，拦截堰体及堰基渗水，并将渗透水流汇集于泵站的集水井，再用水泵排出基坑以外。

经常性排水系统的布置通常有两种情况：一种是基坑开挖过程中的排水系统布置；另一种是建筑物施工过程中的排水系统布置。

基坑开挖过程中布置排水系统时，应以不妨碍开挖和运输工作为原则。一般常将排水干沟布置在基坑中部，以利出土。如图1-29所示。随着基坑开挖工作的进行，逐渐加深排水沟，通常保持干沟深度为1.0~1.5m，支沟深度为0.3~0.5m。集水井布置在建筑物轮廓线外，其底部应低于干沟沟底0.8~1.0m。

当基坑开挖深度不一，坑底不在同一高程时，则应根据具体情况布置排水系统。如采用层层截流、分级抽水，即在不同高程分别布置截水沟、集水井和泵站进行分级排水。

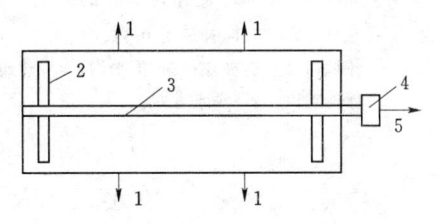

图1-29 基坑开挖过程中的排水系统布置
1—运土方向；2—支沟；3—干沟；4—集水井；5—抽水

修建建筑物时的排水系统，通常都布置在基坑四周，如图1-30所示。排水沟应布置在建筑物轮廓线外，且距离基坑边坡坡脚不小于0.3~0.5m。排水沟的断面尺寸和底坡大小，取决于排水量。一般排水沟底宽不小于0.3m，沟深不大于1.0m，底坡不小于2‰。水经排水沟流入集水井，井边设泵站将水从井中抽出。集水井宜布置在建筑物轮廓线外较低的地方，它与建筑物的外线距离应大于井深。井的容积须保证当水泵停止运转10~15min时，由排水沟流入井内的水量不致漫溢。因此，集水井以稍为偏大偏深为宜。

为了防止降水时地面径流进入基坑，增加排水量，一般在基坑外线挖排水沟或截水沟，以拦截地面水。沟的断面和底坡应根据流量和土质决定，一般为沟宽和沟深不小于0.5m，底坡不小于2‰。基坑外地面排水系统最好和道路排水系统相结合，以便自流排水。

明式排水常采用离心式水泵。离心式水泵由泵壳、泵轴和工作叶轮等主要工作部件组成，其管路系统包括滤网、底阀、吸水管及出水管，如图1-31所示。离心式水泵结构简单，工作可靠，运转、维修简易，因而得到广泛的应用。

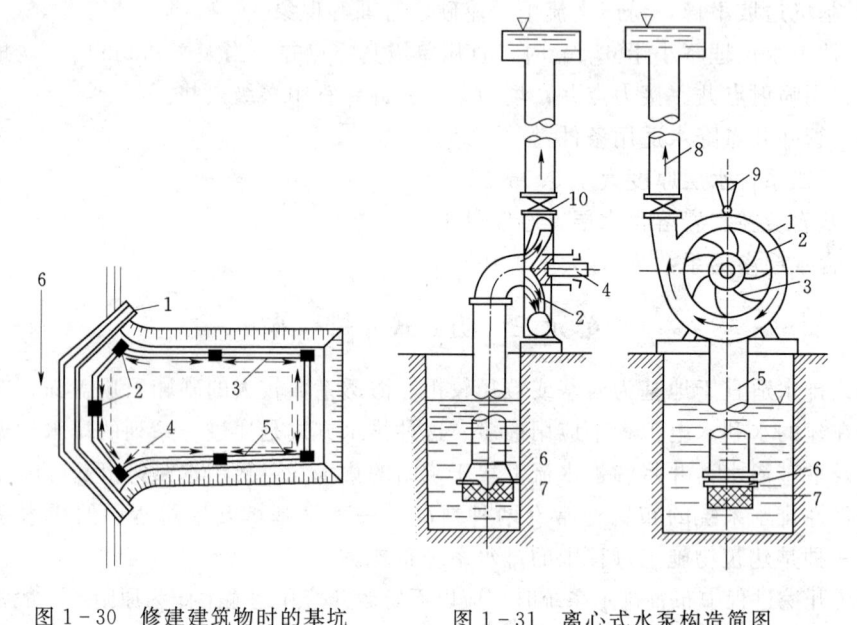

图1-30 修建建筑物时的基坑排水系统布置
1—围堰；2—集水井；3—排水沟；4—建筑物轮廓线；5—排水方向；6—水流方向

图1-31 离心式水泵构造简图
1—泵壳；2—工作叶轮；3—叶片；4—泵轴；5—吸水管；6—底阀；7—滤网；8—出水管；9—灌水漏斗；10—调节阀

单元三 人工降低地下水位

一、人工降低地下水位的方法

在基坑开挖过程中，为了保证工作面的干燥，往往要多次降低排水沟和集水井的高程，经常变更水泵站的位置。这样造成施工干扰，影响基坑开挖工作的正常进行。此外，当进行细砂土、砂壤土之类的基础开挖时，如果开挖深度较大，则随着基坑底面的下降，地下水渗透压力的不断增大，容易产生边坡塌滑、底部隆起以及管涌等事故。为此，采用人工降低地下水位的办法，即在基坑周围钻设一些管井，将地下水汇集于井中抽出，使地下水位降低到开挖基坑的底部以下。

人工降低地下水位的方法很多，按其排水原理分为管井排水法、真空井点排水法、喷射井点法、电渗井点排水法等。

排水方法的选择与土层的地质构造、基坑形状、开挖深度等都有密切关系，但一一般主要按其渗透系数来进行选择。管井排水法适用于渗透系数较大、地下水埋藏较浅（基坑低于地下水水位）、颗粒较粗的砂砾及岩石裂隙发育的地层，而真空井点排水法、喷射井点法和电渗井点排水法等则适用于开挖深度较大、渗透系数较小、且土质又不好的地层。

在不良地质地段，特别是在多地下水地层中开挖洞室时，往往会出现涌水，为了创造良好的施工条件，可以钻超前排水孔（甚至采用导洞），让涌水自行流出排走。这也是人工降低地下水水位的一种方法。

1. 管井法

采用管井法排水，需在基坑外围布置一些单独工作的井筒，将水泵或水泵的吸水管放入井内抽水，地下水在重力作用下流入井中，用抽水设备抽走。抽水设备有离心泵、潜水泵和深井泵等。

当要求大幅度降低地下水位时，最好采用离心式深井泵（图1-32），它为立轴多级离心泵。深井泵一般适用的深度大于20m，渗透系数为10~80m/d。深井泵排水效果较好，需要管井较少。

管井由滤水管、沉淀管和不透水管组成。管井外部有时还需要设反滤层。地下水从滤水管规管内，水中泥沙则沉淀在沉淀管中。滤水管的构造对井的出水量及可靠性影响很大。要求它的过水能力大、进入泥沙少，并具有足够的强度和耐久性。

井管打设可采用射水法、振动射水法、冲击钻井法。管井埋设时要先下套管后下井管，井管下妥后，再边下反滤填料，边拔套管。

2. 井点法

当土壤的渗透系数在0.1~1.0m/d时，宜采用井点法排水。井点可分为轻型井点、喷射井点、喷气井点、电渗井点等。最常用的为轻型井点。

轻型井点是由井管、连接弯管、集水总管、普通离心式水泵、真空泵和集水箱等组成的排水系统，如图1-33所示。

井点法的井管直径为38~55mm、长5~7m、间距为0.8~1.6m，最大可达3.0m。井点系统的井管就是水泵的吸水管，井管的埋设常采用射水法。地下水从井管下端的滤水管借真空泵及水泵的抽吸作用流入管内。沿井管上升汇集于集水管，流入集水箱，由水泵排出。

井点系统排水时，地下水位的下降深度，取决于集水箱内真空度和管路的漏气

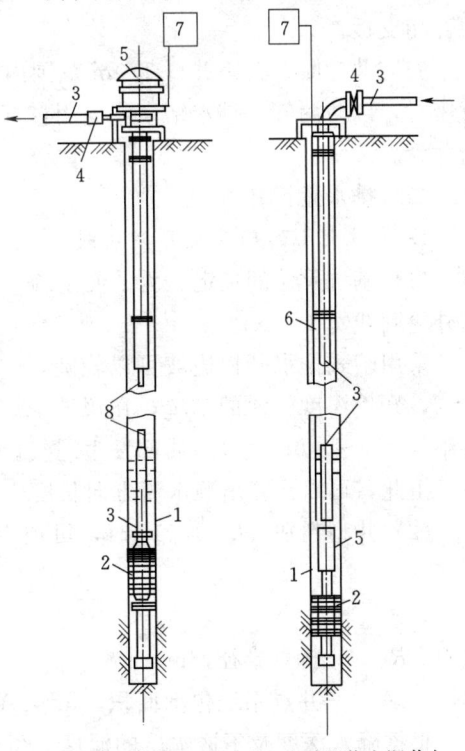

(a) 电动机装在地面上 (b) 电动机装在深井中

图1-32 深井泵装置示意图

1—管井；2—水泵；3—压力管；4—阀门；5—电动机；6—电缆；7—配电盘；8—传动轴

和水头损失。一般集水箱内真空度为 53.3~80kPa，相当于吸水高度 5~8m，扣除各种损失后，地下水位下降深度为 3~5m，一般为 4m 左右。

当要求地下水位降低的深度超过 4~5m 时，则需分层布置井点，每层控制在 3~4m，但以不超过 3 层为宜。因为层数太多，基坑内管路纵横，妨碍交通，影响施工。且当上层井点发生故障时，由于下层水泵能力有限，致使地下水位回升，可能淹没基坑。

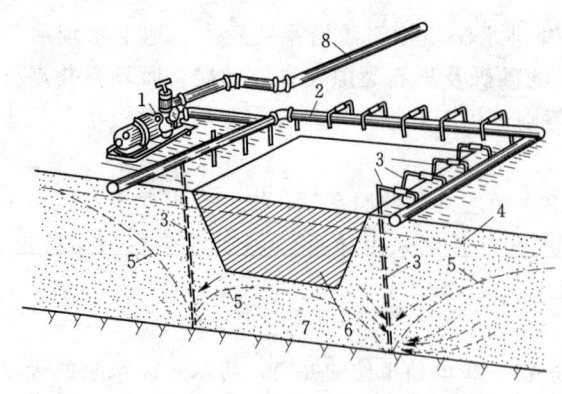

图 1-33 轮型井点布置图
1—（带真空系和集水箱的）离心式水泵；2—集水总管；
3—井管；4—原地下水位；5—抽水后水面降落曲线；
6—基坑；7—不透水层；8—排水管

井点抽水时，在滤水管周围形成一定的真空梯度，从而加速了土体的排水速度，达到降低地下水位的目的。

布置井点系统时，为充分发挥设备能力。集水总管、集水箱和水泵应尽量接近天然地下水位。当需要几套设备同时工作时，各集水总管间最好接通，并安装开关，以便互相支援。

安装井管时，在距井口 1.0m 范围内，须填黏土密封，井管与总管连接处也应注意密封，以防漏气。排水结束，可用杠杆或差动滑轮将井管拔出，基坑四周应适当加密井管。

二、排水量计算

1. 基坑大小的确定及井型判别

（1）基坑尺寸的拟定。为了便于施工，基坑四周开挖线应较建筑物在基坑平面上的外轮廓线宽 1~2m。

采用暗式排水开挖边坡可以较陡，一般黏性土 1:1~1:1.5，砂性土 1:1.5~1:2，开挖深度较深的基坑，在边坡上应留宽 2m 左右的马道，井点管距基坑一般不宜小于 0.7~1.0m，以防局部发生漏气。

由此，可以计算出顺水流方向长度 L 及垂直水流方向宽度 B。

（2）井型判别。$L/B<10$ 时，可视为圆形基坑，则折算半径为

$$R_0 = \sqrt{\frac{A}{\pi}} \tag{1-8}$$

式中　R_0——折算半径，m；

　　　A——井点系统包围面积，m^2，$A = L \times B$。

根据降水深度及不透水层的深度，可知井底是否达到不透水层、地下水是否承受水压力，从而可以判断井的类型。井的类型一般有无压非完整井、有压非完整井、有压完整井 3 种。

对于平原地区的水闸来说，基坑排水一般按无压非完整井计算。

2. 基坑涌水量计算

(1) 确定计算公式。无压非完整井涌水量为

$$Q = 1.336K \frac{(2H_0 - S_0)S_0}{\lg(R - R_0) - \lg R_0} \tag{1-9}$$

其中

$$S = S_0 + R_0 I \tag{1-10}$$

$$S_0 = (地下水位 - 基坑底部高程) + \delta \tag{1-11}$$

式中 Q——基坑涌水量，m^3/d；

K——闸基渗透系数，m/d；

H_0——含水层有效深度，m；

S_0——基坑中心水位降落值，m；

R——抽水影响半径，m；

δ——安全深度，m，一般取 $\delta = 0.5 \sim 1.0 m$；

I——基坑内水力坡降，一般取 $I = 1/10$。

(2) 计算含水层有效深度 H_0。H_0 为经验值，由表1-7计算。在计算时，采用直线内插法或直线外插法。

表 1-7　　　　　　H_0 与 $\dfrac{S}{S+l}$ 关系计算

$\dfrac{S}{S+l}$	H_0	$\dfrac{S}{S+l}$	H_0
0.2	1.3 $(S+l)$	0.5	1.7 $(S+l)$
0.3	1.5 $(S+l)$	0.8	1.85 $(S+l)$

注　S 为井点管内水位降落值；l 为井点管内水深，根据型号取滤管的长度计算。

(3) 计算渗透系数 K。渗透系数 K 值精度是否准确，对计算结果影响很大，对重大的工程应通过现场抽水试验确定，对于一般工程可参考有关资料确定。

对于多层不同厚度、不同土质基坑的渗透系数应取其加权平均值。

$$K_{权} = \frac{\sum K_i \cdot h_i}{\sum h_i} \tag{1-12}$$

$$\overline{K} = \frac{K_{左} + K_{右} + 2K_{中}}{4} \tag{1-13}$$

计算时，根据地质情况，可能还需先计算 $K_{左}$、$K_{右}$、$K_{中}$，再计算 $K_{权}$。为了计算方便，常采用列表法计算。

(4) 计算抽水影响半径尺。抽水影响半径与排水量有关，一般为排水量达到稳定数值后，虽然抽水影响半径仍在随时间逐渐增加，但增长速度极慢，可以认为降落曲线已经稳定，而将此时的影响半径作为计算半径，影响半径为

$$R = 2S\sqrt{H_0 K} \tag{1-14}$$

三、排水设备的确定

1. 确定单井点出水量

单井点出水量为

$$q = 0.8 q_{max} \tag{1-15}$$

其中

$$q_{max} = 2\pi r_0 l v_\phi \tag{1-16}$$

$$v_\phi = 65 \sqrt[4]{K} \tag{1-17}$$

式中 q_{max}——单井点的最大允许抽水能力，m^3/d；

r_0——滤水管半径，m；

v_ϕ——土壤允许不冲流速，m/d；

l——滤水管长度，m。

2. 井点布置

(1) 初步计算井点数目为

$$n = Q/q (取整) \tag{1-18}$$

(2) 确定井点的间距。考虑到井点管在扬水的过程中可能会造成堵塞，井点数目应增加 5%～10%，则井点的间距为

$$d = \frac{L}{(1.05 \sim 1.1)n} \tag{1-19}$$

式中 L——井点布设线周长，m。

根据工程经验，井点间距 d 的取值，应在下述范围内：

1) 深井点：$d = (15 \sim 25) 2\pi r_0$。
2) 浅井点：$d = (5 \sim 10) 2\pi r_0$。

间距过小，井的侧面进水量减少；间距过大，则降水时间过长，特别是渗透系数极小的土壤。

此外，对浅井点采用的间距应与抽水总管的接合间距相适应，一般取 0.8m 的倍数。

根据以上条件，综合分析确定出井点的间距 d。

(3) 井点局部加密。基坑 4 个转角约有井点总长 1/5 的地方，井点间距应减少 30%～50%；靠近来水方向（基坑上下游、明渠）的一侧井点来水较多，布置也应密些。

(4) 计算井点数目 n。局部加密后，求出井点数目。

3. 设备选择

根据基坑用水量 Q（或单井点出水量 q）及井点内水位降落值 S 选择设备，由于受真空泵的影响，水泵生产率只能按额定的 65% 考虑。

无论是初期排水还是经常性排水，当其布置形式及排水量确定后，需进行水泵的选择，即根据不同排水方式对排水设备技术性能（吸程及扬程）的要求，按照所能提供的设备型号及动力情况以及设备利用的经济原则，合理选用水泵的型号及数量。

水泵的选择，既要根据不同的排水任务，不同的扬程和流量选择不同的泵型，又要注意设备的利用率。在可能的情况下，尽量使各个排水时期所选的泵型一致，同

时，还需配置一定数量的柴油发电机，以防事故停电对排水工作造成影响。

(1) 泵型的选择。水利工程常用离心式水泵，它既可作为排水设备，又可作为供水设备。这种水泵的结构简单，运行可靠，维修简便，并能直接与电动机座连接。过水围堰的排水设备选择，应配备一定数量的排沙泵。

离心式水泵的类型很多，在水利水电工程中，SA 型单级双吸清水泵和 S 型单级双吸离心泵两种型号水泵应用最多，特别在明式排水时更为常用。

通常，在初期排水时需选择大容量低水头水泵，在降低地下水位时，宜选用小容量中高水头水泵，而在需将基坑的积水集中排出围堰外的泵站中，则需要大容量中高水头的水泵。为运转方便，应选择容量不同的水泵，以便组合运用。

(2) 水泵台数的确定。在泵型初步选定之后，即可根据各型水泵所承担的排水流量来确定水泵台数。

此外，还需考虑抽水设备重复利用的可能性、单机重量及搬迁条件，设备效率，以及取得设备的现实性、经济性等因素。另外还需配备一定的事故备用容量。备用容量的大小，应不小于泵站中最大的水泵容量。

【案例 4】 某拦河闸基坑排水布置

某拦河闸位于河南省，闸址位于淮河某支流上。

1. 排水方案

本水闸修建在平原河道上，故排水方法可采用人工降低地下水位，根据地质情况不同，经计算，闸基渗透系数 $K=2.649\text{m/d}$，可采用井点法排水。

2. 排水量计算

基坑大小的确定及井型的判别。

(1) 基坑尺寸的拟定。速、顺水流方向长度 $L=120.4\text{m}$，垂直水流方向宽度 $B=107\text{m}$。

(2) 井型判别。$L/B=120.4/107=1.13<10$，可按圆形基坑计算。

$$A=120.4\times107=12882.8(\text{m}^2)$$

折算半径 $$R_0=\sqrt{\frac{A}{\pi}}=64.04(\text{m})$$

由于本工程不透水层较深，故基坑排水可按无压非完整井计算。

$$Q=1.366K\frac{2H_0-S_0}{\lg(R+R_0)-\lg R_0}$$

$$S_0=(\text{地下水位}-\text{基坑底部高程})+\delta=(29-26.5)+0.5=3.0(\text{m})$$

$$S=S_0+R_0\times I=3.0+64.04\times1/10=9.4(\text{m})$$

计算含水层有效深度 $H_0=20.80\text{m}$

计算渗透系数 $K=2.649\text{m/d}$

抽水影响半径 $R=2S\sqrt{H_0 K}=2\times9.4\sqrt{20.8\times2.649}=140(\text{m})$

则 $$Q=832.31\text{m}^3/\text{d}$$

3. 排水设备的确定

(1) 确定单井点出水量 q。

$$v_允 = 65\sqrt[4]{K} = 65\sqrt[4]{2.649} = 82.925 (\text{m/d})$$
$$q_{max} = 2\pi r_0 l v_允 = 2 \times 3.14 \times 0.07 \times 1.7 \times 82.925 = 62.003 (\text{m}^3/\text{d})$$
$$q = 0.8 q_{max} = 0.8 \times 62.003 = 49.602 (\text{m}^3/\text{d})$$

(2) 井点布置。

1) 井点数目为 $n = Q/q = 832.31/49.602 = 16.8$（个），取 $n=17$（个）。

2) 确定井点的间距为

$$d = \frac{L}{(1.05 \sim 1.1)n} = \frac{2 \times (120.4 + 107)}{1.1 \times 17} = 24.32 (\text{m})。$$

根据工程经验，深井点间距 d 的取值应为

$$d = (15 \sim 25) 2\pi r_0 = (15 \sim 25) \times 2 \times 3.14 \times 0.07 = 6.6 \sim 11.0 (\text{m})。$$

因为井点间距 d 应与积水总管的结合间距相适应，一般为 0.8m 的倍数，所以，可取井点间距 $d=9.6\text{m}$。

3) 经典局部加密。基坑 4 个转角约有井点总长 1/5 的地方，井点间距应减少 30%～50%，取 $d=7.2\text{m}$；靠近来水方向（向基坑上下游、明渠）的一侧井点来水较多，布置也应紧密些，取 $d=8.0\text{m}$。

(3) 设备选择。按一台离心式水泵可带 50 根井点计，则需离心式水泵 1 台。

项目二 爆 破 工 程

水利水电工程施工中，常采用爆破方法完成一些特定的施工任务，如基坑开挖，地下建筑物施工，石料开采，隧洞（隧道）的开挖，定向爆破筑坝或截流，库区清理，渠道开挖，水下爆破，控制拆除爆破等。对于被爆介质（岩体），依据开挖方法、开挖难易程度、坚固系数等因素分为16级，其中土分4级，岩石分12级。Ⅴ级岩石坚固系数 f 为 1.5～2.0，ⅩⅤ级岩石坚固系数 f 为 20～25，其余按照2递增。

探索和分析爆破机理，正确掌握各种爆破技术，可加快工程进度，保证工程质量和安全，降低工程施工成本。

任务一 爆 破 施 工

单元一 爆 破 基 本 原 理

炸药爆炸属于化学反应。它是指炸药在一定起爆能（撞击、点火、高温等）的作用下，在瞬时发生化学分解，产生高温、高压气体（如 CO_2、CO、NO、NO_2、H_2O 等），对相邻的介质产生极大的冲击压力，并以波的形式向四周传播。在空气中传播的波，称为空气冲击波，在岩土中传播的波，则称为地震波。

爆破是利用炸药爆炸能量达到工程目的的作业。它主要利用炸药爆炸瞬时释放的能量，使介质压缩、松动、破碎或抛掷等，以达到开挖或拆毁等目的。冲击波通过介质产生应力波，如果介质为岩土，当产生的压应力大于岩土的压限时，岩土被粉碎或压缩，当产生的拉应力大于岩土的拉限时，岩土产生裂缝，爆炸气体的气刃效应则产生扩缝作用。

一、无限均匀介质中的爆破

当爆破在无限均匀的理想介质中进行时，冲击波以药包中心为球心，呈同心球向四周传播的态势。由于各向同性介质的阻尼作用，随着距球心距离的增大，冲击压力波逐渐衰退，直至全部消逝。若用一平面沿爆心剖切，可将爆破作用的影响范围划分为如图2-1所示的5个作用圈。

1. 圈1为压缩圈（粉碎圈）

爆炸冲击波产生的压应力大于岩土的压限时，紧邻药包的介质若为塑性体（土体），将受到压缩，形成一空腔；若为脆性体（岩体），将遭粉碎，形成粉碎圈，相应半径为压缩半径或粉碎半径 R_c。

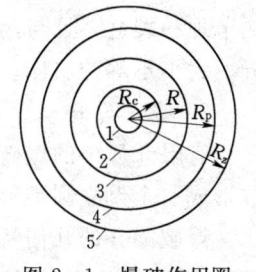

图 2-1 爆破作用圈

2. 圈 2 为破坏圈

由于冲击波逐渐衰减，该圈内爆炸冲击波产生的压应力小于岩土的压限，但爆炸冲击波产生的环向拉应力和在波阵面上产生的切向拉应力大于岩土的拉限时，将分别引起径向裂缝和弧状裂缝，紧随其后的爆炸气体产生扩缝作用，岩土被破坏。

该圈内靠近粉碎圈的部分介质除了破坏外，介质中尚有余裕的抛掷势能，有临空面时，这部分介质将发生抛掷，这个范围称为抛掷圈，相应的半径称为抛掷半径 R。抛掷圈外的一部分介质，爆炸作用只能使其松动破裂，这一范围称为松动圈或破裂圈，相应的半径称为松动半径或破裂半径 R_p。

3. 圈 3 为震动圈

松动圈外的部分介质，随着冲击波作用的进一步衰减，爆炸冲击波产生的压应力和拉应力都分别小于岩土的压限和拉限，只能使这部分介质产生震动，称为震动圈，相应的半径称为震动半径 R_z。

图 2-1 中各圈只是为说明爆破作用而划分的，并无明显界限，其作用半径的大小与炸药特性、炸药用量、药包结构、爆炸方式以及介质特性等密切相关。

二、有限均匀介质中的爆破

1. 自由面（临空面）

土岩介质与空气介质的交界面往往称为自由面或临空面。当自由面（临空面）在爆破作用的影响范围以内时，自由面将对爆破产生聚能作用和反射拉力波作用。

假若在无限介质中有两个空穴，A 装有球形药包，B 为空孔。药孔 A 爆炸后，由于空孔 B 表面没有阻力，冲击波不再呈球状向四周扩散，而是向 B 孔集中，犹如空孔成了吸引介质流的中心，如图 2-2 所示。若将药包视为阳极，空孔视为阴极，二者相当于静电学上的电偶关系，所以聚能作用也称爆炸偶极子作用。自由面可看作是无限大的空穴。

冲击波由岩石介质到空气介质，越过临空面时将产生反射，形成拉力波。此拉力波形成的拉应力与由药包传来的压力波产生的压应力之差超过岩石的抗拉强度时，便从临空面向药包反射，引起弧状裂缝。与此同时，压力波在岩石中的传播，其波阵面产生切向拉应力，从而引起径向裂缝。于是，环向裂缝和径向裂缝将岩石切割成碎块。加之天然岩体本身存在的不规则的节理和裂缝，且与药包距离不等，能量分布不均，使实际爆后的岩石成为形状各异、大小不等的块体。

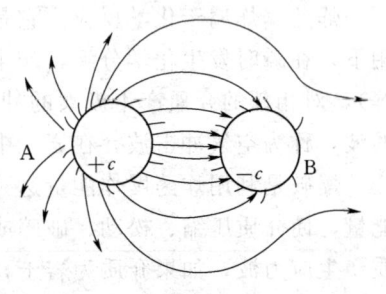

图 2-2 爆炸偶极子作用示意图
A—装药空穴；B—空的空穴

2. 爆破漏斗

有限介质中的爆破，当药包的爆破作用具有使部分介质抛向临空面的能量时，往往形成一个倒立圆锥形的爆破坑，形如漏斗，如图 2-3 所示。

爆破漏斗的几何特征参数有：药包中心至临空面的最短距离（即最小抵抗线长度 W）、爆破漏斗底半径 r、爆破作用半径 R、可见漏斗深度 P 和抛掷距离 L。爆破漏斗的几何特性反映了药包重量和埋深的关系，反映了爆破作用的影响范围。显然，爆破作用指数 $n=r/W$ 最能反映爆破漏斗的几何特性，它是爆破设计中最重要的参数。n 值大形成宽浅式漏斗，n 值小形成窄深式漏斗，甚至不出现爆破漏斗，故可依据 n 值大小对爆破进行分类。

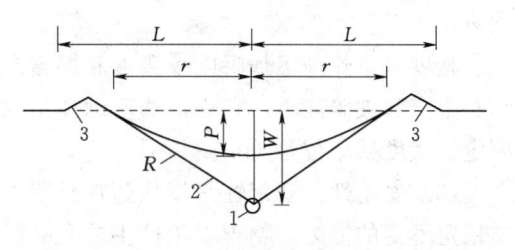

图 2-3 爆破漏斗示意图
1—药包；2—飞渣回落充填体；3—坑外堆积物

当 $n=1$ 时，称为标准抛掷爆破；

当 $n>1$ 时，称为加强抛掷爆破；

当 $0.75<n<1$ 时，称为减弱抛掷爆破；

当 $0.33<n\leqslant 0.75$ 时，称为松动爆破；

当 $n\leqslant 0.33$ 时，称为隐藏式爆破。

以上各类爆破的药包分别称为标准抛掷药包、加强抛掷药包、减弱抛掷药包、松动药包和炸胀药包。

抛掷爆破抛起的部分渣料回落到漏斗坑内，形成可见漏斗，其深度为

$$P=CW(2n-1) \tag{2-1}$$

式中 C——介质系数。对岩石，$C=0.33$；对黏土，$C=0.4$。

抛掷堆积距药包中心的最大距离称为抛距，抛距为

$$L=5nW \tag{2-2}$$

式中 n——爆破作用指数；

W——最小抵抗线长度。

三、炸药及药量计算

1. 炸药的主要性能指标

爆破应根据岩石性质和施工要求选择不同特性的炸药。反映炸药特性的基本性能指标有威力、猛度、安定性、敏感度、最佳密度、氧平衡、殉爆距、稳定性等。

(1) 威力。指炸药爆炸产物对周围介质作功的能力。理想状态下，炸药在做功过程中没有热量损失，热能全部转变成机械能，根据热力学定律能计算出功值。但在实际的爆破作业中，由于化学损失、热损失及无效机械功（地震效应、空气冲击波）等的影响，有效功只占炸药总能力的 10%。在工程爆破中通常使用相对威力的概念，相对威力是指以某一熟知炸药的威力作为比较的标准。以单位质量炸药相比较的，则称为相对质量威力；以单位体积炸药相比较的，则称为相对体积威力。

炸药的爆力是表示炸药爆炸做功的一个指标，它表示炸药在介质内爆炸时对介质产生的整体压缩、破坏和抛移的做功能力。爆力的大小取决于炸药的爆热、爆温和爆炸生成气体体积。炸药的爆热、爆温越高，生成气体体积越多，则爆力就越大。炸药爆力的测定方法有铅柱扩孔法、弹道臼炮法、爆破漏斗法等三种。

(2) 猛度。爆力相等的不同炸药，对邻接药包的介质的局部破坏作用可能不同。即使是药量相等的同一种炸药，两个不同装药密度的药包对邻近介质的局部破坏作用也不一样。这种差别主要是由于爆轰波的动作用造成的。这种动作用通常用"猛度"

来表示。

猛度是指炸药爆炸瞬间爆轰波和爆轰产物对邻近局部固体介质的冲击、撞碰、压缩、击穿和破碎能力，它表征炸药动作用的强度，可用一定规格铅柱被压缩的程度来测定。猛度的单位是 mm。

(3) 安定性。安定性是指炸药在长期贮存和运输过程中，保持自身物理和化学性质稳定不变的能力。物理安定性主要有吸湿、结块、挥发、渗油、老化、冻结、耐水等性能。化学安定性取决于炸药的化学性能。例如：硝化甘油类炸药在50℃时开始分解，如果热量不能及时散发，可能引起自燃与爆炸。

(4) 敏感度。敏感度是指炸药在外界能量的作用下，发生爆炸的难易程度。不同的炸药对不同的外界能量的敏感程度往往是不可比的。炸药的敏感度常用爆燃点、发火性、撞击敏感度和起爆敏感度等来表示。爆燃点是指在规定时间内（5min）使炸药发生爆炸的最低温度；发火性是指炸药对火焰的敏感程度；撞击敏感度是指炸药对机械作用的敏感程度；起爆敏感度是指引起炸药爆炸的极限药量。炸药的敏感度，常随掺和物的不同而改变。例如：在炸药中掺有棱角坚硬物（砂、玻璃、金属屑等）时敏感度提高；当掺有水、石蜡、沥青、油、凡士林等柔软、热容量大、发火点高的掺和物时，敏感度降低。

(5) 最佳密度。最佳密度是指炸药能获得最大爆破效果的密度。炸药密度凡高于和低于此密度，爆破效果都会降低。

(6) 氧平衡。氧平衡是炸药含氧量和氧化反应程度的指标。当炸药的含氧量恰好等于可燃物完全氧化所需要的氧量，则生成无毒 CO_2 和 H_2O，并释放大量热能，称零氧平衡。若含氧量大于需氧量，生成有毒的 NO_2，并释放较少的热量，称正氧平衡。若含氧量不足，只能生成有毒的 CO，释放热量仅为正氧平衡的 1/3 左右。显然，从充分发挥炸药化学反应的放热能力和有利于安全的角度出发，炸药最好是零氧平衡。考虑到炸药包装材料燃烧的需氧量，炸药通常配制成微量的正氧平衡。氧平衡可通过炸药的掺和来调整。例如 TNT 炸药是负氧平衡，掺入正氧平衡的硝酸铵，使之达到微量的正氧平衡。对于正氧平衡的炸药药卷，也可增加包装纸爆炸燃烧达到零氧平衡。

(7) 殉爆距。殉爆是指由于一个药包的爆炸引起与之相距一定距离的另一药包爆炸的现象。殉爆距是能够连续三次使该药包出现殉爆现象的最大距离。

(8) 稳定性。炸药起爆后，若能以恒定不变的速度自始至终保持完整的爆炸反应，称为稳定的爆炸。在钻孔爆破中影响爆炸稳定性的因素有药包直径（d）和炸药密度（ρ）。

2. 常用工程炸药的种类

炸药一般分为起爆炸药和主炸药。起爆炸药是用于制造起爆器材的炸药，其主要特点有：敏感度高；爆速增加快，易由燃烧转为爆轰；安定性好，特别是化学安定性好；有很好的松散性和压缩性。常用的起爆炸药主要有：雷汞 $Hg(CNO)_2$，50℃开始分解，160℃爆炸，对温度敏感；氮化铅 $Pb(N_3)_2$，比雷汞迟钝，不溶于水；二硝基重氮酚 $C_6H_2O_5N_4$，安定性好，起爆能力强，相对安全，价格便宜等。

主炸药是产生爆破作用的炸药，其主要特点是：威力大，能被普通雷管引爆；成本低，种类多（适用于各种条件），安全可靠。

工程中常用炸药主要有三硝基甲苯（TNT）、胶质炸药、铵锑炸药、浆状炸药、乳化炸药、黑火药等。

TNT 是一种烈性炸药，呈黄色粉末或鱼鳞片状，热安定性好，遇火能燃烧（特别条件下能转为爆炸），机械敏感度低，难溶于水，可用于水下爆破。爆炸后呈负氧平衡，故一般不用于地下工程。爆破爆速为 7000m/s，爆热为 950kcal/kg（1kcal≈4.2kJ），价格昂贵。由于威力大，常用来做副起爆药（雷管加强药）。

胶质炸药的主要成分是硝化甘油，威力大、密度大、抗水性强，可做副起爆炸药，用于水下和地下爆破工程。它价格昂贵，爆力为 500mL，猛度为 22～23mm。如国产 SHJ-K 水胶炸药，不仅威力大，抗水性好，且敏感度低，运输、贮存和使用均较安全。

铵锑炸药是淡黄色粉末，本身有毒但爆炸气体无毒，敏感度小，价格低，易潮湿结块。主要成分是硝酸铵加少量的 TNT（敏感剂）和木粉（可燃剂）混合而成。调整 3 种成分的百分比可制成不同性能的铵锑炸药。国产铵锑炸药品种有：露天铵锑炸药 1 号、2 号、3 号、岩石铵锑炸药 1 号、2 号和安全铵锑炸药等。主要性能指标见表 2-1。

表 2-1　　　　　　　　　　铵锑炸药性能指标

性能	1 号岩	2 号岩	1 号露	2 号露	3 号露
炸力/mL	350	320	300	250	230
猛度/mm	13	12	11	8	5
殉爆距/cm	6	5	4	3	2
密度/(g/cm^3)	0.45～1.1	0.95～1.1	0.85～1.1	0.85～1.1	0.85～1.1

硝酸铵加入一定配比的松香、沥青、石蜡和木粉，可改善炸药的吸湿性和结块性，用于潮湿和有少量水的地方，爆破中等坚固的岩石；加入一定成分的 35 号柴油，则可制成性能良好的铵油炸药。

浆状炸药可以是非黏稠的晶质溶液、黏稠化的胶体溶液或黏稠并交联的凝胶体。几乎所有的浆状炸药都含有增稠的胶凝剂，含有水溶性剂的浆状炸药又叫水胶炸药。水胶炸药性能主要取决于其配方和胶凝系统的制造工艺。其优点是炸药密度、形态及其性能可在较大的范围内调整，有突出的抗水性能，但其抗冻性和稳定性有待改善。

乳化炸药是以氧化剂水溶液与油类经乳化而成的油包水型的乳胶体作爆炸性基质，再添加少量氯酸盐和过氯酸盐作辅助氧化剂。乳化剂胶体是乳化炸药中的关键组成部分。乳化剂是一种表面活性剂，用来降低水油的表面张力，形成水包油或油包水的乳化物。乳化炸药的爆速较高，且随药柱直径增大、炸药密度增大而提高。其抗水性能强，爆炸性能好。

黑火药由 60%～75%硝石，加 10%～15%硫黄，再加 15%～25%木炭掺和而成，制作简单、成本低廉、易受潮、威力小，适用于爆破松软岩石和做导火索。

3. 药量计算

在进行药量计算时，应首先分清药包的类型，因为药包的类型不同，药量计算也不一样。按形状，药包分为集中药包和延长药包。当药包的最长边与最短边的比值

$L/a \leqslant 4$ 时，为集中药包；当 $L/a > 4$ 时，为延长药包。对于洞室爆破，常用集中系数 Φ 来区分药包的类型。当 $\Phi \geqslant 0.41$ 时为集中药包；反之，为延长药包或条形药包。

$$\Phi = 0.62 \frac{\sqrt[3]{V}}{b} \tag{2-3}$$

式中　b——药包中心到药包最远点的距离，m；
　　　V——药包的体积，m³。

单个集中药包的药量为

$$Q = KW^3 f(n) \tag{2-4}$$

式中　K——单位耗药量，kg/m³；
　　　W——最小抵抗线长度，m；
　　　$f(n)$——爆破作用指数函数。标准抛掷爆破 $f(n)=1$；加强抛掷爆破 $f(n)=0.4+0.6n^3$；减弱抛掷爆破 $f(n)=[(4+3n)/7]^3$；松动爆破 $f(n)=n^3$。

爆破设计时，标准抛掷爆破的单位用药量 K 值（标准情况）可根据试验确定，也可参考表 2-2 确定。所谓标准情况是指：标准抛掷爆破，标准炸药，在一个临空面的平地上进行爆破。随着临空面的增多，单位耗药量随之减少。有 2 个临空面为 $0.83K$；有 3 个临空面为 $0.67K$。当采用非标准炸药时，需用爆力换算系数 e 对表 2-2 中的 K 值进行修正。

$$e = \frac{e_b}{e_i} \tag{2-5}$$

式中　e_i——实际采用炸药的威力值，mL；
　　　e_b——标准炸药威力值，国内以 2 号岩石铵锑炸药为标准炸药，其威力值为 320mL。

表 2-2　　　　　　　　　　单位用药量 K 值

岩石种类	K 值 /(kg/m³)	岩石种类	K 值 /(kg/m³)	岩石种类	K 值 /(kg/m³)
黏土	1.0～1.1	砾岩	1.4～1.8	坚实黏土、黄土	1.1～1.25
泥灰岩	1.2～1.4	片麻岩	1.4～1.8	页岩、千枚岩、板岩	1.2～1.5
石灰岩	1.2～1.7	花岗岩	1.4～2.0	石英斑岩	1.3～1.4
砂岩	1.3～1.6	闪长岩	1.5～2.1	石英砂岩	1.5～1.8
流纹岩	1.4～1.6	辉长岩	1.6～1.9	安山岩、玄武岩	1.6～2.1
白云岩	1.4～1.7	辉绿岩	1.7～1.9	石英岩	1.7～2.0

单元二　爆破的基本方法

工程爆破的基本方法有孔眼爆破、洞室爆破和药壶爆破等。孔眼爆破又分为浅孔爆破和深孔爆破。爆破方法取决于工程规模、开挖强度和施工条件。

一、浅孔爆破

浅孔爆破是炮孔深度 L 小于 5m，装药引爆的爆破技术。它适用于各种地形条件和工作面情况，有利于控制开挖面的形状和规格，使用的钻孔机具较简单，操作方便，但劳动强度大，生产效率低，孔耗大，不适合大规模的爆破工程。

1. 浅孔爆破的炮孔布置原则

炮孔布置合理与否，直接关系到爆破效果。设计时要充分利用天然临空面或积极创造更多的临空面。例如在基础开挖时往往先开挖先锋槽，形成阶梯，这样不仅便于组织钻孔、装药、爆破和出渣等流水作业，安排出渣运输和基坑排水，避免施工干扰，加快进度，而且有利于提高爆破效果，降低成本。布孔时，宜使炮孔与岩石层面或节理面正交，不宜穿过与地面贯穿的裂缝，以防漏气，影响爆破效果。图2-4表示孔眼爆破梯段布孔图。平面上炮孔一般采用梅花状布置。

2. 浅孔爆破技术参数计算

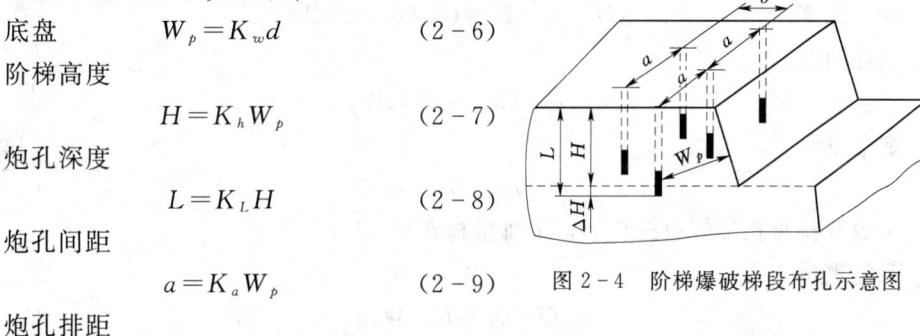

底盘 $\qquad W_p = K_w d \qquad (2-6)$

阶梯高度
$$H = K_h W_p \qquad (2-7)$$

炮孔深度
$$L = K_L H \qquad (2-8)$$

炮孔间距
$$a = K_a W_p \qquad (2-9)$$

图2-4 阶梯爆破梯段布孔示意图

炮孔排距
$$b = (0.8 \sim 1.2) W_p \qquad (2-10)$$

装药长度
$$L_{药} = (1/3 \sim 1/2) L \qquad (2-11)$$

式中 K_w——岩石性质对抵抗线的影响系数，常采用15~30；

K_h——防止爆破顶面逸出的系数，常采用1.2~2.0；

K_L——岩性对孔深的影响系数，坚硬岩石取1.1~1.15，中等坚硬岩石取1.0，松软岩石取0.85~0.95；

K_a——起爆方式对孔距的影响系数，火花起爆取1.0~1.5，电力起爆取1.2~2.0；

d——炮孔直径，m。

二、深孔爆破

深孔爆破是炮孔深度 L 大于5m、装药引爆的爆破技术。深孔爆破适用于料场和基坑规模大、强度高的采挖工作，且多采用松动爆破。深孔爆破具有爆破单位体积岩体所耗的钻孔工作量和炸药量少、爆破控制性差、对保留岩体影响大等特点，常用冲击式、回转式、潜孔钻等造孔。

1. 深孔布置

深孔爆破的炮孔布置原则与浅孔爆破基本相同，水平面上也采用梅花状布置；垂直方向上主要有垂直孔和倾斜孔两种，如图2-5所示。

2. 技术参数计算

底盘 $\qquad W_p = H D \eta d / 150 \qquad (2-12)$

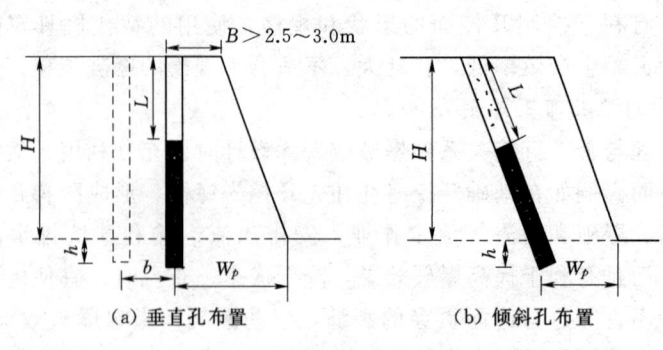

图 2-5 露天深孔布置图

超钻深度
$$\Delta H = L - H = (0.12 \sim 0.3) W_p \quad (2-13)$$

炮孔间距
$$a = (0.7 \sim 1.4) W_p \quad (2-14)$$

炮孔排距
$$b = a \sin 60° = 0.87a \quad (2-15)$$

一般双排布孔呈等边三角形，多排呈梅花形。

药包重量
$$Q = 0.33 K H W_p a \quad (2-16)$$

炮孔最小堵塞长度
$$L_{min} \geqslant W_p \quad (2-17)$$

式中 D——岩石硬度影响系数，一般取 0.46～0.56；
η——阶梯高度系数，见表 2-3；
d——炮孔直径，mm；
K——系数，坚硬岩 0.54～0.6，中坚岩 0.3～0.45，松软岩 0.15～0.3；
其他符号同前。

表 2-3　　　　　　　　　阶梯高度系数 η 值

H/m	10	12	15	17	20	22	25	27	30
η	1.0	0.85	0.74	0.67	0.6	0.56	0.52	0.47	0.42

三、洞室爆破

工程设计和施工中，有时需要开凿洞室装药进行大量爆破，来完成特定的施工任务。如采料、截流或定向爆破筑坝等。根据地形条件，一般洞室爆破的药室常用平洞或竖井相连，装药后须按要求将平洞或竖井堵塞，以确保爆破施工质量和效果。如图 2-6 所示。

1. 导洞与药室布置

导洞可以是平洞或竖井。当开挖工程量相近时，平洞比竖井投资少、施工方便，具体应根据地形条件选择。平洞截面一般取 1.2m×1.8m，竖井取 1.5m×1.5m，以满足最小工作面需要。平洞不宜太长，竖井深度也应不大于 30m，以利自然通风。对

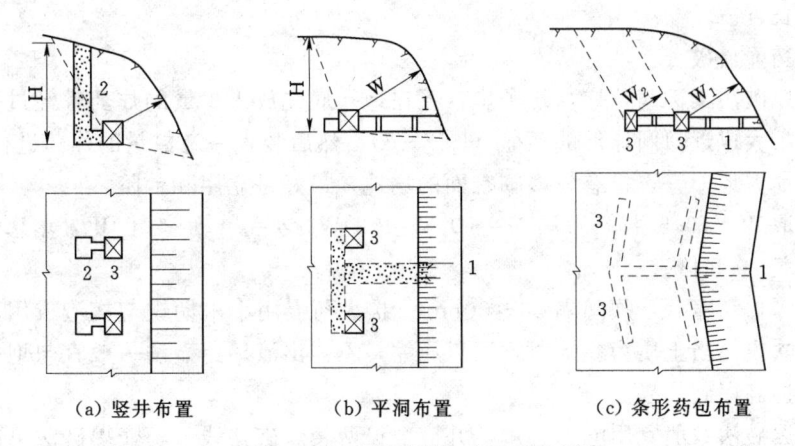

(a) 竖井布置　　　　(b) 平洞布置　　　　(c) 条形药包布置

图 2-6　洞室爆破洞室布置示意图
1—平洞；2—竖井；3—药室

于群孔药包，为了减少开挖量，连接药室的洞井宜布置成 T 形或倒 T 形。对条形布药，可利用与自由面平行的平洞作为药室。集中装药的药室以接近立方体为好，药室容积为

$$V = CQ/\Delta \tag{2-18}$$

式中　C——炸药的装填系数，它与药室支护及装药方式有关：有支护可取 1.5～1.8，无支护可取 1.1～1.25，散装取小值，袋装取大值；
　　　Q——装药量，t；
　　　Δ——炸药密实度，t/m³。

集中布药时，药室间距和药室排距分别为

$$a = (1.1 \sim 1.2)W \tag{2-19}$$

$$b = (1.3 \sim 1.4)W \tag{2-20}$$

式中　W——相邻药室的平均最小抵抗线长度，m，$W=(0.6\sim0.8)H$。
　　　a——药室间距，m；
　　　b——药室排距，m。

2. 洞室爆破施工

装药前应对洞室内的松石进行处理，并做好排水和防潮工作。

装药时，先在药室四周装填选用的炸药，再放置猛度较高、性能稳定的炸药，最后于中部放置起爆体。起爆体重 20～25kg，内装有敏感度高、传爆速度快的烈性起爆炸药，其中安放几个电雷管组或传爆索。起爆药量通常为总装药量的 1%～2%。

堵塞时先用木板或其他材料封闭药室，再用黏土填塞 3～5m，最后用石渣料堵塞。总的堵塞长度不能小于最小抵抗线长度的 1.2～1.5 倍。对 T 形导洞可适当

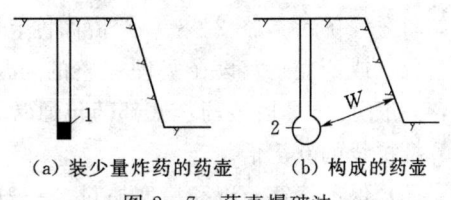

(a) 装少量炸药的药壶　　(b) 构成的药壶

图 2-7　药壶爆破法
1—药包；2—药壶

缩小堵塞长度。

四、药壶爆破

药壶爆破法又称葫芦炮，坛子炮，系在炮孔底先放入少量的炸药，经过一次至数次爆破，扩大成近似圆球形的药壶（图2-7），然后装入一定数量的炸药进行爆破。

爆破前，地形宜选择有较多临空面的场地，最好是立崖和台阶。

一般取 $W=(0.5\sim0.8)H$，$a=(0.8\sim1.2)W$，$b=(0.8\sim2.0)W$，堵塞长度为炮孔深的 $0.5\sim0.9$ 倍。

每次爆扩药壶后，须间隔 $20\sim30$ min。扩大药壶用小木柄铁勺掏渣或用风管通入压缩空气吹出。当土质为黏土时，可以压缩，不需出渣。药壶法一般宜与炮孔法配合使用，以提高爆破效果。

药壶爆破法一般宜用电力起爆，并应敷设两套爆破路线。药壶爆破法可减少钻孔工作量，可多装药，炮孔较深时，将延长药包变为集中药包，大大提高爆破效果。但扩大药壶时间较长，操作较复杂，破碎的岩石块度不够均匀，对坚硬岩石扩大药壶较困难，不能使用。适用于露天爆破阶梯高度 $3\sim8$ m 的软岩石和中等坚硬岩层；坚硬或节理发育的岩层不宜采用。

五、改善爆破效果的方法和措施

改善爆破效果的目的是提高爆破的有效能量利用率，应针对不同情况采取不同的措施。

（1）充分利用和创造临空面。充分利用多面临空的地形，或人工创造多面临空的自由面，有利于降低爆破的单位耗药量。当采用深孔爆破时，增加梯段高度或用斜孔爆破，均有利于提高爆效。平行坡面的斜孔爆破，由于爆破时沿坡面的阻抗大体相等，且反射拉力波的作用范围增大，通常可较竖孔的能量利用率提高 50%。斜孔爆破后边坡稳定，块度均匀，还有利于提高装车效率。

（2）采用毫秒微差挤压爆破。毫秒微差挤压爆破是利用孔间微差迟发不断创造临空面，使岩石内的应力波与先期产生残留在岩体内的应力相叠加，从而提高爆破的能量利用率。在深孔爆破中可降低单位耗药量 $15\%\sim25\%$。

（3）采用不耦合装药，提高爆破效果。炮孔直径与药包直径的比值称为不耦合系数，其值大小与介质、炸药特性等有关。由于药包四周存在空隙，降低了爆炸的峰压，从而降低或避免了过度粉碎岩石，也使爆压作用时间增长，提高了爆破能量利用率。

（4）分段装药爆破。一般孔眼爆破，药包位于孔底，爆后块度不均匀。为改善爆破效果，沿孔长分段装药，使爆能均匀分布，且增长爆压作用时间。分段装药药包构造如图2-8所示，图2-8（a）俗称竹节炮，图2-8（b）俗称竹节坛子炮。分段装药的药包（或药壶）宜设在坚硬完整的岩层内，空穴设于软弱岩层内。在孔深 20 m 以内，一般分 $2\sim3$ 段装药，底部药包通常占总药量的 $60\%\sim70\%$。堵塞段长应不小于计算抵抗线的 0.7 倍。

（5）保证堵塞长度和堵塞质量。一般堵塞良好时的爆破效果和能量利用率较堵塞不良时可以成倍地提高。工程中应严格按规范进行爆破施工质量控制。

【案例1】 龙羊峡水电站工程岸坡坝基开挖

岸坡采用台阶式分层，基坑采用组层开挖的方式。坝区河谷层V形，岸坡约60°~70°。坝型为混凝土重力拱坝，最大坝高175m。基岩为花岗闪长岩，裂缝发育。主体工程开挖量约141万 m^3。

以深孔爆破为主，建基面上下游边坡采用预裂爆破减振措施，出渣用 $4m^3$ 挖掘机配20t自卸汽车；主坝基开挖分层及开挖量见表2-4。

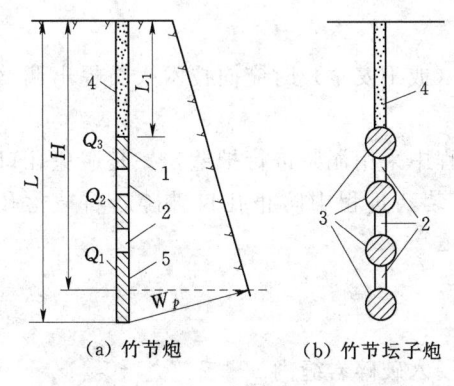

图2-8 分段装药药包构造图
1—药包；2—空穴；3—药壳；4—堵塞段；5—底都药包

(a) 竹节炮　　(b) 竹节坛子炮

表2-4　　　　龙羊峡水电站坝基开挖分层及开挖量

分层	厚度/m	高程/m	开挖量/万 m^3
第1层	8	2460（2465）~2452	7029
第2层	8	2452~2444	6.00
第3层	5	2444~2439	3.04
第4层	4	2439~2435	2.00（为保护层开挖，含2465m以下边坡保护层）

单元三　爆破施工工艺（钻孔机具和爆破器材）

爆破施工作业一般包括布孔、钻孔、装药、堵塞、连线、起爆、安全检查、出渣等工序。

一、布孔

根据爆破设计中的孔网参数布置炮孔。炮孔布置应由爆破工程技术人员或者有经验的爆破员实施，并根据现场实际情况适当调整孔网参数。一般来说，参数调整幅度不超过10%。

炮孔布置原则：

(1) 炮孔位置要尽量避免布置在岩石松动、节理裂隙发育或岩性变化大的地方。

(2) 特别注意底盘抵抗线过大的地方，应视情况不同，分别采取加密炮孔、预拉底（即先进行钻孔放炮）、孔底扩壶或底部装密度大、威力高的炸药等方式来避免产生根底。

(3) 要特别注意前排炮孔抵抗线变化，防止因抵抗线过小会出现爆破飞石事故、过大会留下根坎。

(4) 要注意地形标高的变化，适当调整钻孔深度，保证下部作业平台的标高基本一致。

二、钻孔

1. 钻孔作业

钻机操作工人根据炮孔位置进行钻孔。钻孔作业前必须认真清理炮孔周围浮石、松石等，并了解炮孔钻凿深度、倾角。

前排钻孔的孔边距太小、换接钻杆有困难（或不安全）时应向技术人员提出调整孔位和倾角。

对于孔口岩石破碎不稳固段，应在钻孔过程中采用泥浆进行护壁，一是避免孔口形成喇叭状容易影响钻屑冲出；二是在钻孔、装药过程中防止孔口破碎岩石掉落孔内，造成堵孔。泥浆护壁的操作程序是：

(1) 炮孔钻凿2～3m。
(2) 在孔口堆放一定量的含水黏黄泥。
(3) 用钻杆上下移动，将黄泥带入孔内并浸入破碎岩缝内。
(4) 检查护壁是否达到要求。

在终孔前钻杆上下移动，尽可能将岩粉吹出孔外，保证钻孔深度，提高钻孔利用率。

2. 炮孔验收

炮孔验收的主要内容有：

(1) 检查炮孔深度和孔网参数。
(2) 复核前排各炮孔的抵抗线。
(3) 查看孔中含水情况。

炮孔深度的检查是用软尺（或测绳）系上重锤（球）来测量炮孔深度，测量时要做好记录。

根据工程经验，炮孔深度不能满足设计要求的主要原因有：

(1) 孔壁破碎岩石掉落孔内造成炮孔堵塞。
(2) 炮孔钻凿过程中岩粉吹得不干净。
(3) 孔口封盖不严造成雨水冲垮孔口。

为防止堵孔，应该做到：每个炮孔钻完后立即将孔口用木塞或塑料塞堵好，防止雨水或其他杂物进入炮孔；孔口岩石清理干净，防止掉落孔内；一个爆区钻孔完成后尽快组织实施爆破。

在炮孔验收过程中发现堵孔、孔深不够等情况时，应及时进行补钻或透孔。在补孔、补钻或透孔过程中，应注意周边炮孔的安全，保证所有炮孔在装药前全部符合设计要求。

检查炮孔中是否有水，一般是用一块小石块丢入孔中，听是否有水声。如果有水，应该用皮尺测量水的深度，检查后仍将孔口堵塞，并在堵塞物上做一个记号（如在上面放一块较大的石块），以便装药前进行排水或装药时采取防水措施。

三、装药

1. 装药前准备工作

(1) 在爆破技术人员根据炮孔验收情况做出施爆设计后，按要求准备各孔装药的品种和数量。
(2) 根据爆破设计准备所需要的雷管种类、段别和数量。
(3) 检测电雷管。电雷管电阻值过大或不导通时禁止使用，并做销毁处理。

（4）清理炮孔附近的浮碴、石块及孔口覆盖物。

（5）检查炮棍上的刻度标记是否准确、明显。

（6）炮孔中有水时可采取措施将孔内的水排出，常用的排水方法：一是采用高压风管将孔内的水吹出；二是当水量不大时可直接装入乳化炸药或用海绵等物蘸出来；三是用炸药将炮孔内的水泄出；四是用潜水泵将孔内水排出。当炮孔通过的岩层比较破碎时不宜吹水，以免堵塞炮孔。

2. 起爆药包制作

目前多选用筒状乳化炸药或2号岩石炸药作为起爆药包。起爆药包制作程序为：

（1）根据爆破设计在每个炮孔孔口附近放置相应段别的雷管。

（2）将雷管插入筒状乳化炸药内，并用胶布（绷绳）将雷管脚线（导爆管）与乳化炸药绑扎结实，防止脱落。

（3）根据炮孔深度加长雷管连接线，其长度应保证起爆网路的敷设。

（4）每孔一般使用两个起爆药包，确保每个炮孔装药均能起爆。

3. 装药

（1）起爆药包位置。通常有4种形式：

1）正向起爆，起爆药包放在孔内药柱上部，也称上引爆法。

2）反向起爆，起爆药包放在孔底，又称下引爆法或孔底起爆法。

3）中间起爆，起爆药包放在炮孔中部。

4）起爆药包分别放置在总装药长度的1/4和3/4处。孔内仅有1个起爆药包时，起爆药包放置在距离装药底部1/4处。在工程实践中经常采用第四种形式的起爆药包位置。

（2）装药操作程序。当主装药为散状铵油炸药时：

1）爆破员分组，两名爆破员为一组。

2）一名爆破员手持木质炮棍放入炮孔内，另一名爆破员手提铵油炸药包装药。

3）散状铵油炸药顺着炮棍慢慢倒入炮孔内，同时将炮棍上下移动。

4）根据倒入孔内炸药量估计装药位置，达到设计要求放置起爆药包的位置时停止倒药。

5）取出炮棍，采用吊绳等方法将起爆药包轻轻放入孔内。

6）放入炮棍，继续慢慢将铵油炸药倒入孔内。

7）如果炮孔设计两个起爆药包，则重复步骤4）～步骤5）。

8）根据炮棍上刻度确定装药位置，确保堵塞长度满足设计要求。

当主装药为筒状乳化炸药时：

1）直接（可用吊绳）将筒状乳化炸药一节一节慢慢放入孔内。

2）根据放入孔内炸药量估计装药位置，达到设计要求放置起爆药包的位置时停止装药。

3）采用吊绳等方法将起爆药包轻轻放入孔内。

4）继续慢慢将筒状乳化炸药一节一节放入孔内。

5）如果炮孔设计两个起爆药包，则重复步骤2）～步骤4）。

6) 接近装药量时，先用炮棍上的刻度确定装药位置，然后逐节放入炸药，保证填塞长度满足设计要求。

当孔内部分有水、主装药为散状铵油炸药时：

1) 爆破员分组，两个爆破员为一组。

2) 直接将筒状乳化炸药一节一节慢慢放入孔内，保证乳化炸药沉入孔底。

3) 根据放入孔内炸药量估计装药位置，达到起爆药包的设计位置时停止装药。

4) 采用吊绳等方法将起爆药包轻轻放入孔内。孔内水深时，起爆药包可能会放置在乳化炸药装药段。

5) 孔内存水范围内全部装乳化炸药，高出水面约1m以上开始装散状铵油炸药。散状铵油炸药的装药见前述程序。

装药过程注意事项：

1) 结块的铵油炸药必须敲碎后放入孔内，防止堵塞炮孔，破碎药块时只能用木棍，不能用铁器。

2) 乳化炸药在装入炮孔前一定要整理顺直，不得有压扁等现象，防止堵塞炮孔。

3) 根据装入炮孔内炸药量估计装药位置，发现装药位置偏差很大时立即停止装药，并报爆破技术人员处理。出现该现象的原因：一是炮孔堵塞炸药无法装入，二是炮孔内部出现裂缝、裂隙，造成炸药漏到其他地方。

4) 装药速度不宜过快，特别是水孔装药速度一定要慢，要保证乳化炸药沉入孔底。

5) 放置起爆药包时，雷管脚线要顺直，轻轻拉紧并贴在孔壁一侧，可避免脚线产生死弯而造成芯线折断、导爆管折断等，同时可减少炮棍捣坏脚线的机会。

6) 要采取措施，防止起爆线（或导爆管）掉入孔内。

（3）装药超量时采取的处理方法。处理方法如下：

1) 装药为铵油炸药时往孔内倒入适量水溶解炸药，降低装药高度，保证填塞长度符合设计要求。

2) 装药为乳化炸药时采用炮棍等将炸药一节一节提出孔外，满足炮孔填塞长度。处理过程中一定要注意雷管脚线（或导爆管）不得受到损伤，否则应在填塞前报爆破技术人员处理。

（4）装药过程中发生堵孔时采取的措施。首先了解发生堵孔的原因，以便在装药操作过程中予以注意，采取相应措施尽可能避免造成堵孔。根据以往工程的经验，发生堵孔原因有：

1) 在水孔中由于炸药在水中下降慢，装药速度过快而造成堵孔。

2) 炸药块度过大，在孔内下不去。

3) 装药时将孔口浮石带入孔内或将孔内松石碰到孔中间，造成堵孔。

4) 水孔内水面因装药而上升，将孔壁松石冲到孔中间堵孔。

5) 起爆药包卡在孔内某一位置，未装到接触炸药处，继续装药就造成堵孔。

堵孔的处理方法是：起爆药包未装入炮孔前，可采用木制炮棍（禁止用钻杆等易产生火花的工具）捅透装药，疏通炮孔；在起爆药包装入炮孔后。严禁用力直接捅压起爆药包，可请现场爆破技术人员提出处理办法。

四、堵塞

1. 堵塞前准备工作

（1）利用炮棍上的刻度校核堵塞长度是否满足设计要求。堵塞长度偏大时补装炸药达到设计要求，堵塞长度不足时，应采取前述方法将多余炸药取出炮孔或降低装药高度。

（2）堵塞材料准备。堵塞材料一般采用钻屑、黏土、粗砂，并将其堆放在炮孔周围。水平孔填塞时应用报纸等将钻屑、黏土、粗砂等按炮孔直径要求制作成炮泥卷，放在炮孔周围。

2. 堵塞操作程序

（1）将堵塞材料慢慢放入孔内，并用炮棍轻轻压实、堵严。

（2）炮孔堵塞段有水时，采用粗砂等堵塞。每填入 30～50cm 后用炮棍检查是否沉到底部，并压实。重复上述作业完成堵塞，防止炮泥卷悬空、炮孔堵塞不密实。

（3）水平孔、缓倾斜孔堵塞时，采用炮泥卷堵塞。炮泥卷每放入一节后，用炮棍将炮泥卷捣烂压实。重复上述作业完成堵塞，防止炮孔堵塞不密实。

3. 堵塞作业注意事项

（1）堵塞材料中不得含有碎石块和易燃材料。

（2）炮孔堵塞段有水时，应用粗砂或岩屑堵塞，防止在堵塞过程中形成泥浆或悬空，使炮孔无法堵塞密实。

（3）堵塞过程要防止导线、导爆管被砸断、砸破。

五、连线

作业场面上的大部分爆破作业人员撤离现场，保留少数经验丰富的爆破技术人员进行连线工作。按照爆破网络图进行起爆网络敷设连接。

连接起爆线时，先把每排炮孔连接起来，然后进行逐排炮孔的连接。如果是电力法起爆，最后将电雷管接上主传爆线。电雷管后面电缆线在起爆之前一定要进行短路（即将母线两端拧在一起）。

六、起爆

起爆之前，要组织专门人员进行工地清场、安全警戒。水利工程爆破时间一般为早上 6：00 或者下午 18：00 到 19：00，即其他工种作业人员不在工地现场时组织进行爆破。

警戒信号有预告、准备、起爆信号。在确认人员、设备全部撤离爆破警戒区，所有警戒人员全部到位，在具备安全起爆条件时发出起爆信号，负责起爆的爆破技术人员得到指令，把电雷管电缆线接入起爆器。操作起爆器，把指针从"充电"状态调至"放炮"状态，进行起爆。

七、安全检查

（1）起爆听见炮响声（远处也可看见爆破抛渣），确认没有盲炮后，选择合适的时间进入爆区检查。如露天深孔爆破时，爆后应超过 15min，方准许检查人员进入爆区。

(2) 检查内容:
1) 有无盲炮。通过堆积情况初步判定是否有盲炮。
2) 堆积状况。岩土爆破的岩石堆积状况是否稳定，拆除爆破中建（构）筑物是否完全塌落，是否存在安全隐患。
3) 边坡（或围岩）危石情况。露天爆破中爆后的边坡是否稳定，边坡上是否存在危石。
4) 附近建筑物及不能撤离的设备有无损坏。
5) 现场是否有残存的爆破器材。

发布解除信号：由爆破作业负责人通知警报房发出解除信号——一次长声，鸣 60s。

八、出渣

组织挖掘机、自卸车进行爆破岩渣的清运。

如果是水利水电工程高边坡开挖，为了清渣安全，可用推土机把边坡最外边缘岩渣推出滑落到基坑，在低处出渣。

任务二 特种爆破技术

特种爆破实质上是在某一特殊条件下的控制爆破。特种爆破种类繁多，实践性和针对性较强。本任务主要介绍定向爆破、预裂爆破、光面爆破等。

单元一 定向爆破

一、定向爆破原理

爆破工程中，药包与临空面的关系，相当于爆炸偶极子（图 2-2）。当进行抛掷爆破时，介质从爆破漏斗中抛出。介质流主要沿药包中心至临空面的最短距离，即沿最小抵抗线 W 方向抛射是其必然的结果。

向外弯曲的临空面及曲心被称为"定向坑"和"定向中心"，是单药包爆破时设计的关键。群药包定向爆破，绝大部分介质流的运动是沿着几个药包联合作用所决定的方向。只要药包布置得当，群药包定向爆破的效果比单药包好。在陡峭且狭窄的山谷中搞定向爆破有时可以不用抛掷，因介质流还受重力的作用，靠重力将爆松的土岩滚到沟底预期位置（崩塌爆破）。爆破时应尽量利用天然地形布置药包，或利用辅助药包创造人工临空面，以满足工程定向抛掷的要求。

定向爆破可以用来截流、筑坝、开渠、移山填谷等。这里只对定向爆破筑坝作一些简要介绍。

二、定向爆破筑坝

1. 基本要求

地形上要求河谷狭窄，岸坡陡峻（通常 40°以上）；坝肩山体有一定的高度、厚度和可爆宽度，要求山高山厚为设计坝高的两倍以上，且大于坝顶设计长度。同时满足这些条件的地形是不多见的，根据经验，只要所选地形有某一方面突出的优点，也可以用定向爆破筑坝。

地质上要求爆区岩性均匀、强度高、风化弱、构造简单、覆盖层薄、地下水位低、渗水量小，爆区岩石性质适合作坝体材料，坝址地质构造受爆破震动影响在允许范围内。

定向爆破筑坝要满足整体布置条件，泄水和导流建筑物的进出口应在堆积范围以外并满足防止爆震的安全要求；施工上要求爆前完成导流建筑物、布药岸的交通道路、导洞药室的施工及引爆系统的敷设等。

2. 药包布置

药包布置的总体原则是：在保证安全的前提下，尽可能提高抛掷上坝方量，减少人工加高培厚的工作量，且方便施工。

在已建成的定向爆破筑坝工程中，有20%左右采用的是崩塌爆破。尽管崩塌爆破为首选方案，但目前能直接采用崩塌爆破的地形很少，所以多采用单岸或双岸布药爆破。

条件允许时应尽可能采用双岸爆破，双岸爆破一般一岸为主爆区，另一岸为副爆区，即使在很平缓的岸坡上也可以布置几个药包作为副爆区，如图2-9所示。

如果一岸不具备条件或河谷特窄，一岸山体雄厚，爆落方量已能满足需要，则单岸爆破也是可行的。药包布置如图2-9所示。

药包布置的高程，一方面，为了提高抛掷上坝方量，减少人工加高培厚及善后处理工作量，药包布置应尽可能地低；另一方面，从维护工程安全出发，为了防止爆破后基岩破坏造成绕坝渗漏等问题，要求药包位于正常水位以上，且大于垂直破坏半径。药包与坝肩的水平距离大于水平破坏半径。

在实际工程中，定向爆破筑坝一般都采用群药包布置方案，药包布置位置按"排、列、层"系统考虑。药包布置应充分利用天然凹岸，在同一高程按坝轴线对称布置单排药包。当河段平直，则布置双排药包，利用前排的辅助药包创造人工临空面，利用后排的主药包保证上坝堆积方量。

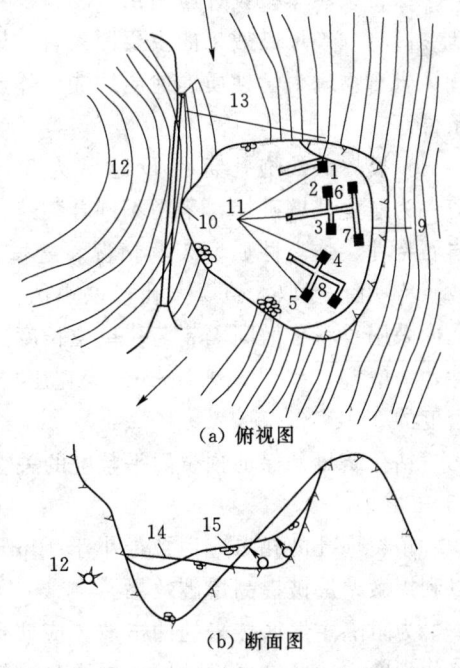

图2-9 定向爆破筑坝一岸布置药包图
1~5—前排药包；6~8—后排药包；9—爆破漏斗边线；10—堆积轮廓线；11—爆破定向中心；12—导流隧洞；13—截水墙轴线；14—设计坝顶高程；15—堆积体顶坡线

单元二 预 裂 爆 破

预裂爆破是在开挖区主体爆破之前，先沿设计开挖线钻孔装药并爆破，使岩体形成一条沿设计开挖线延伸的宽1~4cm的贯穿裂缝，在这条缝的"屏蔽"下再进行主体爆破，冲击波的能量通常可被预裂缝削减70%，保留区的震动破坏得到控制，设计边坡稳定平整，同时避免了不必要的超挖和欠挖。预裂爆破常用于大劈坡、基础开挖、深槽开挖等爆破施工中。

一、预裂爆破的机理

预裂孔采用的是一种不耦合装药结构（药卷直径小于炮孔直径），由于药包和孔壁间环状空隙的存在，削减了作用在孔壁上的爆压峰值，且为孔与孔间彼此提供了聚能的空穴，冲击波能量主要在孔距较小的预裂孔间传递。因为岩石的抗压强度远大于抗拉强度，所以削减后的爆压峰值不致使孔壁产生明显的压缩破坏，只有切向拉力使炮孔四周产生径向裂纹。加之孔与孔间彼此的聚能作用，使孔间连线产生应力集中，孔壁连线上的初始裂纹进一步发展，而滞后的高压气体，沿缝产生"气刃"劈裂作用，使周边孔间连线上的裂纹全部贯通成缝。

二、预裂爆破设计与施工

影响预裂爆破效果的主要因素有：炮孔直径D、炮孔间距a、装药量及装药集中度、岩石物理力学性质、地质构造、炸药品种及其特性、药包结构、起爆技术、施工条件等。

预裂爆破的炮孔直径D通常为50～200mm，浅孔爆破用小值，深孔爆破用大值；为避免孔壁破坏，采用不耦合装药，不耦合系数一般取$\eta=2\sim4$；炮孔间距a与岩石特性、炸药性质、装药情况、缝壁平整度要求、孔径等有关，通常为$a=(8\sim12)D$，小孔径取大值，大孔径取小值，岩石均匀完整取大值，反之取小值；预裂炮孔内采用线状分散间隔装药，单位长度的装药量称为线装药密度（$Q_{线}$），根据不同岩性，一般$Q_{线}=200\sim400$g/m。为克服岩石对孔底的夹制作用，孔底药包采用线装药密度的2～5倍。

钻孔质量是保证预裂面平整度的关键。钻孔轴线与设计开挖线的偏离值应控制在15cm之内。

预裂炮孔的孔口应用粒径小于10mm的砾石堵塞。起爆时差控制在10ms以内，以利用微差爆破提高爆破效果。

为阻隔主爆区传来的冲击波，应使预裂孔的深度超过开挖区炮孔深度Δh，预裂缝的长度应比开挖区里排炮孔连线两端各长ΔL，同时应与内排炮孔保持Δa的距离，表2-5为葛洲坝工程预裂爆破开挖区与预裂缝的关系。开挖区里排炮孔宜用小直径药包，远离预裂缝的炮孔可采用大直径药包。前者为了减震，后者可以改善爆破效果。

表2-5　　　　葛洲坝工程预裂爆破的开挖区炮孔与预裂缝的关系

药包直径d/mm	Δa/m	ΔL/m	Δh/m
55	0.8～1.0	6	0.8
90	1.5～2.0	9	1.3
100～150	2.5～6.0	10～15	1.3

三、预裂爆破质量控制

预裂爆破的质量控制主要是预裂面的质量控制，通常按如下标准控制。

(1) 预裂缝面的最小张开宽度应大于 0.5~1cm，坚硬岩石取小值，软弱岩石取大值。

(2) 预裂面上残留半孔率，对坚硬岩石不小于 85%；中等坚硬岩石不小于 70%；软弱岩石不小于 50%。

(3) 钻孔偏斜度小于 1°，预裂面的不平整度不大于 15cm。

单元三 光 面 爆 破

一、光面爆破的机理

光面爆破即沿开挖周边线按设计孔距钻孔，采用不耦合装药毫秒爆破，在主爆孔起爆后起爆，使开挖后沿设计轮廓获得保留良好边坡壁面的爆破技术。

从原理上看预裂爆破与光面爆破并没有什么区别。只是光面爆破与预裂爆破在爆破顺序上刚好相反，是先在开挖区内对主体部位的岩石进行爆破，然后再利用布置在设计开挖线上的光爆孔，将作为保护层的"光爆层"爆除，从而形成光滑平整的开挖面。

光面爆破被广泛地用于隧道（洞）等地下工程的施工中，因为它具有成型好、爆岩平整光滑、围岩破坏小、超挖少效率高、与喷锚技术结合施工质量好且安全可靠、省材料成本低等一系列优点。

二、光面爆破设计与施工

影响光面爆破效果的主要因素有：炮孔直径 D、炮孔间距 a、装药量及装药集中度 $Q_{线}$、最小抵抗线（光爆层厚度）W、周边孔密集系数 m、岩石物理性质及地质构造、炸药品种及其特性、药包结构、起爆技术、施工条件等。

光面爆破设计说明书包括的内容有：标有起爆方式的炮孔布置图；周边孔装药结构图；光爆参数一览表及其文字说明和计算；技术指标和质量要求等。

(1) 炮孔直径 D。对于隧洞，常用的孔径为 $D=35\sim45\text{mm}$，光面爆破的周边孔与掘进作业的其他炮孔直径一致。

(2) 不耦合系数 η。一般 $D=62\sim200\text{mm}$ 时，$\eta=2\sim4$，$D=35\sim45\text{mm}$，$\eta=1.5\sim2.0$。

(3) 周边炮孔间距 a。a 值过大，W 值大则须加大装药量，从而增大围岩的损坏和震裂，W 值小则周边会凹凸不平；a 值过小而 W 值取大，则爆后难以成缝。通常 $a=(12\sim16)D$，具体视岩石硬度而定。如果在两炮孔间加一不装药的导向孔效果更好。

(4) 线装药密度 $Q_{线}$。一般当露天光面爆破 $D\geqslant50\text{mm}$、$W>1\text{m}$ 时，$Q_{线}=100\sim300\text{g/m}$，完整坚硬的取大值，反之取小值。全断面一次起爆时适当增加药量。

(5) 光爆层厚度 W 与周边孔密集系数 m。光爆层是周边炮孔与主爆区最边一排炮孔之间的那层岩石，其厚度就是周边炮孔的最小抵抗线 W，一般等于或略大于炮孔间距 a，在隧洞爆破中取 $W=70\sim80\text{cm}$ 较好。a 与 W 的比值称为炮孔密集系数 m，它随岩石性质、地质构造和开挖条件的不同而变化，一般 $m=a/W=0.8\sim1.0$。

(6) 周边孔的深度和角度。对于隧洞开挖，从光爆效果来说周边孔越深越好，但受岩壁的阻碍，一般深度为 1.5~2.0m，采用钻孔台车作业时为 3~5m，以一个工作班能进行一个掘进循环为原则。钻孔要求"准、平、直、齐"，但受岩壁的阻碍，凿岩机钻孔时不得不甩出一个小角度，一般要求将此角度控制在 4°以内。

（7）装药结构。常用的装药结构有 3 种：一是普通标准药卷（ϕ32mm）空气间隔装药；二是小直径药卷径向空气间隙连续装药；三是小直径药卷（ϕ20~25mm）间隔装药。

三、光面爆破质量控制

（1）周边轮廓尺寸符合设计要求，岩石壁面平整。露天光爆壁面不平整度控制在 ±20cm 以内；隧洞工程欠挖不大于 5cm，超挖不大于 5cm；岩石起伏差控制在 15~20cm。

（2）光爆后岩面上残留半孔率，对坚硬岩石不小于 80%；中等坚硬岩石不小于 65%；软弱岩石不小于 50%。

（3）光爆后，地质好的无危石，地质差的无大危石，保留面上无粉碎和明显的新裂缝。

（4）两排炮孔衔接处的"台阶"，露天大直径深孔光爆应控制在 30~50cm，地下隧洞工程应控制在 10~15cm。

【案例 2】 三峡水利枢纽坝址区基岩为坚硬的闪云斜长花岗岩体，且以微新岩体为主，岩体结构完整，整体强度较强。坝区岩体按照风化程度，自上而下一般可分为全、强、弱、微 4 个风化带，全、强风化岩体最厚接近 50m。枢纽工程土石方开挖工程量超过 1 亿 m³，工程主要分布在永久船闸、临时船闸与升船机、左右岸边坡、挡水、发电和导流建筑物基础等地。下面以永久船闸高边坡、坝基及保护层开挖、下岸溪砂石料场开采及围堰拆除等方面为例，介绍爆破开挖的程序、方法、参数及爆破安全控制标准等内容。

三峡工程双线五级连续永久船闸由上游引航道、闸室主体段、下游引航道、输水系统、山体排水系统组成。主体段全长 1621m，船闸最高边坡最大开挖深度达 170m，闸槽开挖宽度为 37m，其中直立墙最大开挖深度为 67.18m，中间保留 57.0m 宽的岩体中隔墩。

高边坡开挖遵循从上而下的开挖程序，图 2-10 所示为永久性船闸三闸首岩石高边坡北坡开挖程序示意图。入槽前，分 5 层开挖，每层开挖高度与边坡台阶高度相同。

梯段爆破中采用的钻孔直径有 ϕ76mm、ϕ90mm、ϕ105mm 和 ϕ135mm 多种，以 ϕ105mm 为主。采用的药卷直径为 ϕ55~130mm 多种，与孔径相匹配。根据钻孔直径和岩石风化程度的不同，采用的孔距为 2.5~4.0m，排距为 2.0~3.0m，炸药单耗在 0.5~0.7kg/m³。

为获得平整的边坡开挖面，在开挖轮廓面上，应采用预裂爆破或光面爆破，临近边坡岩体轮廓面得开挖爆破设计如图 2-11 所示。边坡轮廓开挖，若采用预裂爆破方式，起爆顺序为预裂爆破孔→主爆孔→缓冲孔；若采用光面爆破方式，则起爆顺序为主爆孔→缓冲孔→光面爆破孔。

（a）开挖程序　　　　　　　　　　　（b）局部放大

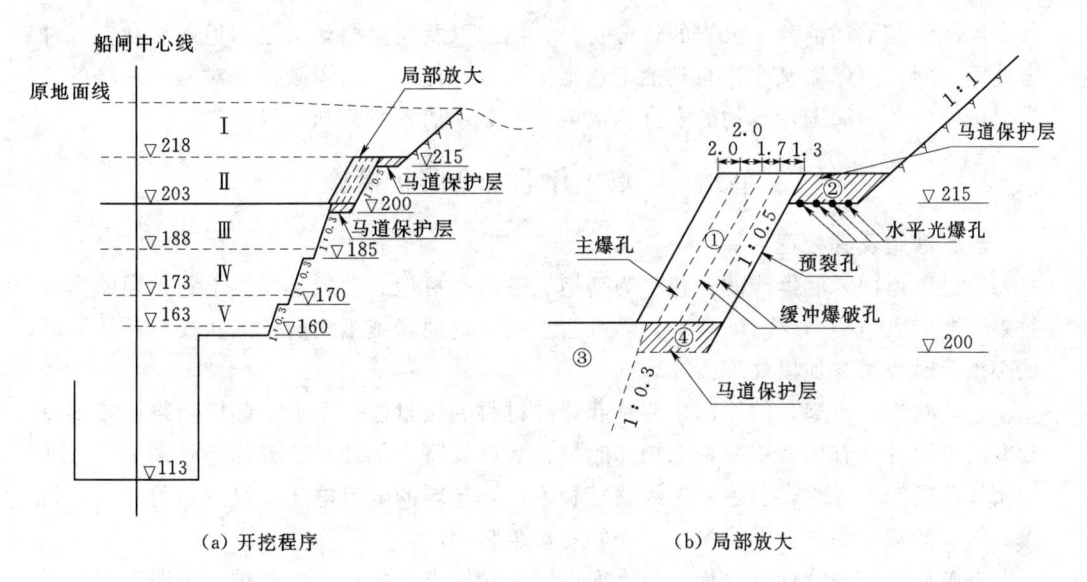

图 2-10　岩石高边坡爆破开挖程序示意图（单位：m）
Ⅰ、Ⅱ、Ⅲ、Ⅳ、Ⅴ—高边坡开挖顺序；
①、②、③、④—临近开挖轮廓面开挖顺序

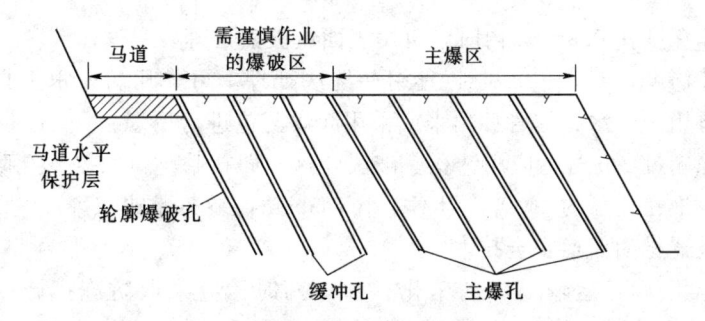

图 2-11　临近边坡岩体轮廓面得开挖爆破设计示意图

预裂孔一般采用 $\phi76mm$ 和 $\phi90mm$ 两种孔径，孔深 0.8～1.8m；采用 $\phi32mm$ 药卷不耦合间隔装药，线装药密度为 350～550g/m。

高边坡马道的保护和边坡的保护同样重要，因此在马道顶部一般需要保留 2～3m 的马道保护层，马道保护层的开挖与坝基保护层开挖类似，宜采用水平光面爆破的方式爆破。高边坡岩体开挖中一般每次布置 4～5 排炮孔，采用微差起爆技术，梯段爆破的最大单响药量一般控制在 300kg 以内，预裂爆破的最大单响药量一般不超过 120kg，进入永久船闸槽开挖阶段后，梯段爆破主爆孔、缓冲孔和预裂孔的单响药量分别按照 70kg、50kg 和 30kg 严格控制。

任务三　爆　破　安　全

由于炸药在土岩中爆炸时释放出的巨大能量，只有 10%～25% 用于破坏土岩，其余大部分能量都消耗于土岩的过度粉碎、抛掷以及质点振动引起的地震波和空气冲击波等方面，而爆破又往往与其他工程施工同时进行，所以爆破作业对施工现场的人员、机械设备和周围建筑物的安全构成威胁，必须认真对待和加以重视。

单元一　爆破作业安全防护措施

一、瞎炮及其处理

通过引爆而未能爆炸的药包称为瞎炮、哑炮或盲炮。瞎炮不仅达不到预期的爆破效果，造成人力物力财力的浪费，而且会直接影响现场施工人员的人身安全，故对瞎炮必须及时查明并加以处理。

造成瞎炮（盲炮）的原因主要是起爆破材料的质量检查不严，起爆网络连接不良和网络电阻计算有误及堵塞炮泥操作时损坏起爆线路。例如雷管或炸药过期失效，非防水炸药受潮或浸水，引爆系统线路接触不良，起爆的电流电压不足等；另外，执行爆破作业的规章制度不严或操作不当容易产生瞎炮。

爆破后，发现瞎炮（盲炮）应立即设置明显标志，并派专人监护，查明原因后进行处理。对于明挖钻孔爆破，一般瞎炮（盲炮）处理方法有：

（1）当网络中有拒爆引起瞎炮，可进行支线、干线检查处理，重新连线再次起爆。

（2）炮孔深度在0.5m以内时，可用表面爆破法处理。

（3）炮孔深度在0.5~2m时，宜用冲洗法处理。可先用竹、木工具掏出上部堵塞的炮泥，再用压力水将雷管冲出来或采用起爆药包进行诱爆。

（4）孔深超过2m时，应用钻孔爆破法处理，即在瞎炮（盲炮）孔附近打一平行孔，孔距为原炮孔孔径的10倍，但不得小于50cm，装药爆破。

二、爆破器材的储运安全技术

在气温低于10℃运输易冻的硝化甘油炸药时，应采取防冻措施；在气温低于−15℃运输难冻硝化甘油炸药时，也应采取防冻措施。禁止用翻斗车、自卸汽车、拖车、机动三轮车、人力三轮车、摩托车和自行车等运输爆破器材。运输炸药雷管时，装车高度要低于车厢10cm。车厢、船底应加软垫。雷管箱不许倒放或立放，层间也应垫软垫。水路运输爆破器材，停泊地点距岸上建筑物不得小于250m。汽车运输爆破器材，汽车的排气管宜设在车前下侧，并应设置防火罩装置；汽车在视线良好的情况下行驶时，时速不得超过20km（工区内不得超过15km）；在弯多坡陡、路面狭窄的山区行驶，时速应保持在5km以内。行车间距：平坦道路应大于50m，上下坡应大于300m。

三、爆破施工安全技术

（1）装药和堵塞应使用木、竹制作的炮棍。严禁使用金属棍棒装填。

（2）地下相向开挖的两端在相距30m以内时，装炮前应通知另一端暂停工作，退到安全地点。当相向开挖的两端相距15m时，一端应停止掘进，单头贯通。斜井相向开挖，除遵守上述规定外，并应对距贯通尚有5m长的地段自上向下打通。

（3）电力起爆，应遵守下列规定：

1) 用于同一爆破网路内的电雷管,电阻值应相同。康铜桥丝雷管的电阻极差不得超过 0.25Ω,镍铬桥丝雷管的电阻极差不得超过 0.5Ω。

2) 网路中的支线、区域线和母线彼此连接之前各自的两端应短路、绝缘。

3) 装炮前工作面的一切电源应切除,照明至少设于距工作面 30m 以外,只有确认炮区无漏电、感应电后,才可装炮。

4) 雷雨天严禁采用电爆网路。

5) 供给每个电雷管的实际电流应大于准爆电流,具体要求是:

a. 直流电源:一般爆破不小于 2.5A;对于洞室爆破或大规模爆破不小于 3A。

b. 交流电源:一般爆破不小于 3A;对于洞室爆破或大规模爆破不小于 4A。

6) 网路中全部导线应绝缘。有水时导线应架空。各接头应用绝缘胶布包好,两条线的搭接口禁止重叠,至少应错开 0.1m。

7) 测量电阻只许使用经过检查的专用爆破测试仪表或线路电桥。严禁使用其他电气仪表进行量测。

8) 通电后若发生拒爆,应立即切断母线电源,将母线两端拧在一起,锁上电源开关箱进行检查。进行检查的时间:对于即发电雷管,至少在 10min 以后;对于延发电雷管,至少在 15min 以后。

(4) 导爆索起爆,应遵守下列规定:

1) 导爆索只准用快刀切割,不得用剪刀剪断导火索。

2) 支线要顺主线传爆方向连接,搭接长度不应少于 15cm,支线与主线传爆方向的夹角应不大于 90°。

3) 起爆导爆索的雷管,其聚能穴应朝向导爆索的传爆方向。

4) 导爆索交叉敷设时,应在两根交叉导爆索之间设置厚度不小于 10cm 的木质垫板。

5) 连接导爆索中间不应出现断裂破皮、打结或打圈现象。

(5) 导爆管起爆,应遵守下列规定:

1) 用导爆管起爆时,应有设计起爆网路,并进行传爆试验。网路中所使用的连接元件应经过检验合格。

2) 禁止导爆管打结,禁止在药包上缠绕。网路的连接处应牢固,两元件应相距 2m。敷设后应严加保护,防止冲击或损坏。

3) 一个 8 号雷管起爆导爆管的数量不宜超过 40 根,层数不宜超过 3 层。

4) 只有确认网路连接正确,与爆破无关人员已经撤离,才准许接入引爆装置。

单元二 安全控制距离

在制订爆破作业安全措施时,应根据各种情况对安全控制距离进行计算,以便确定安全警戒范围和安全保护措施。

一、飞石安全控制距离 $R_F(m)$

爆破时个别飞石对人的安全距离为

$$R_F = 20n^2 W K_F \tag{2-21}$$

式中 W——最小抵抗线，m；

n——爆破作用指数；

K_F——安全系数，一般采用 1.0～1.5，大风时取 1.5～2.0。

二、爆破地震作用安全控制距离

爆破地震安全多采用质点振速 V 进行控制，即以实测质点振速是否大于允许振速 $[V]$（见表 2-6）来判断该点处的建筑物是否安全。地表某质点振速 V 可根据一些半经验半理论的公式进行计算，可阅有关参考书。

在混凝土浇筑或其基础灌浆过程中，若邻近的部位还在钻孔爆破，为确保爆破时混凝土、灌浆、预应力锚杆（索）质量及电站设备不受影响，必须采取控制爆破。控制标准见表 2-7。

表 2-6　　　　　　爆破振动破坏允许振速 $[V]$

建筑物或构筑物情况	允许振速/(cm/s)
简易木结构房屋、砖砌居住房屋、钢筋混凝土烟囱	5
无胶结材料的大型砌块房屋	1.2～1.5
砖砌体烟囱	2～5
有精密仪器的工业厂房	1.5～3
一般工业厂房、桥梁	5～10
钢筋混凝土框架结构	5～15
钢构件结构	8～16
跨度 8～10m 的洞室（顶部岩石坚硬或中等坚硬）	8～12
跨度 15～18m 的洞室（顶部岩石坚硬或中等坚硬）	7～10
跨度 19～25m 的洞室（顶部岩石坚硬或中等坚硬）	4～6

表 2-7　　　　　　允许爆破质点振动速度　　　　　　单位：cm/s

项目	龄期 3d	龄期 3～7d	龄期 7～28d	备注
混凝土	1～2	2～5	6～10	
坝基灌浆	1	1.5	2～2.5	含坝体、接缝灌浆
预应力锚索	1	1.5	5～7	含锚杆
电站机电设备		0.9		含仪表、主变压器

三、空气冲击波影响的安全距离 R_b

空气冲击波为球形波，为保证人身安全，其波阵面的超压不应大于 1.96×10^4 Pa。对于建筑物，避免危害影响的半径为

$$R_b = K_b \sqrt{Q} \qquad (2-22)$$

式中 Q——一次同时起爆药包重量，kg；

K_b——与装药情况和限制破坏程度有关的系数，对于人，$K_b=5\sim 10$，对于建筑物要求安全无损时，裸露药包 $K_b=50\sim 150$，埋入药包 $K_b=10\sim 50$。

四、有害气体扩散安全控制距离

炸药爆炸生成的各种有害气体,如 CO、CO_2、SO_2 和 H_2S 等,在空气中的含量超过一定数值就会危及人身安全。空气中爆炸生成的有害气体浓度随扩散距离增加而渐减,直到许可标准,这段扩散距离可作为有害气体扩散的控制安全距离,爆破有害气体的许可量视有害气体种类不同而各异,可参考有关安全规程确定。

五、库区外部安全距离和库间殉爆安全距离

炸药库与炸药库之间、炸药库与雷管库之间要相隔一段殉爆安全距离,防止一处爆炸引起另一处发生爆炸。炸药库房之间、雷管库与炸药库间的最小安全距离,爆破器材库或药堆至居民区或村庄边缘的最小外部距离可参见有关规范。

项目三 地基和基础工程

水利水电工程地基按地基性质分为两大类：一类是岩基；另一类是软基（包括土基和砂砾石地基），土基是建筑工程中最常见的地基之一。软基处理的目的：一是提高地基的承载力；二是改善地基的防渗性能。提高地基承载力常见的处理方法有开挖、置换、强夯、预压、打桩等；改善地基防渗性能常见的方法有混凝土防渗墙、垂直铺塑、深层搅拌桩。岩石地基的一般缺陷，经过开挖和灌浆处理后，地基承载力和防渗性能都可以得到不同程度的改善。

任务一 灌浆工程

单元一 灌浆分类

灌浆是将具有流动性和胶凝性的浆液，按一定的配比要求，以适当的压力灌入地基孔隙、裂缝或建筑物自身的接缝、裂隙中作充填、胶结的防渗或加固处理。一般的灌浆工程工序为：布孔、钻孔、清空、压水试验、灌浆、灌浆结束、封孔、质检。

一、按灌浆材料分类

按浆液材料主要分为水泥灌浆、黏土灌浆和化学灌浆等。

(1) 水泥灌浆。水泥是一种主要的灌浆材料。效果比较可靠，成本比较低廉，材料来源广泛，操作技术简便，在水利水电工程中被普遍采用。

在缝隙宽度比较大（大于 $0.15\sim0.2mm$，水泥浆中的水泥种类不同，对裂缝宽度要求会有所不同）、单位吸水率比较高 [大于 $0.01L/(min·m^2)$]、地下水流速度比较小（小于 $80\sim200m/d$，水泥浆中的水泥种类不同，对地下水流速要求会有所不同）、侵蚀性不严重的情况下，水泥灌浆的效果较好。

一般多选用普通硅酸盐水泥或硅酸盐大坝水泥，在有侵蚀性地下水的情况下，可用抗酸水泥等特种水泥。矿渣硅酸盐水泥和火山灰质硅酸盐水泥不宜用于灌浆。

回填灌浆水泥强度等级不宜低于 32.5MPa；帷幕灌浆和固结灌浆水泥强度等级不宜低于 42.5MPa；接缝灌浆水泥强度等级不宜低于 52.5MPa。

水泥的细度对于灌浆效果影响很大，水泥颗粒愈细，浆液才能顺利进入细微的裂隙，提高灌浆的效果，扩大灌浆的范围。一般规定：灌浆用的水泥细度，要求通过标准筛孔 $80\mu m$（4900 孔/cm^2）的筛余量不大于 5%。应特别注意水泥的保管，不准使用过期、结块或细度不符合要求的水泥。一般的水泥浆只能灌注 $0.2\sim0.3mm$ 的裂隙或孔隙，所以，我国研制出了 SK 型和 CX 型超细水泥，并在二滩水电站坝基成功试用。

根据灌浆需要，可掺铝粉及速凝剂、减水剂等外加剂，改善浆液的扩散性和流动性。

（2）黏土灌浆。黏土灌浆的浆液是黏土和水拌制而成的泥浆，可就地取材，成本较低。它适用于土坝坝体裂缝处理及砂砾石地基防渗灌浆。

灌浆用的黏土，要求遇水后吸水膨胀，能迅速崩解分散，并有一定的稳定性、可塑性和黏结力。在砂砾石地基中灌浆，一般多选用塑性指数为 10～20、黏粒（$d<0.005\text{mm}$）含量为 40%～50%、粉粒（$d=0.005～0.075\text{mm}$）含量为 45%～50%、砂粒（$d=0.075～2\text{mm}$）含量不超过 5%的土料；在土坝坝体灌浆中，一般采用与土坝相同的土料，或选取黏粒含量为 20%～40%、粉粒含量为 30%～70%、砂粒含量为 5%～10%、塑性指数为 10～20 的重壤土或粉质黏土。黏粒含量过大或过小的黏土都不宜做坝体灌浆材料。

（3）化学灌浆。化学灌浆是以各种化学材料配制的溶液作为灌浆材料的一种新型灌浆，浆液流动性好、可灌性高，小于 0.1mm 的缝隙也能灌入。它可以准确控制凝固时间，防渗能力强，有些化学灌浆浆液胶结强度高，稳定性和耐久性好，能抗酸、碱、水生物、微生物的侵蚀。这种灌浆多用于坝基处理及建筑物的防渗、堵漏、补强和加固，缺点是成本高，有些材料有一定毒性，施工工艺较复杂。

化学灌浆的工艺按浆液的混合方式，可分为单液法和双液法两种灌浆法。

单液法是在灌浆之前，浆液的各组成材料按规定一次配成，经过气压和泵压压到孔段内，这种方法的浆液配合比较准确，设备及操作工艺均较简单，但在灌浆中要调整浆液的比例，很不方便，余浆不能再使用。此法适用于胶凝时间较长的浆液。

双液法是将预先已配置好的两种浆液分别盛在各自的容器内，不相混合，然后用气压或泵压按规定比例送浆，使两液在孔口附近的混合器中混合后再送到孔段内，两液混合后即起化学反应，浆液固化成聚合体。这种方法在施工过程中，可根据实际情况调整两液用量的比例，适应性强，储浆筒中的剩余浆液分别放置，不起化学反应，还可继续使用。此法适用于胶凝时间较短的浆液。

化学灌浆材料品种很多，一般可分为防渗堵漏和固结补强两大类。前者有丙烯酰胺类、木质素类、聚氨酯类、水玻璃类等；后者有环氧树脂类、甲基丙烯酸酯类等。

二、按灌浆目的分类

按灌浆目的分为帷幕灌浆、固结灌浆、接触灌浆、接缝灌浆和回填灌浆等。

（1）帷幕灌浆。帷幕灌浆是用浆液灌入岩体或土层的裂隙、孔隙，形成防水幕，以减小渗流量或降低扬压力的灌浆。

（2）固结灌浆。固结灌浆是用浆液灌入岩体裂隙或破碎带，以提高岩体的整体性和承载力的灌浆。

（3）接触灌浆。接触灌浆是通过浆液灌入混凝土与基岩或混凝土与钢板之间的缝隙，以增加接触面结合能力的灌浆。

（4）接缝灌浆。接缝灌浆是通过埋设管路或其他方式将浆液灌入混凝土坝体的接缝，以改善传力条件增强坝体整体性的灌浆。

（5）回填灌浆。回填灌浆是用浆液填充混凝土结构物施工留下的空穴孔洞，以增强结构物或地基的密实性的灌浆,也称充填灌浆。

单元二 砂砾石地基灌浆

砂砾石地基具有孔隙率大、渗透性强和孔壁易坍塌等特点。因而,在灌浆施工中,还需要采取一些特殊的施工工艺以保证灌浆质量和施工的顺利进行。

一、砂砾石地基的可灌性

可灌性指砂砾石地基能接受灌浆材料灌入的一种特性。可灌性主要取决于地基的颗粒级配、灌浆材料的细度、浆液的稠度、灌浆压力和施工工艺等因素。砂砾石地基的可灌性一般常用以下几种指标衡量。

(1) 可灌比 M。

$$M = D_{15}/d_{85} \tag{3-1}$$

式中 D_{15}——受灌砂砾石层粒径指标,小于该粒径的土体重占受灌层总重的 15%,mm;

d_{85}——灌浆材料粒径指标,小于该粒径的材料重占材料总重的85%,mm。

M 值越大,地基可灌性越好。一般认为,当 $M \geqslant 15$ 时,可灌水泥浆;$M=10 \sim 15$ 时可灌水泥黏土浆;$M=5 \sim 10$ 时,宜灌含水玻璃的高细度水泥黏土浆。

(2) 粒径小于 0.1mm 的颗粒含量,其含量越高,砂砾地基可灌性越差,当其含量小于 5% 时,可进行水泥黏土浆的灌注。

(3) 砂砾石层的渗透系数为

$$K = \alpha D_{10}^2 \tag{3-2}$$

式中 K——砂砾石层的渗透系数,m/s;

D_{10}——砂砾石层的有效粒径,即砂砾石颗粒级配曲线上相应于含量为10%的粒径,cm;

α——系数。

一般认为:$K \geqslant (6.9 \sim 9.3)/10000 (\text{m/s})$,可灌水泥浆,此处选取 6.9~9.3,是因为水泥浆中水泥的种类不同,对渗透系数要求会有所不同;$K=(3.5 \sim 6.9)/10000(\text{m/s})$,可灌水泥黏土浆;$K<3.5/10000(\text{m/s})$,宜采用化学灌浆。

(4) 砂砾石层的不均匀系数 C_u。

$$C_u = D_{60}/D_{10} \tag{3-3}$$

式中 D_{60}——砂砾石层颗粒级配曲线上相应于含量为60%的粒径,mm;

D_{10}——砂砾石层颗粒级配曲线上相应于含量为10%的粒径,mm。

C_u 值较大,一般砂砾石层的密度较大,透水性较小,则可灌性较差;反之,可灌性较好。工程实践中,为了有效地灌浆,需对上述有关指标进行综合分析,再通过灌浆试验而定。

二、灌浆材料

砂砾石地基灌浆,多用于修筑防渗帷幕,很少用于加固地基,一般多采用水泥黏土浆。有时为了改善浆液的性能,可掺少量的膨润土和其他外加剂。砂砾石地基经灌浆后,一般要求帷幕幕体内的渗透系数能够降低到 $1/1000 \sim 1/100000(\text{cm/s})$ 以下,等级高时取小值；浆液结石 28d 的强度能够达到 0.4～0.5MPa。水泥黏土浆的稳定性和可灌性指标，均优于水泥浆。其缺点是析水能力低，排水固结时间长，浆液结石强度不高，黏结力较低，抗渗和抗冲能力较差等。要求黏土遇水以后，能迅速崩解分散，吸水膨胀，并具有一定的稳定性和黏土浆液配比，视帷幕的设计要求而定，一般配比（质量比）为水泥∶黏土＝1∶2～1∶4 [《水电水利工程覆盖层灌浆技术规范》（DL/T 5267—2012）规定为 1∶1～1∶4]，浆液的稠度为水∶干料＝6∶1～1∶1 [《水电水利工程覆盖层灌浆技术规范》（DL/T 5267—2012）规定为 3∶1～1∶1]。有关灌浆材料的选用，浆液配比的确定以及浆液稠度的分级等问题，均需根据砂砾石层特性和灌浆要求，通过室内外的试验来确定。

三、钻灌方法

砂砾石层中的灌浆孔都是铅直向的钻孔，除打管灌浆法外，其造孔方式主要有冲击钻进和回转钻进两大类；就使用的冲洗液来分，有清水冲洗钻进和泥浆固壁钻进两种。

砂砾石层防渗帷幕灌浆施工宜采用套阀管法、孔口封闭法或其他灌浆方法。可分为以下 4 种基本方法。

（1）打管灌浆法。灌浆管由厚壁的无缝钢管、花管和锥形体管头所组成，用吊锤夯击或振动沉管的方法，打入到砂砾石受灌地层设计深度，打孔和灌浆在工序上紧密结合，如图 3－1 所示。每段灌浆前，用压力水通过水管进行冲洗，把土砂等杂质冲出管外或压入地层中去，使射浆孔畅通，直至回水澄清。然后可采用自流式或压力灌浆，自下而上，分段拔管分段灌浆，直到结束。此法设备简单，操作方便，一般适用于深度较浅，结构松散，空隙率大，无大孤石的砂砾石层，多用于临时性工程或对防渗性能要求不高的帷幕。

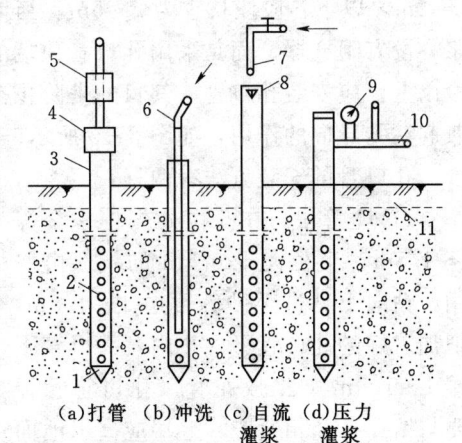

(a)打管　(b)冲洗　(c)自流灌浆　(d)压力灌浆

图 3－1　打管灌浆法
1—套管；2—花管；3—钢管；4—管帽；5—打管锤；6—冲洗用水管；7—注浆管；8—浆液面；9—压力表；10—进浆管；11—压重层

（2）套管灌浆法。施工程序是：边钻孔、边下护壁套管，直到套管下到设计深度。然后将钻孔冲洗干净，下入灌浆管，再起拔套管至第一灌浆段顶部，安好阻塞器，然后注浆。如此自下而上，逐段提升灌浆管和护壁套管，逐段灌浆，直至结束，如图 3－2 所示。也可自上而下，分段钻孔灌浆，缺点是施工控制较为困难。采用这种方法灌浆，由于有套管护壁，不会产生塌孔埋钻事故。但压力灌浆时，浆液容易沿着套管外壁向上流动，甚至产生表面冒浆，还会对胶结套筒造成起拔困难，甚至拔不出的问题。

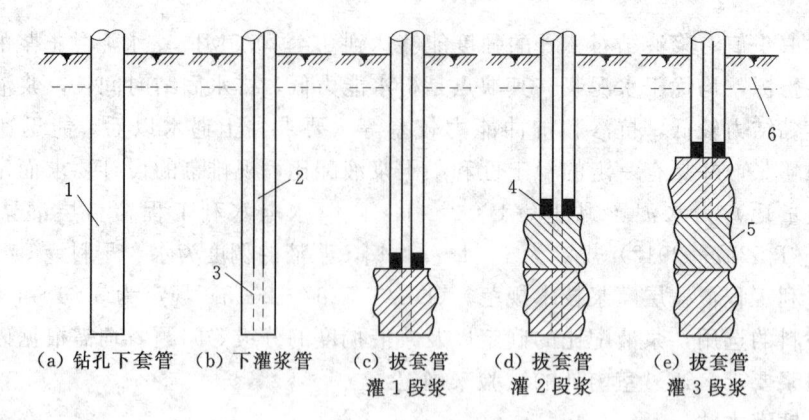

图 3-2 套管灌浆法
1—护臂套管；2—灌浆管；3—花管；4—止浆塞；5—灌浆段；6—盖重层

(3) 孔口封闭灌浆法。孔口封闭灌浆法，实质上是一种自上而下，钻一段、灌一段，除第一灌浆段外，其余各段无需待凝，逐段下降，直到设计深度。钻孔与灌浆循环进行的一种施工方法。钻孔时用黏土浆或最稀一级水泥黏土浆固壁。钻灌段的长度，视孔壁稳定情况和砂砾石渗漏大小而定，孔口管以下 5m 或 10m 范围内一般为 1～2m。以下各段段长宜为 2～5m，当地层稳定性差时，段长取较小值。这种方法灌浆，没有阻塞器，而是采用孔口管顶端的封闭器阻浆。用这种方法灌浆，在灌浆起始段以上，应安装孔口管，其目的是防止孔口坍塌和地表冒浆，提高灌浆质量，同时也兼起钻孔导向的作用，如图 3-3 所示。

孔口管的安装方法有两种：

1) 埋管法。在孔位处先挖一个深 1～1.5m，半径大于 0.5m 的坑。由底用干钻向下钻进至砂砾石层 1～1.5m，把加工好的孔口管下入孔内，孔口管下端 1～1.5m 加工成花管，孔口管管径要与钻孔孔径相适应，上端应高出地面 20cm 左右。在浅坑底部设止浆环，防止灌浆时浆液沿管壁向上窜冒，浅坑用混凝土回填（或黏、壤土分层夯实），待凝固后，通过花管灌注纯水泥浆，以便固结孔口管的下部，并形成密实的防止冒浆的盖板。

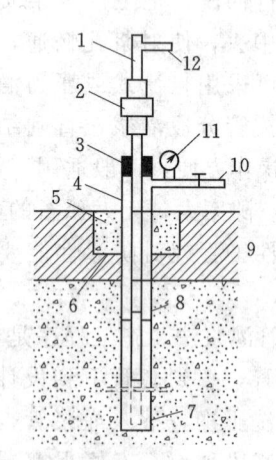

图 3-3 孔口封闭灌浆法
1—灌浆管（钻杆）；2—钻机竖轴；3—封闭器；
4—孔口管；5—混凝土封口；6—防浆环（麻绳缠箍）；
7—射浆花管；8—孔口管下花管；9—盖重层；
10—回浆管；11—压力表；12—进浆管

2) 打管法。钻机钻孔，孔口管插入钻孔用吊锤打至预定位置，然后再向下钻深 30～50cm，并清除孔内废渣，灌注水泥浆。

(4) 套阀管灌浆法。在钻孔内预先下入带有射浆孔的套阀管，管外与孔壁的环形空间注入填料，然后进行分段灌浆。套阀管内灌浆可自上而下或自下而上进行，也可先灌注指定部位。应采用纯压式灌浆方式。其施工程序是：

1) 钻孔、清孔。钻孔及护壁常使用回转钻机钻孔至设计深度，接着下套管护壁或用泥浆固壁。钻孔结束后，立即清除孔底残留的石渣，将原固壁泥浆更换为新鲜泥浆。

2) 下设套阀管、下填料。若套管护壁时，先下套阀管后下填料（若泥浆固壁时，则先下填料后下花管）。安设套阀管要垂直对中，不能偏在套管（或孔壁）的一侧。用泵灌注套阀管与套管（或孔壁）之间环形空间的填料，边下填料，边起拔套管，连续浇注，直到全孔填满将套管拔出为止。

3) 开环。套阀管下设完成后宜待凝 3d 以上。在套阀管中下入双联式灌浆塞，灌浆管的出浆孔要对准套阀管上准备灌浆的射浆孔，如图 3-4 所示。然后用清水或稀浆逐渐升压至开环为止。压开花管上的橡皮圈，压裂填料，形成通路，称为开环。此过程为浆液进入砂砾石层创造条件。

4) 灌浆。开环以后，继续用清水或稀浆灌注 5～10min，再开始灌浆，每次宜灌注一环孔。套阀管的每一排射浆孔就是一个灌浆段，灌完一段，移动双联式灌浆塞使其出浆孔对准另一排射浆孔，进行另一灌浆段的开环和灌浆。由于双联式灌浆塞的构造特点，可以在任一灌浆段进行开环灌浆，必要时还可重复灌浆，比较机动灵活。灌浆段长度一般为 0.3～0.5m，不易发生串浆、冒浆现象，灌浆质量比较均匀，质量较有保证。国内外比较重要的砂砾石层灌浆多采用此法。其缺点是有时有不开环的现象，且套阀管被填料胶结后，不能起拔回收，耗用钢材较多；工艺复杂，成本较高。

前 3 种灌浆方法的灌浆结束后，应立即封孔，以防坍孔冒浆；套阀管灌浆法则可在帷幕检查后集中进行封孔，但要孔口加盖进行保护。砂砾石地基灌浆，应根据各工程的具体条件和灌浆应达到的要求，通过灌浆试验，提出需要掌握的控制标准，用以指导灌浆施工。

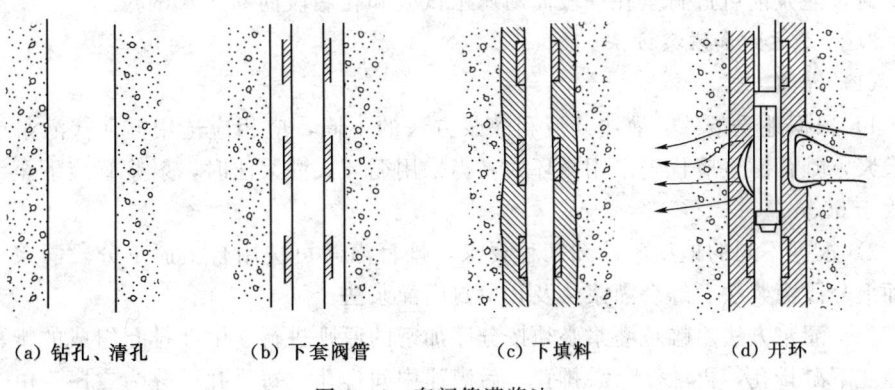

(a) 钻孔、清孔　　(b) 下套阀管　　(c) 下填料　　(d) 开环

图 3-4　套阀管灌浆法

单元三　岩基灌浆

岩基灌浆按灌浆的目的不同分为帷幕灌浆、固结灌浆、接触灌浆、接缝灌浆和回

69

填灌浆等，下面重点介绍前两种：帷幕灌浆和固结灌浆。

一、帷幕灌浆

帷幕灌浆施工工艺主要包括：钻孔、钻孔冲洗、压水试验、灌浆和灌浆的质量检查等。

1. 钻孔

帷幕灌浆孔的钻孔方法应根据地质条件，灌浆方法与钻孔要求确定。当采用自上而下灌浆法、孔口封闭灌浆法时，宜采用回转式钻机和金刚石或硬质合金钻头钻进。当采用自下而上灌浆法时，可采用回转式钻机或冲击回转式钻机钻进。

钻孔质量要求有：

(1) 钻孔位置与设计位置的偏差不得大于 10cm。

(2) 孔深应符合设计规定。

(3) 灌浆孔宜选用较小的孔径，钻孔孔壁应平直完整。

(4) 钻孔必须保证孔向准确。钻机安装必须平正稳固；钻孔宜埋设孔口管；钻机立轴和孔口管的方向必须与设计孔向一致；钻进应采用较长的粗径钻具并适当地控制钻进压力。

2. 钻孔冲洗、裂隙冲洗和压水试验

灌浆孔（段）在灌浆前应进行钻孔冲洗，孔内沉积厚度不得超过 20cm。同时在灌浆前宜采用压力水进行裂隙冲洗，直至回水澄清时止或不大于 20min。冲洗压力可为灌浆压力的 80%，该值若大于 1MPa 时，采用 1MPa。

冲洗时，可将冲洗管插入孔内，用阻塞器将孔口堵紧，用压力水冲洗，压力水和压缩空气轮换冲洗或压力水和压缩空气混合冲洗。

帷幕灌浆先导孔、质量检查孔应自上而下分段进行压水试验。压水试验易采用单点法。采用自上而下分段灌浆法、孔口封闭灌浆法进行帷幕灌浆时，各灌浆段在灌浆前宜进行简易压水试验；简易压水试验可与裂隙冲洗结合进行。采用自下而上分段灌浆法时，灌浆前可进行全孔一段简易压水试验和孔底段简易压水试验。

3. 灌浆方式和灌浆方法

(1) 灌浆方式。

1) 根据地质条件、灌注浆液和灌浆方法的不同，应相应选用循环式灌浆或纯压式灌浆，帷幕灌浆应优先采用循环式，当采用循环式灌浆法时，射浆管应下至距孔底不大于 50cm。

2) 根据不同的地质条件和工程要求，帷幕灌浆可选用自上而下分段灌浆法、自下而上分段灌浆法、综合灌浆法及孔口封闭灌浆法。

(2) 灌浆方法。帷幕灌浆必须按分序加密的原则进行。由 3 排孔组成的帷幕，应先灌注下游排孔，再灌注上游排孔，后灌注中间排孔，每排孔可分为二序。由 2 排孔组成的帷幕，应先灌注下游排孔，后灌注上游排孔。每排孔可分为二序或三序。单排孔帷幕灌浆应分为三序灌浆，如图 3-5 所示。

帷幕灌浆段长度宜采用 5~8m，具备一定条件时可适当加长，但最长不应大于 10m，岩体破碎、孔壁不稳时灌浆段长应缩短。混凝土结构和基岩接触处的灌浆段（接触段）段长宜为 1~3m。采用自上而下分段灌浆法时，混凝土与基岩接触段宜先进行灌浆，灌浆塞宜安设在混凝土内，以下各段灌浆时，灌浆塞应塞在已灌段段底以上 0.5m 处，以防漏灌；接触段灌浆结束后宜待凝，待凝时间不宜少于 24h，其余灌浆段可不待凝。但在灌浆前孔口涌水，灌浆后返浆，断层、破碎带等地质条件复杂地区则宜待凝。采用自下而上分段灌浆法时，灌浆段的长度因故超过 10m，对该段宜采取补救措施。

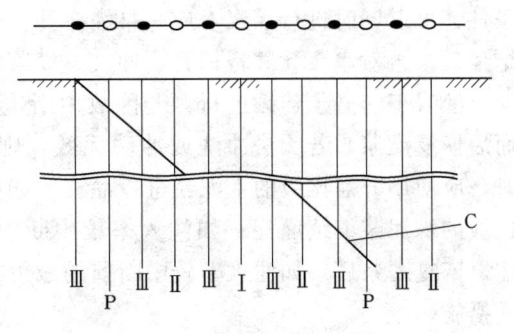

图 3-5 帷幕灌浆孔的施工工序
P—先导孔；Ⅰ、Ⅱ、Ⅲ—第一、二、三次序孔；C—检查孔

4. 灌浆压力和浆液变换

(1) 灌浆压力。灌浆压力宜通过灌浆试验确定，也可通过公式计算或根据经验先行拟定，而后在灌浆施工过程中调整确定。采用循环式灌浆，压力表应安装在孔口回浆管路上；采用纯压式灌浆，压力表应安装在孔口进浆管路上。灌浆应尽快达到设计压力，但注入率大时应分级升压。

灌浆浆液的浓度应由稀到浓，逐级变换。普通水泥浆液水灰比可采用 5:1、3:1、2:1、1:1、0.7:1、0.5:1 六个比级。细水泥浆液水灰比可采用 3:1、2:1、1:1、0.5:1 四个比级。开灌水灰比根据各工程地质情况和灌浆要求确定。采用循环式灌浆时，普通水泥浆可采用水灰比 5:1，细水泥浆可采用 3:1；采用纯压式灌浆时，开灌水灰比可采用 2:1 或单一比级的稳定浆液。

(2) 灌浆浆液变换。当灌浆压力保持不变，注入率持续减少时，或当注入率不变而压力持续升高时，不得改变水灰比；当某一比级浆液的注入量已达 300L 以上或灌注时间已达 30min，而灌浆压力和注入率均无改变或改变不显著时，应改浓一级；当注入率大于 30L/min 时，可根据具体情况越级变浓。

5. 灌浆结束标准和封孔方法

(1) 灌浆结束标准。当灌浆段在最大设计压力下，注入率不大于 1L/min 时，继续灌注 30min，灌浆可以结束。当地质条件复杂、地下水流速大、注入量较大、灌浆压力较低时，持续灌注的时间应适当延长。反之，岩体较完整，注入量较小时，时间可缩短。

(2) 封孔方法。全孔灌浆结束后，应以水灰比为 0.5:1 的新鲜普通水泥浆液置换孔内稀浆或积水，采用全孔灌浆封孔法封孔。封孔灌浆压力：采用自上而下分段灌浆法和自下而上分段灌浆法时，可采用全孔段平均灌浆压力或 2MPa；采用孔口封闭法时，可采用该孔段最大灌浆压力。封孔灌浆时间可为 1h。

6. 特殊情况处理

灌浆过程中，发现冒浆等漏浆现象时，应根据具体情况采用嵌缝、表面封堵、低压、浓浆、限流、限量、间歇灌浆等方法进行处理。发生串浆时，如串浆孔具备灌浆条件，可以同时进行灌浆，应一泵灌一孔。否则应将串浆孔用塞塞住，待灌浆孔灌浆结束后，再对串浆孔并行扫孔、冲洗、灌浆。

灌浆工作必须连续进行，若因故中断，应及早恢复灌浆。否则应立即冲洗钻孔，而后恢复灌浆。若无法冲洗或冲洗无效，则应进行扫孔，而后恢复灌浆。恢复灌浆时，应使用开灌比级的水泥浆进行灌注。如注入率与中断前的相近，即可改用中断前比级的水泥浆继续灌注；如注入率较中断前的减少较多，则浆液应逐级加浓继续灌注。恢复灌浆后，如注入率较中断前的减少很多，且在短时间内停止吸浆，应采取补救措施。

7. 工程质量检查

灌浆质量检查应以检查孔压水试验成果为主，结合对竣工资料和测试成果的分析，综合评定。灌浆检查孔应在下述部位布置：

(1) 帷幕中心线上。

(2) 岩石破碎、断层、裂隙发育、强岩溶等地质条件复杂的部位。

(3) 末序孔注入量大的孔段附近。

(4) 钻孔偏斜过大、灌浆情况不正常以及经分析资料认为对帷幕灌浆质量有影响的部位。

(5) 防渗要求高的重点部位。

单排孔帷幕时，灌浆检查孔的数量可为灌浆孔总数的10%左右。多排孔帷幕时，检查孔的数量可为主排孔总数的10%左右。一个坝段或一个单元工程内，至少应布置一个检查孔；检查孔压水试验应在该部位灌浆结束14d后进行；同时应自上而下分段卡塞进行压水试验，试验宜采用单点法。

检查孔压水试验结束后，按技术要求进行灌浆和封孔；检查孔应采取岩芯，绘制钻孔柱状图。

二、固结灌浆

1. 灌浆方式与施工工艺

固结灌浆的灌浆方式有循环式和纯压式两种。其灌浆施工工艺和帷幕灌浆基本相同。

2. 灌浆技术要求

根据不同的地质条件和工程要求。固结灌浆可选用全孔一次灌浆法、自上而下分段灌浆法、自下而上分段灌浆法，也可采用孔口封闭灌浆法或综合灌浆法。

灌浆孔的施工应按分序加密的原则进行，同一区段或同一坝块内，周边孔应先行施工。其余部位灌浆孔的排与排之间和同一排孔的孔与孔之间，可分为二序施工，也可只分排序不分孔序或只分孔序不分排序。

灌浆孔基岩段长小于等于8m时，可采用全孔一次灌浆法；大于8m时，宜分段灌注。各灌浆段长度可采用5~8m，特殊情况下可适当缩短或加长，但不应大于10m。

灌浆孔应采用压力水进行裂隙冲洗，冲洗压力可为灌浆压力的80%，该值若大于1MPa时，采用1MPa。冲洗时间为20min或至回水清净时止。串通孔冲洗方法与时间应按设计要求执行。

固结灌浆的压力应根据地质条件、工程要求和施工条件确定。当采用分段灌浆时，宜先进行接触段灌浆，灌浆塞深入基岩30~50cm，灌浆压力不宜大于0.3MPa；以下各段灌浆时，灌浆塞宜安设在受灌段顶以上50cm处，灌浆压力可适当增大。灌浆压力宜分级升高。应严格按注入率大小控制灌浆压力，防止混凝土结构物或基岩抬动。灌浆的浆液水灰比可采用3:1、2:1、1:1、0.5:1四级，由稀到浓，逐级变换，开灌浆液水灰比选用3:1。

各灌浆段灌浆的结束条件应根据地质条件和工程要求确定。当灌浆段在最大设计压力下，注入率不大于1L/min后，继续灌注30min，可结束灌浆。

固结灌浆工程的质量检查也可采用钻孔压水试验的方法，检测时间可在灌浆结束3d后进行。检查孔的数量不宜少于灌浆孔总数的5%。压水试验应采用单点法。工程质量合格标准为：单元工程内检查孔各段的合格率应达85%以上，不合格孔段的透水率值不超过设计规定值的150%，且不集中。

声波测试孔、压水试验检查孔完成检测工作后，应进行灌浆和封孔。对检查不合格的孔段，应根据工程要求和不合格程度确定是否需对相邻部位进行补充灌浆和检查。

【案例1】 清江隔河岩水利枢纽坝体帷幕灌浆

清江隔河岩水利枢纽是建在岩溶化程度很高、地质条件复杂的石灰岩地基上的大型水利枢纽。坝体河床沿防身轴线设置基础灌浆廊道，作深孔帷幕灌浆；在两岸山体沿防身体轴线各设置4层灌浆平洞，做分层叠瓦式搭接帷幕。上、下层帷幕的水平距离为5m，其间从下层平洞内的上游侧布置一排水平略向下倾斜的灌浆孔，以形成衔接帷幕，从而确保防渗帷幕的整体性。帷幕布设形式如图3-6和图3-7所示。

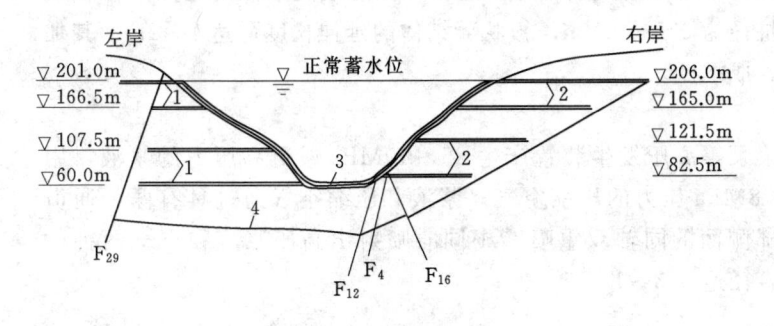

图3-6 帷幕布设示意图
1—左岸灌浆平洞，单洞长170~400m；2—右岸灌浆平洞，
单洞长200~490m；3—板梯灌浆廊道；4—层间剪切带

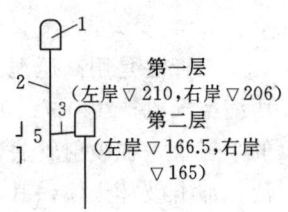

图3-7 帷幕布设形式
1—灌浆平洞；2—垂直帷幕；
3—衔接帷幕

单元四　高压喷射灌浆

高压喷射灌浆是采用钻孔，将装有特制合金喷嘴的注浆管下到预定位置，然后用高压水泵或高压泥浆泵（20~40MPa）将水或浆液通过喷嘴喷射出来，冲击破坏土体，使土粒在喷射流束的冲击力、离心力和重力等综合作用下，与浆液搅拌混合，并

按一定的浆土比例和质量大小，有规律地重新排列。待浆液凝固以后，在土内就形成一定形状的固结体。

一、高压喷射灌浆的适用范围

高压喷射灌浆防渗和加固技术适用于软弱土层。实践证明，砂类土、黏性土、黄土和淤泥等地层均能进行喷射加固，效果较好。对粒径过大的含量过多的砾卵石以及有大量纤维质的腐殖土层，一般应通过现场试验确定施工方法。对含有较多漂石或块石的地层，应慎重使用。

二、高压喷射灌浆的基本方法

高压喷射灌浆的基本方法有单管法、二管法、三管法等，如图3-8所示。

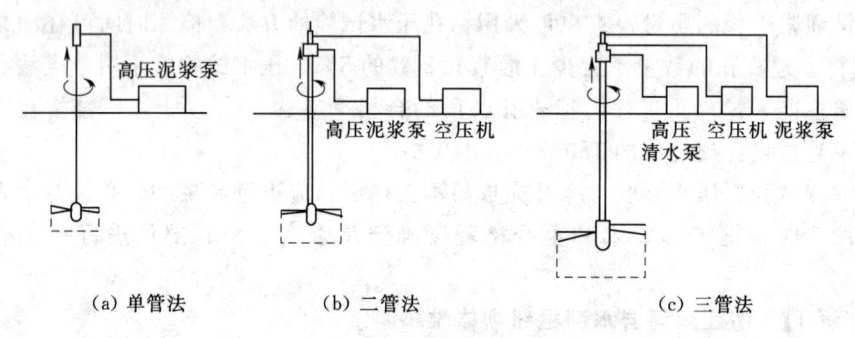

图3-8 高压喷射灌浆法施工方法

1. 单管法

单管法是用高压泥浆泵以25~40MPa或更高的压力，从喷嘴中喷射出水泥浆液射流，冲击破坏土体，同时提升或旋转喷射管，使浆液与土体上剥落下来的土石掺搅混合，经一定时间后凝固，在土中形成凝结体。这种方法形成凝结体的范围（桩径或延伸长度）较小，一般桩径为0.5~0.9m，板状凝结体的延伸长度可达1~2m。其加固质量好，施工速度快，成本低。

2. 二管法

二管法是用高压泥浆泵等高压发生装置产生25~40MPa或更高压力的浆液，用压缩空气机产生0.7~0.8MPa压力的压缩空气。浆液和压缩空气通过具有两个通道的喷射管，在喷射管底部侧面的同轴双重喷嘴中同时喷射出高压浆液和空气两种射流，冲击破坏土体，其直径达0.8~1.5m。

3. 三管法

三管法是使用能输送水、气、浆的三个通道的喷射管，从内喷嘴中喷射出压力为35~40MPa的超高压水流，水流周围环绕着从外喷嘴中喷射出一般压力为0.6~1.2MPa的圆状气流，同轴喷射的水流与气流冲击破坏土体。由泥浆泵灌注压力为0.2~1.0MPa、浆量为60~140L/min、密度为1.6~1.8g/cm³的水泥浆液进行充填置换。其直径一般有1.0~2.0m，较二管法大，较单管法要大1~2倍。

三、浆液材料和施工机具

1. 浆液材料

高喷灌浆最常用的材料为水泥浆，在防渗工程中使用黏土（膨润土）水泥浆。化学浆液使用较少，国内仅在个别工程中应用过丙凝等浆液。

2. 机具和设备

高压喷射灌浆的施工机械由钻机或特种钻机、高压发生装置等组成。喷射方法不同，所使用的机械设备也不相同。

四、高压喷射灌浆的喷射形式

高压喷射灌浆的喷射形式有旋喷、摆喷、定喷3种。

高压喷射灌浆形成的凝结体的形状与喷嘴移动方向和持续时间有密切关系。喷嘴喷射时，一面提升，一面进行旋喷则形成柱状体；一面提升，一面进行摆喷则形成哑铃体；当喷嘴一面喷射，一面提升，方向固定不变，进行定喷，则形成板状体。3种凝结体如图3-9所示。上述3种喷射形式切割破碎土层的作用，以及被切割下来的土体与浆液搅拌混合，进而凝结、硬化和固结的机理基本相似，只是由于喷嘴运动方式的不同，致使凝结体的形状和结构有所差异。

五、高压喷射灌浆的施工程序

高喷灌浆应分排分序进行。在坝、堤基或围堰中，由多排孔组成的高喷墙应先施工下游排孔，后施工上游排孔，最后施工中间排孔。在同一排内如采用钻、喷分别进行的程序施工时，应先施工Ⅰ序孔，后施工Ⅱ序孔。先导孔应最先施工。

施工程序为钻孔、下置喷射管、喷射提升、成桩成板或成墙等。图3-10为高压喷射灌浆施工流程图。

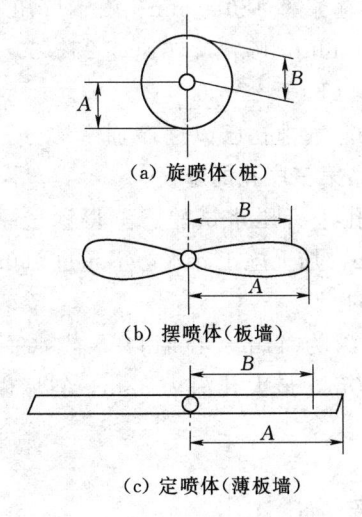

图3-9 高喷凝结体的形状
A—延伸长度（半径）；B—有效长度（半径）

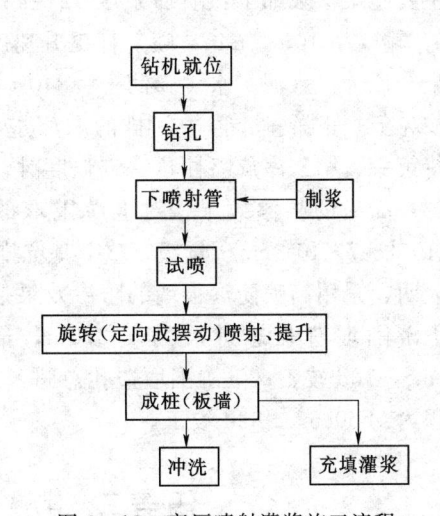

图3-10 高压喷射灌浆施工流程

六、高压喷射灌浆的质量检验

(1) 检验内容。包括固结体的整体性、均匀性和垂直度，有效直径或加固长度、宽度，强度特性（包括轴向压力、水平推力、抗酸碱性、抗冻性和抗渗性等），溶蚀和耐久性能等几个方面。

(2) 检测方法。有开挖检查、室内试验、钻孔检查、载荷试验以及其他非破坏性试验方法等。

【案例 2】 二滩围堰工程堰基高压喷射灌浆防渗板墙施工。

四川雅砻江二滩水电站工程的上、下游围堰为黏土斜心墙堆石坝，围堰堰基的防渗均采用高喷防渗板墙。上游围堰的高喷防渗板墙底部与灌浆帷幕相连，下游为悬挂式，高喷防渗板墙的顶部则与围堰防渗体相接。上游围堰需承受的最大水头约97m，下游围堰为60m。作为围堰堰基，上游覆盖层的厚度为15～30m，下游为20～40m，是以块碎石和砂卵砾石为主，并含有大量漂石和大孤石的地层。工程采用双管法高压旋喷工艺，取得了在此类地层建造承受高水头防渗板墙的成功经验。

(1) 设计参数。由三排高压旋喷套接柱状孔组成一道防渗板墙，柱状孔直径为1.5m，孔距为1.0m，排距为0.75m，有效厚度约2.6m，上游围堰板墙下端嵌入基岩0.5～1.0m。

(2) 高压喷射施工。采用跟管钻进式钻机，边钻进，边跟套管，在拔出套管之前放入起护臂作用的PVC塑料管，直径约105mm，管壁上均布窄缝。

双管法高喷的设备有：①超高压灌浆泵（最高压力80MPa）；②空压机（气压2.0MPa，气量20m³/min）；③履带吊车式高架高喷台车（架高34m，喷射杆长26～30m）。

将喷射杆和喷枪下入PVC管底，从基岩内开始，一边喷浆、喷气，一边旋转提升。PVC管在强大喷射压力下被切割粉碎，浆气射流喷入地层中。

主要施工参数如下：喷嘴浆压42～43MPa，输浆率180L/min；喷嘴气压0.8～1MPa，输气率10m³/min；喷射杆提升速度20cm/min，喷枪旋转速度25～30r/min；浆液配合比为：水泥∶水∶膨润土＝840∶730∶5（1∶0.87∶0.06）。

按先上、下游排，再中间排的顺序进行施工。每排孔已以逐序加密法分三序进行，待第一、第二序旋喷柱达一定强度时，再开始第三序孔的施喷。

(3) 高喷的防渗效果。对上游围堰的检查孔进行压水试验，测得渗透系数为2.7×10^{-7}～7×10^{-8}cm/s量级；整个基坑排水量小，加上施工弃水，不超过150m³/h。结果表明，采用高喷防渗板墙的防渗效果是明显的。

上游围堰造孔总进尺为10370m，最大孔深为44m，心墙以下截水面积为2100cm²，70d竣工；下游围堰造孔总进尺为7300m，最大孔深为32m，斜墙以下截水面积为1560cm²，63d竣工。

任务二　防渗墙施工

单元一　防渗墙概念及类型

一、防渗墙的概念

防渗墙是一种修建在松散透水层或土石坝（堰）中起防渗作用的地下连续墙。防渗墙技术在20世纪50年代起源于欧洲，因其结构可靠、防渗效果好、适应各类地层条件、施工简便以及造价低等优点，尤其是在处理坝基渗漏、坝后"流土""管涌"

等渗透变形隐患问题上效果良好，在国内外得到了广泛的应用。我国水利水电工程中覆盖层及土石围堰等有防渗压力的防渗处理一般首选防渗墙。

二、防渗墙的类型

水工混凝土防渗墙的类型可按墙体结构形式、墙体材料、布置方式和成槽方法分类。

1. 按墙体结构型式分类

按墙体结构型式分类，可分为桩柱型防渗墙、槽孔型防渗墙和混合型防渗墙3类（图3-11），其中槽孔型防渗墙使用更为广泛。

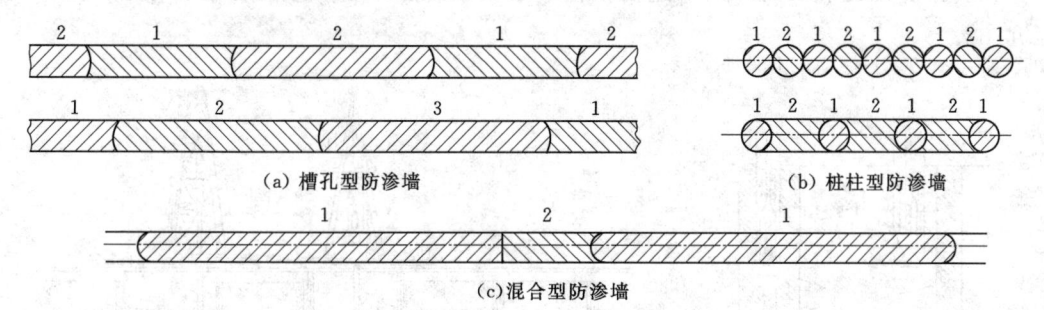

图3-11 混凝土防渗墙的结构形式
1、2、3—槽孔编号

2. 按墙体材料分类

按墙体材料分，主要有普通混凝土防渗墙、钢筋混凝土防渗墙、黏土混凝土防渗墙、塑性混凝土防渗墙和灰浆防渗墙。

3. 按成槽方法分类

按成槽方法分，主要有钻挖成槽防渗墙、射水成槽防渗墙、链斗成槽防渗墙和锯槽防渗墙。

槽孔型防渗墙的施工程序包括平整场地、挖导槽、做导墙、安装挖槽机械设备、制备泥浆注入导槽、成槽、混凝土浇筑成墙等。

成槽机械有钢绳冲击钻机、冲击式反循环钻机、回转式钻机、抓斗挖槽机、射水成槽机、据槽机及链斗式挖槽机等。

单元二 防渗墙施工工艺

混凝土防渗墙的施工顺序一般可分为造孔前的准备、造孔、浇筑混凝土等。

一、造孔前的准备

造孔前应根据防渗墙的设计要求，作好定位、定向工作。同时要沿防渗墙轴线安设导向槽，用以防止孔口坍塌，并起导向作用。槽壁一般为混凝土。其槽孔净宽一般略大于防渗墙的设计厚度，导墙高度宜在1.0~2.0m；松软地层导向槽的深度宜大些。为防止地表水倒流及便于自流排浆，其顶部高程应高于地面高程。

二、造孔

在造孔过程中，需要用泥浆固壁，因泥浆比重大、有黏性。造孔多用钻机进行。

常用的有冲击钻和回转钻两种。可采用的成槽方法又钻劈法、钻抓发、抓取法、铣削法等。

圆孔型防渗墙是由互相搭接的混凝土柱组成。施工时、先建单号孔柱，再建双号孔柱，搭接成为一道连续墙（图3-12）。这种墙由于接缝多，有效厚度相对难以保证，孔斜要求较高，施工进度较慢，成本较高，已逐渐被槽孔型取代。

槽孔型防渗墙由一段段厚度均匀的墙壁搭接而成。施工时先建单号墙，再建双号墙，搭接成一道连续墙（图3-13）。这种墙的接缝减少，有效厚度加大，孔斜的控制只在套接部位要求较高，施工进度较快，成本较低。下面以槽孔型防渗墙为例加以介绍。

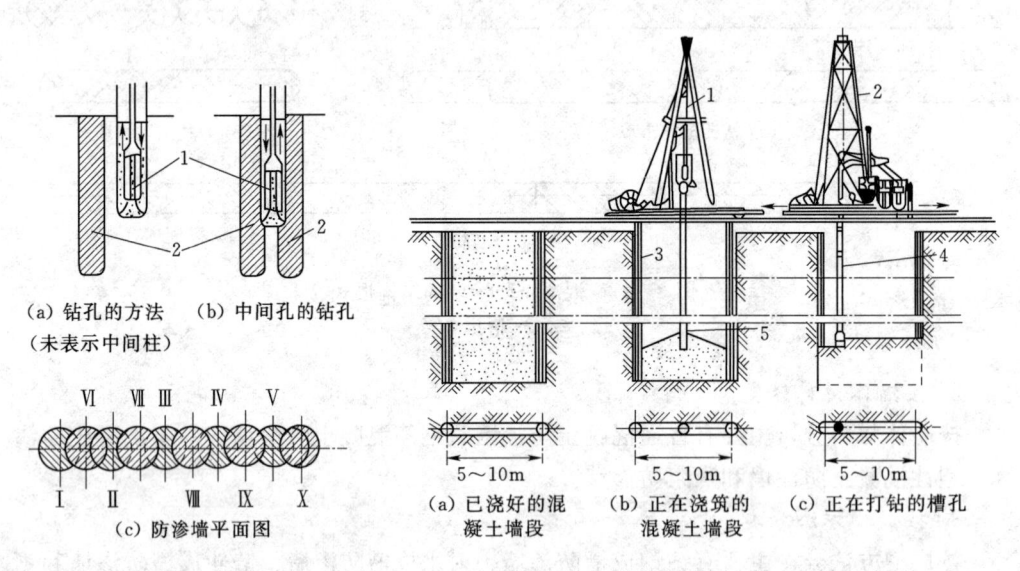

图3-12 圆孔混凝土防渗墙施工程序图
1—钻头；2—已完成的混凝土柱
Ⅰ、Ⅱ、Ⅲ、…—施工顺序

图3-13 槽孔混凝土防渗墙施工程序图
1—混凝土浇筑设备；2—钻机；3—钻孔后放入的钢管；4—钻杆；5—导管

为了保证防渗墙的整体性，应尽量减少槽孔间的接头，尽可能采用较长的槽孔。但槽孔过长，可能影响混凝土墙的上升速度（一般要求不小于2m/h），导致产生质量事故。为此要提高拌和与运输能力，增加设备容量，所以槽孔长度必须满足下述条件，即

$$L \leqslant \frac{Q}{kBv} \tag{3-4}$$

式中　L——槽孔长度，m；

　　　Q——混凝土生产能力，m³/h；

　　　B——防渗墙厚度，m；

　　　v——槽孔混凝土上升速度，m/h；

　　　k——墙厚扩大系数，可取1.2~1.3。

槽孔长度应综合分析地层特性、槽孔深浅、造孔机具性能、工期要求和混凝土生

产能力等因素决定，一般为5~9m，深槽段、槽壁易塌段宜取小值。

根据土质不同，槽孔法又可分为钻劈法和平打法两种。钻劈法适用于砂卵石或土粒松散的土层。施工时先在槽孔两端钻孔，称为主孔。当主孔打到一定深度后，在主孔内放入提砂筒，然后劈打邻近的副孔，把砂石挤落在提砂筒内取出。副孔打至距主孔底1m处停止，再继续钻主孔。如此交替进行，直至设计深度。图3-14为主副孔划分示意图。

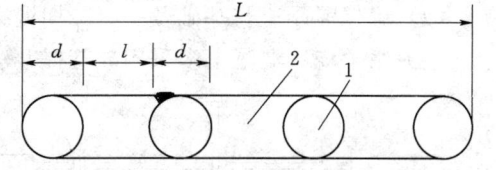

图3-14 主、副孔划分示意图
1—主孔；2—副孔

平打法适用于细砂层或胶结的土层。施工时也是先在槽孔两端打主孔，主孔较一般孔深1m以上，其他部分每次平打20~30cm。

为了保证造孔质量，在施工过程中要控制泥浆黏度、比重、含砂量等指标在允许范围内，严格按操作规程施工；保持槽壁平直，保证孔斜、孔位、孔宽、搭接长度、嵌入基岩深度等满足设计要求，防止漏钻、漏挖和欠钻、欠挖。

造孔结束后，要做好终孔验收，其项目和要求可参考表3-1。

表3-1 终孔验收项目和要求表

验收项目	验收要求	验收项目	验收要求
孔位允许偏差	±3cm	槽孔搭接部位孔底偏差	$\leqslant \frac{1}{3}$设计墙厚
孔宽	≥设计墙厚	槽孔横断面	没有梅花孔、小墙
孔斜	≤0.4%	槽孔嵌入基岩深度	满足设计要求

造孔完毕后，孔内泥浆，特别是孔底泥浆，常含有过量的土石渣，影响混凝土与基岩的连接。因此，必须清孔换浆、清除石渣，保证混凝土浇筑的质量。清孔换浆的要求如下：

(1) 孔底淤积厚度不大于10cm。

(2) 混凝土浇筑前槽孔内距孔底0.5~1.5m处的泥浆性能指标应满足表3-2要求。

表3-2 混凝土浇筑前膨润土泥浆黏土泥浆主要性能指标

项 目	漏斗黏度/s	密度/(g/cm³)	含砂量/%		
			墙深≥100m	70m<墙深<100m	墙深≤70m
膨润土泥浆	32~50（马氏漏斗）	≤1.15	≤2	≤4	≤6
黏土泥浆	≤35（500/700mL）	≤1.3	—	—	≤10

三、浇筑混凝土

清孔检验合格后，应于4h内开浇混凝土，因吊放钢筋笼或其他埋设件不能在4h内开浇混凝土的槽孔，浇筑前应重新测量淤积厚度，如超过10cm须再次清孔。

防渗墙的混凝土浇筑和一般的混凝土浇筑不同，是在泥浆液面下进行的，所以浇筑要求和一般混凝土浇筑不同。其主要特点如下。

(1) 不允许泥浆和混凝土掺成泥浆夹层。

(2) 确保混凝土与基础及一、二期混凝土间的结合。

在泥浆下浇筑混凝土多采用导管提升法，施工时按一定间距沿槽孔轴线方向布置若干组导管。每组导管是由若干节、直径 20~25cm 的钢管组成。除底部一节稍长外，其余每节长 1~2m。导管顶部为受料斗，整个导管悬挂在导向槽上，并通过提升设备升降。导管安设时，要求管底与孔底距离为 15~25cm，以便浇筑混凝土时将管内泥浆排出管外。

导管的布置如图 3-15 所示。导管的间距取决于混凝土的扩散半径。间距太大，易在相邻导管所浇混凝土间形成泥浆夹层；间距太小，易影响现场布置和施工操作。由于防渗墙混凝土入孔坍落度一般为 18~22cm，扩散度应为 3.8~4.6cm，故导管间距不宜

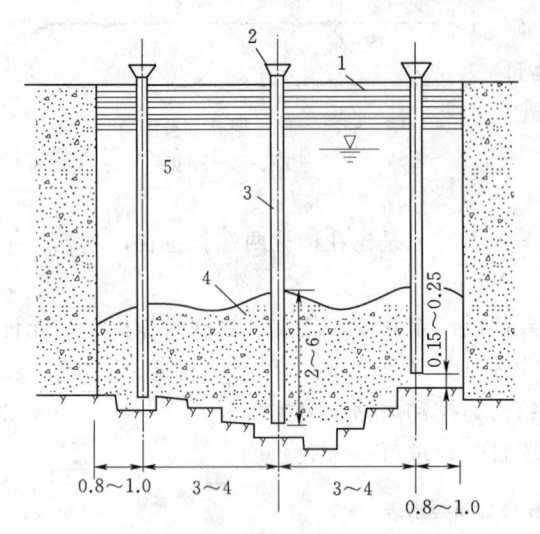

图 3-15 导管布置图（单位：m）
1—导向槽；2—受料斗；3—导管；4—混凝土；5—泥浆

大于 4.0m。一期槽孔端部混凝土，由于要套打切去，所以端部导管与孔端间距采用 1.0~1.5m。为了保证二期槽孔端部混凝土与一期混凝土结合好，二期槽孔的导管与孔端间距可采用 0.5~1.0m。此外，还应考虑孔底地形变化，当地形突变且高差大于 0.25m 时，可增设导管，并布置在较低的部位。小浪底工程防渗墙墙段接头采用低强度混凝土包裹接头法，即用横向接头槽孔并浇筑低强度混凝土包裹在槽段接缝两端，对接缝起着保护作用，此法施工速度快，接缝质量可靠。

浇筑前应仔细检查导管形状、接头、焊缝等是否有不能使用的，然后进行试组装并编号。导管安装好后，开始浇筑前要在导管内放入一个直径较导管内径略小的导注塞（木或橡胶球），并用绳（绳长等于导管长）系住导注塞，再将受料斗充满水泥砂浆，水泥砂浆的重量将导注塞压至导管底部，将管内泥浆挤出管外。然后剪断绳子，及时连续加供混凝土，使导注塞被挤出后，能一举将导管底端埋住。导管埋入混凝土的深度不宜小于 2.0m 不宜超过 6m。此后在管内混凝土自重的作用下，不断地将槽孔内的混凝土向上挤升，从而使槽孔内的混凝土仅表层与泥浆接触，而其他部分不与泥浆掺混。在浇筑过程中，要不间断供料，以保证混凝土均匀上升。

浇筑一般从孔深较大的导管开始。当混凝土面上升到邻近导管的孔底高程时，用同样方法开始浇筑第二组导管，直到全槽混凝土面浇平后，再使全槽均衡上升。

当混凝土面上升到距槽口 4~5m 时，由于混凝土柱压力减小，槽内泥浆浓度增大，混凝土扩散能力相对减弱，易发生堵管和夹泥等事故，这时可采取加强排浆、释稀泥浆、抬高漏斗、增加起拔次数和控制混凝土坍落度等措施来解决。

总之，槽孔混凝土的浇筑，必须保持均衡、连续上升，直到全槽成墙为止。

单元三 防渗墙质量检测

防渗墙质量检测方法主要有开挖检验、取芯试验、注水试验和无损检测。

（1）开挖检验。测量墙体中桩的垂直度偏差、桩位偏差、桩顶标高，观察桩与桩之间的搭接状态、搅拌的均匀度、渗透水情况、裂缝、缺损等。

（2）取芯试验。在墙体中取得水泥土芯样，室内养护到28d，作无侧限抗压强度和渗透试验，取得抗压强度、渗透系数和渗透破坏比降等指标，试验点数不少于3点。

（3）注水试验。在水泥土凝固前，于指定的防渗墙位置贴接加厚一个单元墙，待凝固28d后，在两墙中间钻孔，进行现场注水试验，试验孔布置方法如图3-16所示。试验点数不小于3点。本试验可直观地测得设计防渗墙厚度处的渗透系数。

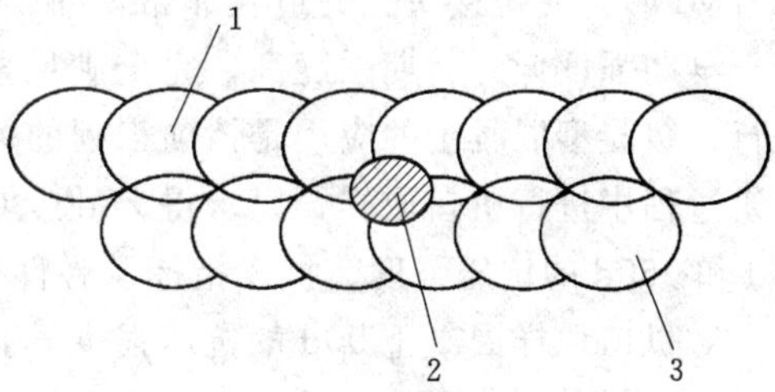

（4）无损检测。为探测状体完整性、连续性以及判别是否存在墙体缺陷，可采用地质雷达检测等方法，沿中心线布测线，全程检测。

图3-16 注水试验孔布置示意图
1—工程防渗墙；2—注水试验孔；
3—试验贴接防渗墙段

【案例3】 小浪底工程基础防渗墙施工

小浪底水利枢纽工程是集防洪、防凌、减淤、灌溉、供水、发电为一体的综合性水利工程。大坝为壤土斜心墙堆石坝，轴线长1667m，最大坝高154m，水库库容为126.5亿 m³。水电站为坝旁引水式地下厂房，有6台发电机组，总装机180万kW，年发电量为51亿kW·h。

大坝基础的河床覆盖层深厚，最深处达80余m。覆盖层自上而下大致分为四层：表砂层、上部砂砾石层、底砂层和底部砂砾石层。河床基岩为二迭系的P12黏土岩和三叠系的T11、T12砂岩，断裂构造发育，穿越帷幕轴线的断层主要有右岸F1、F233、F231、F23等，左岸F236、F238、F240和F28等。

根据黄河多泥沙的特点以及对土石坝基防渗处理的特点，确定小浪底防渗工程设计思路为以垂直防渗为主，水平防渗为辅。坝基覆盖层采用混凝土防渗墙，墙下及两岸岩体采用帷幕灌浆。

混凝土防渗墙设计厚度1.2m，墙体混凝土设计标号为R90＝33MPa（保证率85%），变形模量$E=30000$MPa，抗渗标号不小于B8，混凝土坍落度18～22cm，扩散度34～38cm。墙顶设计高程为126m和138m，高程126m以上的墙体内要求下设钢筋笼，墙段接头采用钻凿接头孔法（即套打一钻法）。要求槽孔孔斜率不大于4‰，接头孔孔斜率不大于2‰。

右岸防渗墙轴线长259.6m，最大深度为81.90m，成墙面积为10540.63m²，浇筑混凝土21526.9m³。

防渗墙共分43个槽段施工，槽孔长6.6～6.7m。防渗墙采用CZ30型和CZ22型冲击钻机和液压抓斗造孔，施工高峰期冲击钻机造主孔工效达1.8m²，造副孔工效达3m²，抓斗工效达48m²，钻凿混凝土工效达2.3m²。

防渗墙混凝土由JS500型混凝土搅拌机拌和，采用自动称量系统称量骨料，人工加水泥和掺合料，该搅拌站的生产能力为53m³/h。搅拌好的混凝土由搅拌车运输并灌入导管。

造孔泥浆由10台2m³泥浆搅拌机制浆，备有6个储浆池，总储量为900m³，该制浆站日制浆能力为548m³。

工程初期使用了普通型混凝土，但由于其早期强度高（R5为30.7MPa、R23为44.7MPa），使得接头孔的造孔非常困难。为此，专门研制了缓凝型混凝土。这种混凝土早期强度低，后期强度高，完全满足早期混凝土接头的钻凿，保证了工程的顺利进行。缓凝型混凝土的应用是该项工程的关键技术。为了监测混凝土质量，在混凝土浇筑过程中进行机口取样，以求得28d、90d的抗压强度，部分样品还求得7d、14d、60d和360d的抗压强度、抗渗指标及弹性模量。

对机口取样混凝土90d的抗压强度试验结果进行数理统计分析得到：R90的平均值为38.7MPa，标准离差$\sigma=3.8$MPa，离差系数$C_v=0.098$，强度保证率$P=93.5\%$，合格率为100%，抗渗标号均大于B12，弹性模量E在30000MPa左右。混凝土质量完全满足设计要求。

连接墙段的43个接头孔孔斜率均满足设计要求，混凝土浇筑速度为2.5～5.22m/h，符合规范要求。经检测，防渗墙质量良好。

任务三　桩基础施工

桩基础是由若干个沉入土中的单桩组成的一种深基础。在各个单桩的顶部再用承台或梁联系起来，以承受上部建筑物的重量。桩基础的作用就是将上部建筑物的重量传到地基深处承载力较大的土层中，或将软弱土挤密实以提高地基的承载能力。在软弱土层上建造建筑物或上部结构荷载很大，天然地基的承载能力不满足时，采用桩基础可以取得较好的经济效果。

按桩的传力和作用性质的不同，可分端承桩和摩擦桩两种，如图3-17所示。

端承桩就是穿过软弱土层并将建筑物的荷载直接传递给坚硬土层的桩。摩擦桩是沉至软弱土层一定深度、将软弱土层挤密实，提高了土层的密实度和承载能力，上部结构的荷载主要由桩身侧面与土之间的摩擦力承受，桩尖阻力也承受少量的荷载。

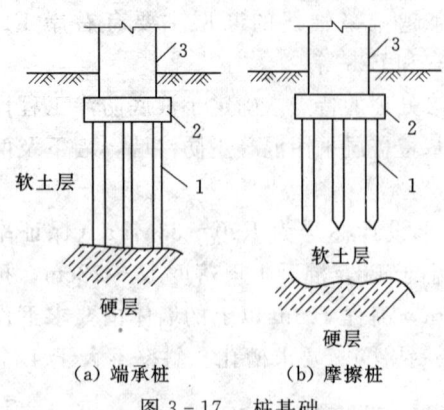

图3-17　桩基础
1—桩；2—承台；3—上部结构
(a)端承桩　(b)摩擦桩

按桩的施工方法分，有预制桩和灌注桩两类。

预制桩是在工厂或施工现场用不同的建筑材料制成的各种形状的桩，如钢筋混凝土桩、钢桩、木桩。桩的形状有方形、圆形等。然后再用打桩设备将预制好的桩沉入地基土中。沉桩的方法有锤击打入、静力压桩、振动沉桩等。

灌注桩是在设计桩位先成孔、然后放入钢筋骨架、再浇筑混凝土而成的桩。灌注桩按其成孔方法的不同，可分为泥浆护壁成孔灌注桩、干作业成孔灌注桩、套管成孔灌注桩、爆扩成孔灌注桩、人工挖孔护壁灌注桩等。

单元一 预制桩施工

钢筋混凝土桩是目前工程上应用最广的一种桩。钢筋混凝土预制桩有管桩和实心桩两种。管桩为空心桩，由预制厂用离心法生产，管桩的混凝土强度较高，可达C30～C40级，管桩截面有外径为400～500mm等数种。较短的实心桩一般在预制厂制作，较长的实心桩大多在现场预制。为了便于制作，实心桩大多为方形截面，截面尺寸从200mm×200mm至550mm×550mm几种。现场预制桩的单根桩长取决于桩架高度，一般不超过27m，必要时可达30m。但一般情况下，为便于桩的制作、起吊、运输等，如桩长超过30m，应将桩分段预制，在打桩过程中再接长。

钢筋混凝土预制桩施工包括：制作、起吊、运输、堆放、打桩、接桩、截桩等过程。

单元二 灌注桩施工

混凝土及钢筋混凝土灌注桩施工按成孔方法分为泥浆护壁成孔灌注桩、干作业成孔灌注桩、套管成孔灌注桩及人工挖孔灌注桩，其适用范围见表3-3。

表3-3 灌注桩适用范围

成孔方法及机械		适 用 范 围
泥浆护壁成孔	冲抓	碎石土、砂土、黏性土及风化岩
	冲击	
	回转钻	
	潜水钻	黏性土、淤泥质土及砂土
干作业成孔	螺旋钻	地下水位以上的黏性土、砂土及人工填土
	钻孔扩底	地下水位以上的坚硬、硬塑的黏性土及中密以上的砂土
	机动（人工）洛阳铲	地下水位以上的黏性土、黄土及人工填土
套管成孔	锤击振动	可塑、软塑、流塑的黏性土、稍密及松散的砂土
爆扩成孔		地下水位以上的黏性土、黄土碎石及风化岩

（1）泥浆护壁成孔灌注桩施工。泥浆护壁成孔灌注桩的施工是先由钻孔设备进行钻孔。待孔深达到设计要求后进行清孔，放入钢筋笼，然后进行水下浇注混凝土而成桩。为防止在钻孔过程中塌孔，在孔中汴入具有一定浓度要求的泥浆进行护壁。其施工过程如图3-18所示。

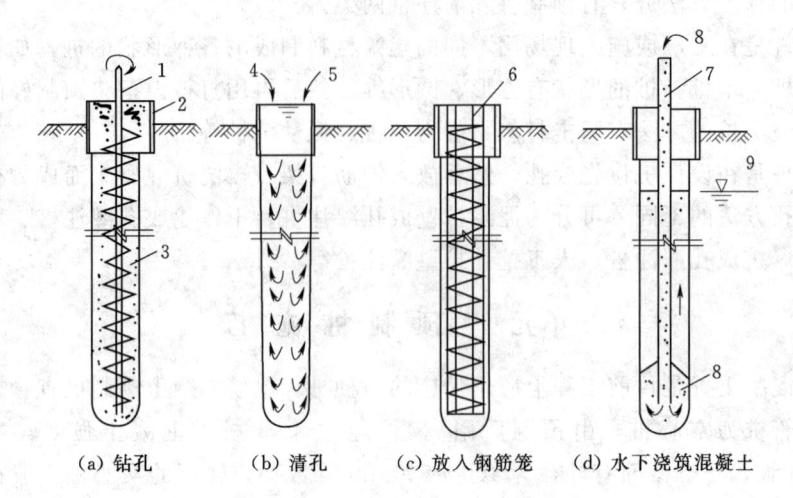

(a) 钻孔　(b) 清孔　(c) 放入钢筋笼　(d) 水下浇筑混凝土

图 3-18　泥浆护壁成孔灌注桩施工过程
1—钻机；2—护筒；3—泥浆护壁；4—压缩空气；5—清水；
6—钢筋笼；7—导管；8—混凝土；9—地下水位

(2) 干作业成孔灌注桩施工。干作业成孔灌注桩施工工艺如图 3-19 所示。与泥浆护壁成孔灌注施工类似，适用于在地下水位以上的干土层中施工。

图 3-20 为用于干作业成孔的全叶螺旋钻机示意图。该钻机适用于地下水位以上的一般黏性土、硬土或人工填土地基的成孔。成孔直径一般为 300~500mm，最大可达 800mm，钻孔深度为 8~12m。

(a) 钻孔　(b) 放钢筋笼　(c) 浇筑混凝土

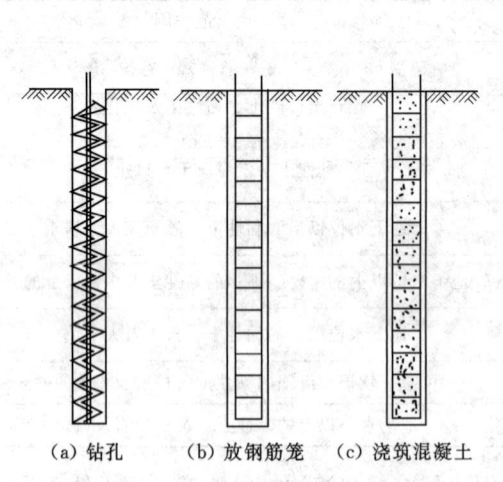

图 3-19　干作业成孔灌注桩施工过程

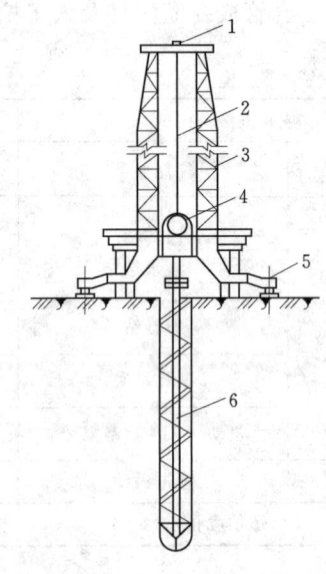

图 3-20　螺旋钻机示意图
1—导向滑轮；2—钢丝绳；3—龙门导架；
4—动力箱；5—千斤顶支腿；6—螺旋钻杆

在软塑土层，含水量较大时，可用叶片螺距较大的钻杆钻机。在可塑或硬塑的土层、或含水量较小的砂土中，则应用螺距较小的钻杆，以便缓慢、均匀、平稳地钻孔。

钻孔至设计深度后，应先在原处空转清土，然后停转，提升钻杆。如孔底虚土超过允许厚度，应掏土或二次投钻清孔。注意保护好孔口。

清孔后应及时放入钢筋笼，浇注混凝土，随浇随振，每次浇筑高不大于1.5m。混凝土最后标高应超出设计高度，以保证在凿除浮浆后与设计标高符合。

（3）套管成孔灌注桩施工。套管成孔灌注桩有振动沉管灌注桩和锤击沉管灌注桩两种。施工时，将带有预制钢筋混凝土桩靴［图3-21（a）］或钢活瓣桩靴［3-21（b）］的钢管沉入土中。待钢桩管达到要求的贯入度或标高后，即在管内浇筑混凝土或放入钢筋笼后浇筑混凝土，再将钢桩管拔出即成。

（4）人工挖孔灌注桩施工。人工挖孔灌注桩是指在桩位用人工挖孔，每挖一段即施工一段支护结构，如此反复向下挖至设计标高，最后即放下钢筋笼，浇筑混凝土而成桩。

人工挖孔灌注桩的优点是：设备简单；对施工现场周围的原有建筑物影响小；在挖孔时，可直接观察土层变化情况；清除沉渣彻底；如需加快施工进度，可同时开挖若干个桩孔；施工成本低等。特别在施工现场狭窄的市区修建高层建筑时，更显示其优越性。人工挖孔灌注桩构造如图3-22所示。

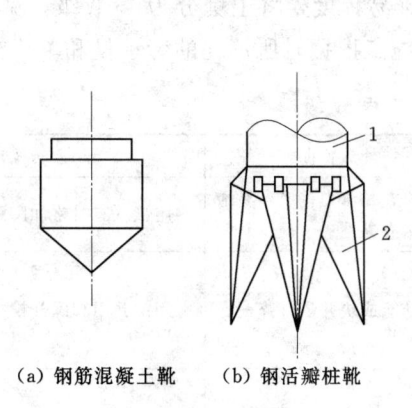

（a）钢筋混凝土靴　（b）钢活瓣桩靴

图3-21 桩靴示意图
1—桩管；2—活瓣

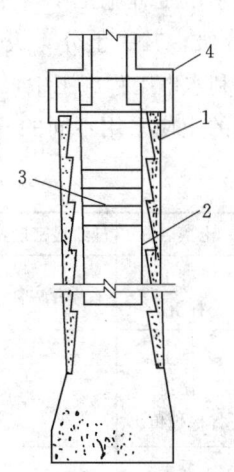

图3-22 人工挖孔灌注桩构造示意图
1—现浇混凝土护壁；2—主筋；3—箍筋；4—桩帽

项目四 土石坝工程

土石坝由于可以就地取材，易于施工，对坝基要求相对不高，所以，随着大型高效施工机械的应用及施工机械化程度的提高，设计技术对筑坝材料的放宽，防渗结构和材料的改进，工期的缩短及费用的降低，为土石坝开辟了更加广阔的发展前景。土石坝包括碾压式土石坝、面板堆石坝等。土石坝施工主要包括料场规划、土石方开挖运输、坝体填筑、质量控制等施工任务。

任务一 土石方开挖

单元一 土石分级

一、土石的施工分级

水利水电工程施工中常用的土石分级，依开挖方法、开挖难易、坚固系数等，共划分为16级，其中土分4级，岩石分12级。

在水利水电工程施工中，根据开挖的难易程度，将土壤分为Ⅰ～Ⅳ级，见表4-1。不同级别的土应采用不同的开挖方法，且施工挖掘时所消耗的劳动量和单价亦不同。

表4-1　　　　　　　　土壤的工程分级

土质级别	土壤名称	自然湿密度/(kN/m³)	外形特征	开挖方法
Ⅰ	砂土 种植土	1.65～1.75	疏松，黏着力差或容易透水，略有黏性	用锹（有时略加脚踩）开挖
Ⅱ	壤土 淤泥 含根种植土	1.75～1.85	开挖能成块并易打碎	用锹并用脚踩开挖
Ⅲ	黏土 干燥黄土 干淤泥 含砾质黏土	1.80～1.95	黏手，干硬，看不见砂砾	用镐、三齿耙或铁锹并用力加脚踩开挖
Ⅳ	坚硬黏土 砾质黏土 含卵石黏土	1.90～2.1	土壤结构坚硬，将土分裂后成块状或含黏粒、砾石较多	用镐、三齿耙等工具开挖

二、土石的工程特性

土的工程特性对土方工程的施工方法及工程进度影响较大。主要的工程性质有表观密度、含水量、可松性、自然倾斜角等。

(1) 表观密度。土壤表观密度就是单位体积土壤的质量。土壤保持其天然组织、结构和含水量时的表观密度称为自然表观密度。单位体积湿土的质量称为湿表观密度。单位体积干土的质量称为干表观密度。表观密度是体现黏性土密实程度的指标，常用它来控制黏性土的压实质量。

(2) 含水量。含水量是土壤中水的质量与干土质量的百分比。它表示了土壤空隙中含水的程度，含水量的大小直接影响黏性土的压实质量。

(3) 可松性。自然状态下的土经开挖后因变松散而使体积增大的特性，称为土的可松性。土的可松性用可松性系数 k_s 表示，即

$$k_s = V_2 / V_1 \tag{4-1}$$

式中　V_2——土经开挖后的松散体积；

　　　V_1——土在自然状态下的体积。

土的可松性系数，可用于土方量计算、土方挖填平衡计算和确定运输工具数量。各种土的可松性系数见表 4-2。

表 4-2　　　　　　　　　土的密度和可松性系数

土的类别	自然状态 密度 /(t/m³)	自然状态 可松性系数	挖松后 密度 /(t/m³)	挖松后 可松性系数
砂土	1.65~1.75	1.0	1.50~1.55	1.05~1.15
壤土	1.75~1.85	1.0	1.65~1.70	1.05~1.10
黏土	1.80~1.95	1.0	1.60~1.65	1.10~1.20
砂砾土	1.90~2.05	1.0	1.50~1.70	1.10~1.40
含砂砾壤土	1.85~2.00	1.0	1.70~1.80	1.05~1.10
含砂砾黏土	1.90~2.10	1.0	1.55~1.75	1.10~1.35
卵石	1.95~2.15	1.0	1.70~1.90	1.15

(4) 自然倾斜角。自然堆积土壤的表面与水平面间所形成的角度，称为土的自然倾斜角。挖方与填方边坡的大小与土壤的自然倾斜角有关。土方的边坡开挖应采取自上而下、分区、分段、分层的方法依次进行，不允许先下后上切脚开挖；坡面开挖时，应根据土质情况，间隔一定的高度设置永久性戗台，戗台宽度视用途而定。

单元二　料场规划与土石方调配

土石坝是一种充分利用当地材料的坝型。土石坝用料量很大，在选择坝型阶段需对土石料场全面调查，施工前配合施工组织设计，要对料场作深入勘测，并从空间、时间、质与量等方面进行全面规划。

一、料场规划的基本内容

料场的规划和使用是土石坝施工的关键，它不仅关系坝体的质量、工期和造价，甚至还会影响周围的农林业生产和生态环境。

施工前应结合施工组织设计，对各类料场做进一步的勘探，并从空间、时间与程序、质与量等方面进行总体规划，制订分期开采计划，使各种坝料有计划、有次序地使用，以满足坝体施工的要求。

空间规划是指对料场位置、高程的合理布置。土石料的上坝运距尽可能短，高程要有利于重车下坡。坝的上下游、左右岸最好都有料场，这样有利于同时供料，减少过坝和交叉运输造成的干扰，以保证坝体均衡上升。料场高程与相应的填筑部位相协调，重车下坡，空车上坡。做到就近取料，低料低用，高料高用。

在料场的使用时间与程序上，应考虑工程其他建筑物的开挖料、料场开采料与坝体填筑之间的相互关系，并考虑施工期水位和流量的变化以及施工导流产生上游水位升高的影响。在用料规划上力求做到料场使用要近料和上游易淹料场先用，远料和下游不淹料场后用。含水量低的料场雨季用，含水量高的料场夏季用。施工强度高时用近料，强度低时用远料。枯水期多用滩地料，有计划地保留一部分近坝料供合龙段和度汛拦洪的高峰填筑期使用。对坝基和地下工程开挖弃料，应考虑挖、填各种坝料的综合平衡，做好土石方的调度规划，做到弃渣无隐患，不影响环保。合理用料，力求最佳的经济效果。降低工程造价。

料场质与量的规划是决定料场取舍的重要前提，在选择和规划使用料场时，应对料场的地质成因、产状、埋深、储量以及各种物理力学性质和压实特性进行全面的复查，选用料场应满足坝体设计施工质量要求。

二、料场规划的基本要求

料场规划应考虑充分利用永久和临时建筑物基础开挖的渣料，应增加必要的施工技术组织措施，确保渣料的充分利用。料场规划应对主要料场和备用料场分别加以考虑。前者要求质好、量大、运距近，且有利于常年开采；后者通常在淹没区外，当前者被淹没或因库区水位抬高，土料过湿或其他原因中断使用时，则用备用料场保证坝体填筑不致中断。在规划料场实际可开采总量时，应考虑料场查勘的精度、料场天然密度与坝体压实密度的差异，以及开挖运输、坝面清理、返工削坡等损失。实际可开采总量与坝体填筑量之比一般为：土料2~2.5；砂砾料1.5~2；水下砂砾料2~2.5；石料1.2~1.5；反滤料应根据筛后有效方量确定，一般不宜小于3。另外，料场选择还应与施工总体布置结合考虑，应根据运输方式、强度来研究运输线路的规划和装料面的布置。整个场地规划还应排水通畅，全面考虑出料、堆料、弃料的位置，力求避免干扰以加快采运速度。

三、土石方调配

水利水电工程施工，一般有土石方开挖料和土石方填筑料，以及其他用料，如开挖料作混凝土骨料等。在开挖的土石料中，一般有废料，还可能有剩余料等，因此要设置堆料场和弃料场。开挖的土石料的利用和弃置，不仅有数量的平衡（即空间位置上的平衡）要求，还有时间的平衡要求，同时还要考虑质量和经济效益等。

1. 土石方平衡调配的方法

土石方平衡调配是否合理的主要判断指标是运输费用，费用花费最少的方案就是最好的调配方案。土石方调配可按线性规划进行。对于基坑和弃料场不太多时，可用简便的"西北角分配法"求解最优调配数值。

土石方调配需考虑许多因素，如围堰填筑时间、土石坝填筑时间和高程、厂前区管道施工工序、围堰拆除方法、弃渣场地（上游或下游）、运输条件（是否过河、架桥时间）等。

2. 土石方平衡调配原则

土石方平衡调配的基本原则是在进行土石方调配时要做到料尽其用、时间匹配和容量适度。开挖的土石料可用作堤坝的填料、混凝土骨料或平整场地的填料等；土石方开挖应与用料在时间上尽可能相匹配，以保证施工高峰用料；堆料场和弃渣场的设置应容量适度，尽可能少占地。

堆料场是指堆存备用土石料的场地，当基坑和料场开挖出的土石料需作建筑用的填筑用料，而两者在时间上又不能同时进行时，就需要堆存。堆存原则是：易堆易取，防止水、污泥杂物混入料堆，致使堆存料质量降低。当有几种材料时应分场地堆存，如堆在一个场地，应尽量隔开，避免混杂。堆存位置最好在用料点或料场附近，减少回取运乏。如堆料场在基坑附近，一般不容许占压开挖部分。由于开挖施工工艺问题，常有不合格料混杂，对这些混杂料应禁止送入堆料场。

弃渣场是指开挖出的不能利用的土石料作为弃渣处理的场地，弃渣场选择与堆弃原则是：尽可能位于库区内，这样可以不占农田。施工场地范围内的低洼地区可作为弃渣场，平整后可作为或扩大为施工场地。弃渣堆置应不使河床水流产生不良的变化，不妨碍航运，不对永久建筑物与河床过流产生不利影响。在可能的情况下，应利用弃土造田，增加耕地。弃渣场的使用应做好规划，开挖区与弃渣场应合理调配，以使运费最少。

土石方调配的结果对工程成本、工程进度，以及工区景观、工区水土流失、噪声污染、粉尘污染等环境因素有着显著的影响。

【案例 1】 引子渡面板堆石坝工程的料场规划

引子渡水电站位于贵州平坝县境内，其坝型为混凝土面板堆石坝，最大坝高 129.5m，坝顶宽 9.6m，坝轴线长 276.77m，大坝上游坡比 1∶1.4，下游坝坡设有宽 10m 的 "之" 字形上坝道路，平均坝坡 1∶1.599；大坝堆石体从上游至下游一次为垫层、过渡层、主堆石区、次堆石区，并在趾板周边设特殊垫层区，在靠近左岸陡坡设特别碾压区；大坝总填筑方量为 303.5m³。

引子渡面板堆石坝坝料的主要来源为溢洪道开挖料，部分洞挖料和趾板开挖料。主备料场为左岸下游响洞料场，主要存放溢洪道开挖料；其他备料场有左岸上游武警储料场和上游右岸盐井田坝储料场，主要储存大坝、坝址开挖的有用料。

由于溢洪道和下游响洞料场均在左岸，且上坝道路为共用一条从下游上坝的施工道路，而根据施工总进度要求，坝体填筑高峰月施工强度将达到 35 万 m³ 以上，且连续几个月的平均施工强度在 30 万 m³ 左右，显然按原料场布置要实现连续高强度施工是非常困难的。其主要原因为，主料场均布置在左岸下游，而施工道路高差大、弯道多、运距长。为使坝体填筑确保能连续高强度施工，业主、设计、监理和施工单位取得一致意见，将一部分溢洪道的开挖料提前备到上游右岸盐井田坝储料场，且创造溢洪道首部开挖料能从上游直接上坝的条件,即开挖1条临时交通洞,修建3座跨趾板桥。

对于备料多少的问题,经研究协商,决定溢洪道开挖备料90万 m^3 有用料,加上其他如洞挖、趾板等可利用料共120万 m^3 左右,可满足大坝填筑强度要求。

单元三 土石方挖运方案

土方开挖常用的方法有人工开挖法和机械开挖法,一般采用机械开挖。用于土方开挖的机械有单斗挖掘机、多斗挖掘机、铲运机械及水力开挖机械。

一、单斗挖掘机

单斗挖掘机是仅有一个铲土斗的挖掘机械。它由行走装置、动力装置和工作装置三部分组成。行走装置分为履带式和轮胎式两种。履带式是最常用的一种,它对地面的单位压力小,可在各种地面上行驶,但转移速度慢。动力装置分为电动和内燃机驱动两种,电动为最常用形式,效率高,操作方便,但需电源。工作装置由铲土斗、斗柄、推压和提升装置组成。按铲土方向和铲土原理,单斗挖掘机可分为正铲、反铲、拉铲和抓铲4种类型,如图4-1所示,用钢索或液压操纵。钢索操纵用于大中型正铲,液压操纵用于小型正铲和反铲。

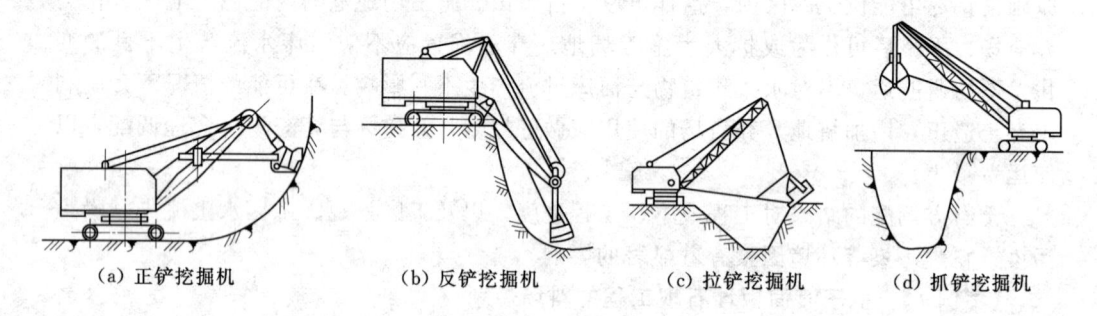

(a) 正铲挖掘机　　(b) 反铲挖掘机　　(c) 拉铲挖掘机　　(d) 抓铲挖掘机

图4-1 单斗挖掘机

1. 正铲挖掘机

正铲挖掘机利用推压和提升完成挖掘,开挖断面是弧形,最适于挖停机面以上的土方,也能挖掘机面以下的浅层(1~2m)土方。由于稳定性好,铲土能力大可以挖各种土料及软岩、岩渣进行装车。它的特点是循环式开挖,由挖掘、回转、卸土、返回构成一个工作循环,生产率的大小取决于铲斗大小和循环时间的长短。正铲的斗容从 $0.5m^3$ 至几十立方米不等,工程中常用 $1\sim4m^3$。

正铲挖掘机开挖方法有以下两种:

(1) 正向开挖、侧向装土法。正铲向前进方向挖土,汽车位于正铲的侧向装车,如图4-2所示。铲臂卸土回转角度小于90°,装车方便,循环时间短,生产效率高,常用于土料场及渠道土方开挖。

(2) 正向开挖、后方装土法。开挖工作面较大,但铲臂卸土回转角度大、生产效率降低,如图4-3所示。常用于基坑土方开挖。

(a) 正向开挖　　　(b) 侧向卸土

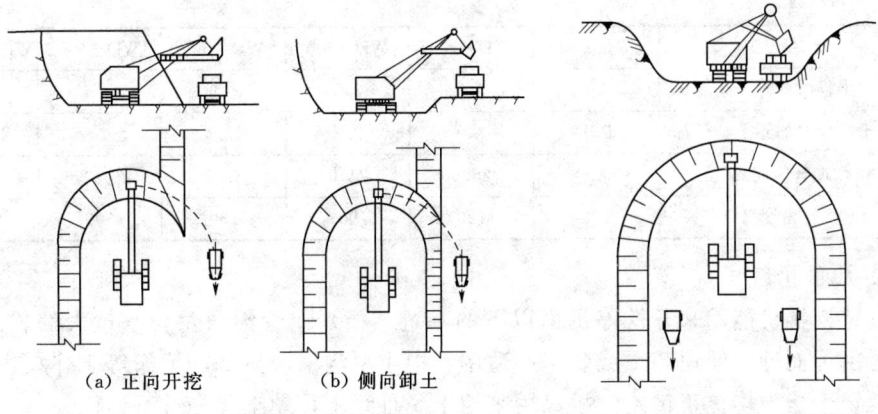

图 4-2　正向开挖、侧向装土法　　　图 4-3　正向开挖、后方装土法

正铲挖掘机的工作尺寸如图 4-4 所示，常用挖掘机工作性能见表 4-3。

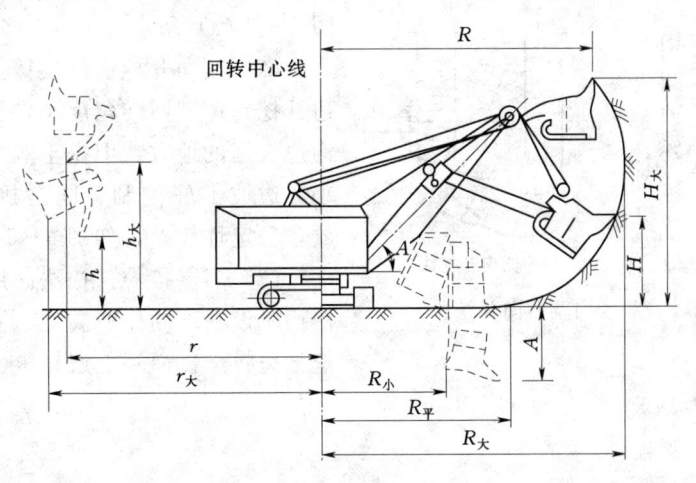

图 4-4　正铲挖掘机工作尺寸

A—停机面以下挖掘深度；$R_平$—停机面以上最大挖掘半径；$R_小$—停机面以上最小挖掘半径；$R_大$—最大挖掘半径；H—最大挖掘半径时的挖掘高度；R—最大挖掘高度时的挖掘半径；$H_大$—最大挖掘高度；$r_大$—最大卸土半径；h—最大卸土半径时的卸土高度；r—最大卸土高度时的卸土半径；$h_大$—最大装土高度

表 4-3　　　　　　　　　　常用正铲挖掘机工作性能

型号	WD-50	WD-100	WD-200	WD-300	WD-400	WD-1000
铲斗容量/m³	0.5	1.0	2.0	3.0	4.0	10.0
动臂长度/m	5.5	6.8	9.0	10.5	10.5	13.0
动臂倾角/(°)	60.0	60.0	50.0	45.0	45.0	45.0
最大挖掘半径/m	7.2	9.0	11.6	14.0	14.4	18.9
最大挖掘高度/m	7.9	9.0	9.5	7.4	10.1	13.6
最大卸土半径/m	6.5	8.0	10.1	12.7	12.7	16.4
最大卸土高度/m	5.6	6.8	6.0	6.6	6.3	8.5

续表

型　号	WD-50	WD-100	WD-200	WD-300	WD-400	WD-1000
最大卸土半径时的卸土高度/m	3.0	3.7	3.5	4.9		5.8
最大卸土高度时的卸土半径/m	5.1	7.0	8.7	12.4		15.7
工作循环时间/s	28.0	25.0	24.0	22.0	23～25	
卸土回转角度/(°)	100	120	90	100	100	

2. 反铲挖掘机

反铲挖掘机能用来开挖停机面以下的基坑（槽）或管沟通及含水量大的软土等，挖土时由远而近，就地卸土或装车，适用于中小型沟渠、清基、清淤等工作。由于稳定性及铲土能力均比正铲差，故只用来挖Ⅰ～Ⅲ级土，硬土要先进行预松。

反铲挖掘机开挖方法一般有以下几种：

（1）端向开挖法。反铲停于沟端，后退挖土，同时往沟一侧弃土或装车运走，如图4-5（a）所示。

（2）侧向开挖法。反铲停于沟侧沿沟边开挖，铲臂回转角度小，能将土弃于距沟边较远的地方，但挖土宽度比挖掘半径小，边坡不好控制，同时机身靠沟边停放，稳定性较差，如图4-5（b）所示。

（3）多层接力开挖法。用两台或多台挖掘机设在不同作业高度上同时挖土，边挖土边将土传递到上层，再由地表挖掘机或装载机装车外运。

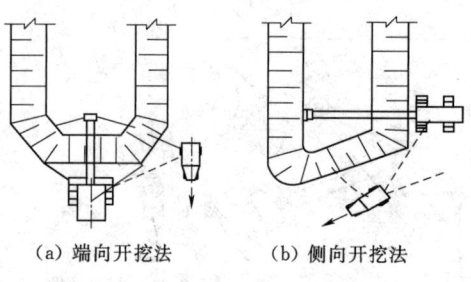

图4-5　反铲端向及侧向开挖法
(a) 端向开挖法　(b) 侧向开挖法

3. 拉铲挖掘机

拉铲挖掘机的铲斗用钢索控制，利用臂杆回转将铲斗抛至较远距离，回拉牵拉索，靠铲斗自重下切装满铲斗，然后回转装车或卸土。由于其挖掘半径、卸土半径、卸土高度较大，适用于Ⅰ～Ⅲ类土开挖，尤其适合于深基坑水下土砂及含水量大的土方开挖，在大型渠道、基坑及水下砂卵石开挖中应用广泛。开挖方式有沟端开挖和沟侧开挖两种：当开挖宽度和卸土半径较小时，用沟端开挖；当开挖宽度大，卸土距离远时，用沟侧开挖。

4. 抓铲挖掘机

抓铲挖掘机靠铲斗自由下落中斗瓣分开切入土中，抓取土料合瓣后提升，回转卸土。适用于开挖土质比较松软（Ⅰ～Ⅱ类土）、施工面狭窄而深的基坑、深槽以及河床清淤等工程，最适宜于水下挖土，或用于装卸碎石、矿渣等松软材料，在桥墩等柱坑开挖中应用较多。抓铲能在回转半径范围内开挖基坑中任何位置的土方。

二、挖掘机生产率的计算

1. 技术生产率

$$P_j = 60qnk_sk_{ch}k_yk_z \tag{4-2}$$

式中 P_j——挖掘机技术生产率,自然方,m^3/h;

q——铲斗几何容量,m^3,查挖掘机技术参数;

n——挖掘机每分钟挖土次数,可根据表4-4进行换算;

k_s——土壤可松性系数,见表4-2;

k_{ch}——铲斗充盈系数,见表4-5;

k_y——挖掘机在掌子面内移动影响系数,根据掌子面宽度和爆堆高低而定,可取0.90~0.98;

k_z——掌子面高低与旋转角大小的校正系数,见表4-6。

表4-4   一次挖掘循环延续时间 t 单位:s

铲斗类型	挖掘机斗容						
	0.8m³	1.5m³	2.0m³	3.0m³	4.0m³	6.0m³	9.5m³
正铲	16~28	16~28	18~28	18~28	20~30	24~34	28~36
反铲	24~33	28~37	30~39	36~46	42~50	43~52	46~56

注 旋转角为90°;开挖面高度为最佳值;易挖时取最大值,难挖时取最小值。

表4-5   挖掘机铲斗充盈系数 k_{ch}

岩土名称	k_{ch}	岩土名称	k_{ch}
湿砂、壤土	1.0~1.1	中等密实含砾石黏土	0.6~0.8
小砾石、砂壤土	0.8~1.0	密实含砾石黏土	0.6~0.7
中等黏土	0.75~1.0	爆得好的岩石	0.6~0.75
密实黏土	0.6~0.8	爆得不好的岩石	0.5~0.7

表4-6   正铲挖掘机掌子面尺度校正系数 k_z

最佳掌子面高度的百分比	旋转角						
	30°	45°	60°	75°	90°	120°	150°	180°
40%	0.93	0.89	0.85	0.80	0.72	0.65	0.59
60%	1.10	1.03	0.96	0.91	0.81	0.73	0.66
80%	1.22	1.12	1.04	0.98	0.86	0.77	0.69
100%	1.26	1.16	1.07	1.00	0.88	0.79	0.71
120%	1.20	1.11	1.03	0.97	0.86	0.77	0.70
140%	1.12	1.04	0.97	0.91	0.81	0.73	0.66
160%	1.03	0.96	0.90	0.85	0.75	0.67	0.62

注 1. 反铲可参照正铲参数选取;
2. 最佳掌子面高度,查挖掘技术参数或使用说明书。

2. 实用生产率

$$P_s = 8P_j k_t \tag{4-3}$$

式中 P_s——挖掘机实用生产率,$m^3/台车$;

P_j——挖掘机技术生产率,自然方,m^3/h;

k_t——时间利用系数,见表4-7。

项目四 土石坝工程

表 4-7　　　　　　　　　　挖掘机时间利用系数 k_t

作业条件	施工管理条件				
	最好	良好	一般	较差	很差
最好	0.84	0.81	0.76	0.70	0.63
良好	0.78	0.75	0.71	0.65	0.60
一般	0.72	0.69	0.65	0.60	0.54
较差	0.63	0.61	0.57	0.52	0.45
很差	0.52	0.50	0.47	0.42	0.32

3. 提高挖掘机生产率的措施

挖掘机是土方机械施工的主导机械，为提高生产率，应采取以下措施：加长斗齿，减小切土阻力；合并回转、升起、降落的操作过程，采用卸土转角小的装车或卸土方式，以缩短循环时间；小角度装车或卸土；采用大铲斗；合理布置工作面和运输道路；加强机械保养和维修，维持良好的性能。

三、多斗挖掘机

多斗挖掘机是有多个铲土斗的挖掘机械，它能够连续地挖土，是一种连续工作的挖掘机械。按其工作方式不同，分为链斗式和斗轮式两种。

1. 链斗式挖掘机

链斗式挖掘机最常用的形式是采砂船，如图 4-6 所示。它是一种构造简单、生产率高、适用于规模较大的工程、可以挖河滩及水下砂砾料的多斗式挖掘机。采砂船工作性能见表 4-8。

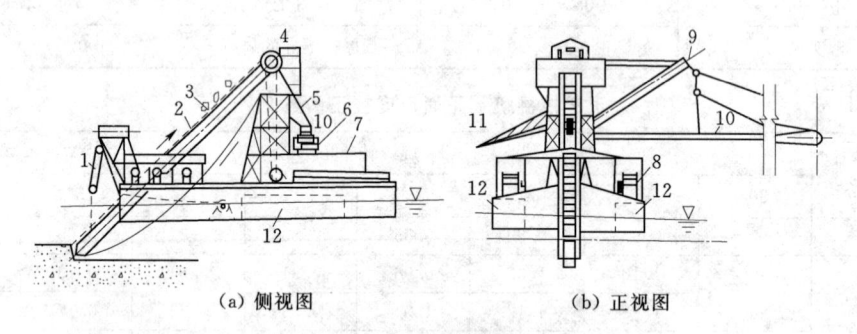

图 4-6　链斗式采砂船

1—斗架提升索；2—斗架；3—链条和链斗；4—主动链轮；5—泄料漏斗；6—回转盘；7—主机房；8—卷扬机；9—吊杆；10—皮带机；11—泄水槽；12—平衡水箱

表 4-8　　　　　　　　　　采砂船工作性能

项目	链斗容量			
	160L	200L	400L	500L
理论生产率/(m³/h)	120	150	250	750
最大挖掘深度/m	6.5	7.0	12.0	20.0
船身外廓尺寸（长×宽×高）/m	28.05×8×2.4	31.9×8×2.3	52.2×12.4×3.5	69.9×14×5.1
吃水深度/m	1.0	1.1	2.0	3.1

2. 斗轮式挖掘机

斗轮式挖掘机如图4-7所示,斗轮式挖掘机的斗轮装在斗轮臂上,在斗轮上装有7~8个铲土斗,当斗轮转动时,下行至拐角时挖土,上行运土至最高点时,土料靠自重和旋转惯性卸至受料皮带上,转送到运输工具或料堆上。其主要特点是斗轮转速较快,作业连续,斗臂倾角可以改变、并作360°回转,生产率高,开挖范围大。斗轮式挖掘机适用于大体积的土方开挖工程,且具有较高的掌子面,土料含水量不宜过大。多与胶带运输机配合做长距离运输。

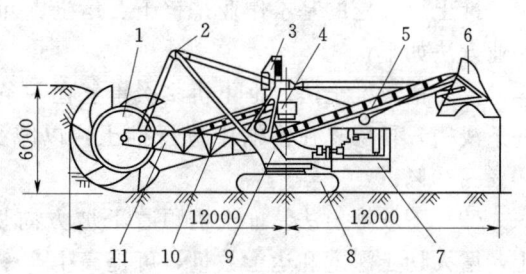

图4-7 斗轮式挖掘机（单位：mm）
1—斗轮；2—升降机构；3—司机室；4—中心料斗；
5—卸料皮带机；6—双槽卸料斗；7—动力装置；
8—履带；9—转台；10—受料皮带机；
11—斗轮臂

四、铲运机械

铲运机械是指一种可以同时完成开挖、运输和卸土任务的机械,常用的有推土机、铲运机等。

1. 推土机

推土机是一种在履带式拖拉机上安装推土板等工作装置的一种铲运机械,是水利水电工程建设中最常用、最基本的机械,可用来完成场地平整,基坑、渠道开挖,推平填方,堆积土料,回填沟槽,清理场地等作业,还可以牵引振动碾、松土器、拖车等机械作业。它在推运作业中,运距不宜超过60m,挖深不宜大于1.5m,填高不宜大于2m。

推土机按安装方式分为固定式和万能式；按操纵方式分为钢索和液压操作；按行驶方式分为履带式和轮胎式。图4-8为国产移山120型推土机的外形。

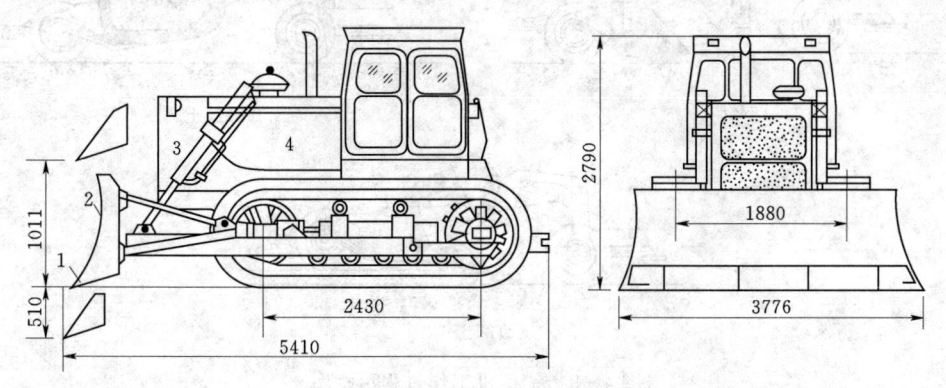

图4-8 国产移山120型推土机（单位：mm）
1—刀片；2—推土机；3—切土液压装置；4—拖拉机

固定式推土机的推土板,仅能上下升降,强制切土能力差,但结构简单,应用广泛；而万能式不仅能够升降,还可以左右、上下调整角度,用途较多。履带式推土机附着力大，可以在不良地面上作业。液压式推土机可以强制切土，重量轻，构造简单，操作方便。

推土机开挖的基本作业是铲土、运土、卸土3个工作行程和空载回行程。常用的作业方法如下：

(1) 槽形推土法。推土机多次重复在一条作业线上切土和推土，使地面逐渐形成一条浅槽，再反复在沟槽中进行推土，以减少土从铲刀两侧漏散，可提高工作效率10%～30%。

(2) 下坡推土法。推土机顺着下坡方向切土与推运，借机械向下的重力作用切土，增大切土深度和运土数量，可提高生产率30%～40%，但坡度不宜超过15°，避免后退时爬坡困难。

(3) 并列推土法。用2～3台推土机并列作业，以减少土体漏失量。铲刀相距15～30cm，平均运距不宜超过50～70m，亦不宜小于20m。

(4) 分段铲土集中推送法。在硬质土中，切土深度不大，将铲下的土分堆集中，然后再整批推送到卸土区。堆积距离不宜大于30m，堆土高度以2m以内为宜。

(5) 斜角推土法。将铲刀斜装在支架上或水平放置，并与前进方向成一倾斜角度进行推土。

2. 铲运机

铲运机是一种能够连续完成铲运、运土、卸土、铺土、平土等工序的综合性土方工程机械，能开挖黏土、砂砾石等。适用于大型基坑、渠道、路基开挖，大型场地的平整、土料开采、填筑堤坝等。

铲运机按牵引方式分为自行式和拖式；按操纵方式分为钢索和液压操纵；按卸土方式分为自由卸土、强制卸土和半强制卸土。其工作过程如图4-9所示。

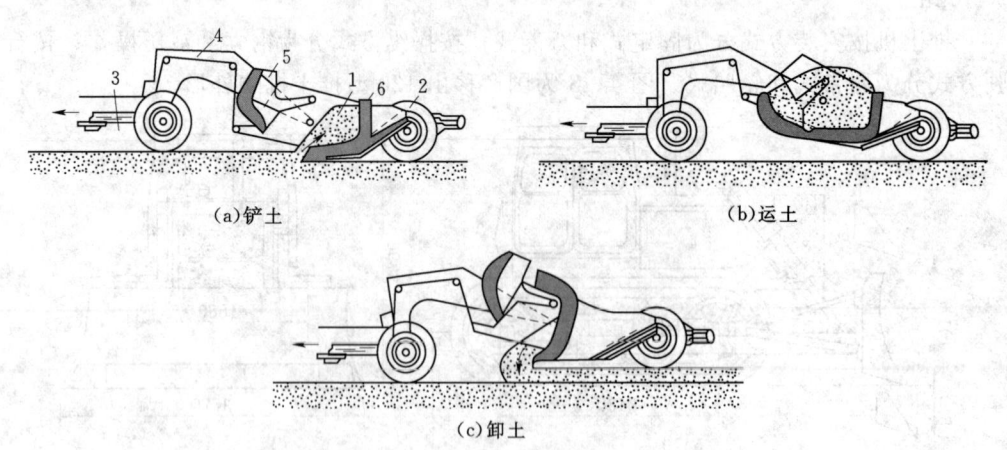

图4-9 铲运机工作过程示意图

1—铲斗；2—行走装置；3—连挂装置；4—操纵装置；5—斗门；6—斗底和斗后壁

根据施工场地的不同，铲运机常用的开行路线有以下几种：

(1) 椭圆形开行路线。从挖方到填方按椭圆形路线回转，适合于长100m内基坑开挖、场地平整等工程使用。

(2) "8"字形开行路线。即装土、运土和卸土时按"8"字形运行,可减少转弯次数和空车行驶距离,提高生产率,同时可避免机械行驶部分单侧磨损。

(3) 大环形开行路线。从挖方到填方均按封闭的环形路线回转。当挖土和填土交替,而刚好填土区在挖土区的两端头,则可采用大环路线。

(4) 连续式开行路线。铲运机在同一直线段连续地进行铲土和卸土作业,可消除跑空车现象,减少转弯次数,提高生产效率,同时还可使整个填方面积得到均匀压实。适合于大面积场地整平,且填方和挖方轮次交替出现的地段采用。

为了提高铲运机的生产效率,通常采用以下几种方法:

(1) 下坡铲土法。铲运机顺地势下坡铲土,借机械下行自重产生的附加牵引力来增加切土深度和充盈数量,最大坡度不应超过20°,铲土厚度以20cm为宜。

(2) 沟槽铲土法。在较坚硬的地段挖土时,采取预留土埂间隔铲土。土埂两边沟槽深度以不大于0.3m、宽度略大于铲斗宽度10~20cm为宜。作业时埂与槽交替下挖。

(3) 助铲法。在坚硬的土体中,使用自行式铲运机,另配1台推土机松土或在铲运机的后拖杆上进行顶推,协助铲土,可缩短铲土时间。每3~4台铲运机配置1台推土机助铲,可提高生产率30%左右。

五、水力开挖机械

水力开挖主要有水枪开挖和吸泥船开挖两种。

1. 水枪开挖

水枪开挖就是利用水枪喷嘴射出的高速水流切割土体形成泥浆,然后输送到指定地点的开挖方法。水枪可在平面上回转360°,在立面上仰俯50°~60°,射程达20~30m,切割分解形成泥浆后,沿输泥沟自流或由吸泥泵经管道输送至填筑地点。利用水枪开挖土料场、基坑、节约劳力和大型挖运机械,经济效益明显。水枪开挖适于砂土、亚黏土和淤泥,可用于水力冲填筑坝。对于硬土,可先进行预松,以提高水枪挖土工效。

2. 吸泥船开挖

吸泥船是利用挖泥船下的绞刀将水下土方绞成泥浆,由泥浆泵吸起后经浮动输泥管运至岸上或运泥船上。

六、挖运方案的选择

常采用的土石料挖运方案有以下几种:

(1) 人工挖装,马车、拖拉机、翻斗车运土上坝。人工挖装,马车运输,距离不宜大于1km;拖拉机、翻斗车运土上坝,运距一般为2~4km,坡度不宜大于0.5%~1.5%。

(2) 挖掘机挖装,自卸汽车运输上坝。正向铲挖装,自卸汽车运输直接上坝,通常运输距离小于10km。该方案设备易于获得,自卸汽车机动灵活,运输能力高,设备通用性强,可运各种坝料,能直接铺料,受地形条件和运距限制很小,使用管理方便。目前国内外土石坝施工普遍采用。

在施工布置上,正向铲一般采用立面开挖,汽车运输道路可布置成循环线,装料时采用侧向掌子面，即汽车鱼贯式的装料与行驶，这种布置形式可避免汽车的倒车时间和减少挖掘机的回转时间，生产率高，能充分发挥正向铲与汽车的效率。

（3）挖掘机挖装，胶带机运输上坝。胶带机的爬坡能力强，架设简易，运输费用较低，运输能力也较大，适宜运距小于10km。胶带机可直接从料场运输上坝；也可与自卸汽车配合，做长距离运输，在坝前经漏斗卸人汽车转运上坝；或与有轨机车配合，用胶带机短距离转运上坝。

（4）斗轮式挖掘机挖装，胶带机运输上坝。具有连续生产，挖运强度高，管理方便等优点。陕西石头河水库土石坝和美国沃洛维尔土坝施工采用该挖运方案。

（5）采砂船挖装，机车运输，胶带机转运上坝。国内一些大中型水电工程施工中，广泛采用采砂船开采水下的砂砾料，配合有轨机车运输。当料场集中，运输量大，运距大于10km时，可用有轨机车进行水平运输。有轨机车的临建工程量大，设备投资较高，对线路坡度和转弯半径要求也较高；不能直接上坝，需要在坝脚经卸料装置转胶带机运土上坝。

选择开挖运输方案时，应根据工程量大小、土料上坝强度、料场位置与储量、土质分布、机械供应条件等综合因素，进行技术上比较和经济上分析，确定经济合理的挖运方案。

七、挖运强度与挖运机械数量的确定

分期施工的土石坝，应根据坝体分期施工的填筑强度和开挖强度来确定相应的机械设备容量。

（1）坝体分期填筑强度 Q_d（m³/h）计算公式为

$$Q_d = V_d \cdot K \cdot K_1 / (T \cdot N) \tag{4-4}$$

式中 V_d——坝体分期填筑方量，m³；

K——施工不均匀系数，可取 1.2~1.3；

K_1——考虑沉、陷消坡损失等影响系数，可取 1.15~1.2；

T——分期时段的有效工作日数，d，按分期时段的总日数，扣除节假日、降雨及气温影响可能的停工日数；

N——每日的工作小时数，以 20h 计。

（2）坝体分期施工的运输强度 Q_T（m³/h）计算公式为

$$Q_T = Q_d \cdot K_2 \cdot \gamma_d / \gamma_y \tag{4-5}$$

式中 K_2——土料运输损失系数，取 1.05~1.10；

γ_d——设计干表观密度，t/m³；

γ_y——土料松散状态下干表观密度，t/m³。

（3）坝体分期施工的开挖强度 Q_c（m³/h）计算公式为

$$Q_c = Q_d \cdot K_3 \cdot K_2 \cdot \gamma_d / \gamma_n \tag{4-6}$$

式中 K_3——开挖及运输中的损失系数，可取 1.05~1.10；

γ_n——土料的天然干表观密度，t/m³。

（4）满足上坝填筑强度要求的挖掘机数量 N_c 计算公式为

$$N_c = Q_c / P_c \tag{4-7}$$

式中　P_c——1 台挖掘机的生产率，m^3/h。

（5）满足上坝填筑强度要求的汽车数量 N_a 计算公式为

$$N_a=Q_c/P_a \tag{4-8}$$

式中　P_a——1 辆汽车的生产率，m^3/h。

配合 1 台挖掘机所需的汽车数量，其总的生产率应略大于 1 台挖掘机的生产率，即 $nP_a \geqslant P_c$。

为了充分发挥自卸汽车的运输效能，应根据挖掘机械的斗容选择相应载重量的自卸汽车。挖掘机装满 1 车的斗数为

$$m=Q \cdot k_s/(\gamma_n \cdot q) \tag{4-9}$$

式中　Q——自卸汽车的载重量，t；

　　　k_s——土料的可松性系数；

　　　q——挖掘机械的斗容，m^3。

根据工艺要求，m 的合理范围应为 3~5。通常要求装满 1 车的时间不超过 3.5~4min，卸车时间不超过 2min。

【案例 2】 挖运机械数量计算

（1）某工程基槽四面放坡，边坡系数为 0.33，深 1.3m，底宽 2m，基槽长为 750m。该类土的 $k_s=1.2$，$k_s'=1.05$。槽内混凝土基础的体积为 $1000m^3$，基础施工后用原开挖土回填，待回填后，余土全部外运。问题：若用 1 辆可装 $3m^3$ 土的汽车运输，每天运输 8 趟，试计算需要几天可运完余土？

（2）某堤防工程量为 137 万 m^3，有效施工天数为 152d，如昼夜三班施工，采用 $2m^3$ 挖掘机挖装，20t 自卸汽车运输，施工不均衡系数 $K_1=1.3$，沉陷影响系数 $K_2=1.03$，压实影响系数 $k_s'=1.1$，松散影响系数 $k_s=1.2$。挖运损失 5%，挖掘机实际生产率为 $680m^3$/台班（自然方），自卸汽车实际生产率为 $46m^3$/台班（松方）。

问题：试确定挖运设备数量？

任务二　土石方填筑

单元一　碾压试验

一、土料填筑标准

1. 黏性土的填筑标准

含砾和不含砾的黏性土的填筑标准应以压实度和最优含水率作为设计控制指标。设计最大干密度应以击实最大干密度乘以压实度求得。

1 级、2 级坝和高坝的压实度不应低于 98%，3 级中低坝及 3 级以下的中坝压实度不应低于 96%。设计地震烈度为 8 度、9 度的地区，应在上述规定的基础上相应提高。

2. 非黏性土的填筑标准

砂砾石和砂的填筑标准应以相对密度为设计控制指标。砂砾石的相对密度不应低于 0.75，砂的相对密度不应低于 0.7，反滤料宜为 0.7。

二、压实参数的确定

(1) 土料填筑压实参数主要包括碾压机具的重量、含水量、碾压遍数及铺土厚度等，对于振动碾还应包括振动频率及行走速率等。

(2) 黏性土料压实含水量可取 $\omega_1 = \omega_p + 2\%$、$\omega_2 = \omega_p$、$\omega_3 = \omega_p - 2\%$ 三种进行试验。ω_p 为土料塑限。

(3) 选取试验铺土厚度和碾压遍数，并测定相应的含水量和干密度，作出对应的关系曲线（图 4-10）。再按铺土厚度、压实遍数和最优含水量、最大干密度进行整理并绘制相应的曲线（图 4-11），根据设计干密度 ρ_d，从曲线上分别查出不同铺土厚度所对应的压实遍数和对应的最优含水量。最后再分别计算单位压实遍数的压实厚度进行比较，以单位压实遍数的压实厚度最大者为最经济、合理。

(4) 对非黏性土料的试验，只需作铺土厚度、压实遍数和干密度 ρ_d 的关系曲线，据此便可得到与不同铺土厚度对应的压实遍数，根据试验结果选择现场施工的压实参数。

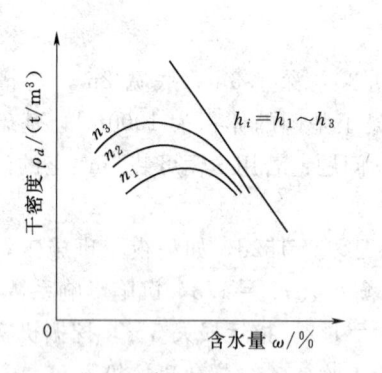

图 4-10 不同铺土厚度、不同压实遍数土料含水量和干密度关系曲线

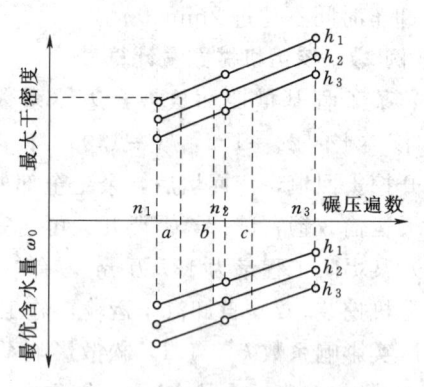

图 4-11 铺土厚度、压实遍数、最优含水量、最大干密度的关系曲线

单元二 碾 压 机 械

压实机械分为静压碾压、振动碾压、夯击3种基本类型。其中静压碾压的作用力是静压力，其大小不随作用时间而变化，如图 4-12（a）所示；振动的作用力为周期性的重复动力，其大小随时间呈周期性变化，振动周期的长短，随振动频率的大小而变化，如图 4-12（c）所示；夯击的作用力为瞬时动力，有瞬时脉冲作用，其大小随时间和落高而变化，如图 4-12（b）所示。压实机械分具体有羊脚碾、气胎碾、振动碾、夯实机械等。

一、羊脚碾

羊角碾是碾的滚筒表面设有交错排列的柱体，形似羊脚。碾压时，羊脚插入土料内部，使羊脚底部土料受到正压力，羊脚四周侧面土料受到挤压力，碾筒转动时土料受到羊脚的揉搓力，从而使土料层均匀受压，羊脚碾压实原理如图 4-12（d）所示。羊脚碾压实层厚，层间结合好，压实度高，压实质量好，但仅适于黏性土。非黏性土

(a) 碾压　　(b) 夯击　　(c) 振动

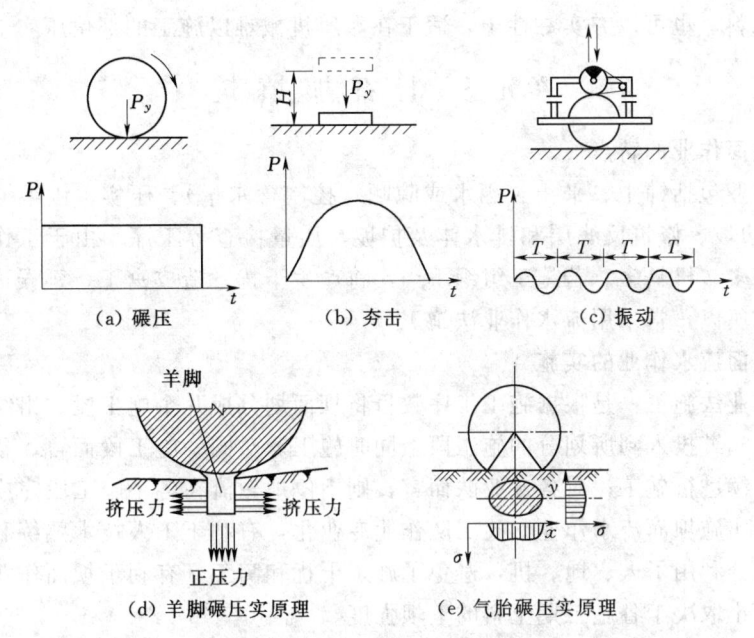

(d) 羊脚碾压实原理　　(e) 气胎碾压实原理

图 4-12　土料压实作用外力示意图及机械压实原理

压实中，由于土颗粒产生竖向及侧向移动，效果不好。

二、气胎碾

气胎碾是由拖拉机牵引，以充气轮胎作为压实构件，利用碾的重量来压实土料的一种碾压机械。这种碾子是一种柔性碾，碾压时碾和土料共同变形，其原理如图 4-12（e）所示。胎面与土层表面的接触压力与碾重关系不大，可通过改变轮胎气压的方法来调节接触压力的大小，增加碾重（一般重量为 8~30t，重型的可达到 50~200t），可以增加与土层接触面积，压实深度大，生产效率高，施工费用比凸块碾低。与刚性平碾相比，气胎碾压实效果较好。缺点是需加刨毛等工序，以加强碾压上下层的结合。

气胎碾的适应范围广，对黏性土和非黏性土都能压实，在多雨地区或含水量较高的土料更能突出它的优点。其与羊脚碾联合作业效果更佳，如用气胎碾压实，羊脚碾收面，有利于上下层结合；羊脚碾碾压，气胎碾收面，有利于防雨。

三、振动碾

振动碾是一种具有静压和振动双重功能的复合型压实机械。常见的类型是振动平碾，也有振动变形碾（表面设凸块、肋形、羊脚等）。它是由起振柴油机带动碾滚内的偏心轴旋转，通过连接碾面的隔板，将振动力传至碾滚表面，然后以压力波的形式传到土体内部。非黏性土的颗粒比较粗，在这种小振幅、高频率的振动力的作用下，摩擦力大大减小，由于颗粒不均匀，惯性力大小不同而产生相对位移，细粒滑入粗空隙而使空隙体积减小，从而使土料达到密实。因此，振动碾主要用于压实非黏性土。

四、夯实机械

夯实机械是利用夯实机具的冲击力来压实土料的，有强夯机、挖掘机夯板等，用于夯实砂砾料,也可以夯实黏性土,适于在碾压机械难以施工的部位压实土料。

单元三 土石坝填筑

一、坝面作业的特点

坝面作业包括铺土、平土、洒水或晾晒(控制含水量)、压实、刨毛(平碾碾压时)、修整边坡、修筑反滤层和排水体及护坡、质量检查等工序。由于工作面小、工序多、工种多、机具多。若施工组织不当,将产生干扰,造成窝工,延误进度,影响施工质量。所以,常采用流水作业法施工。

二、坝面流水作业的实施

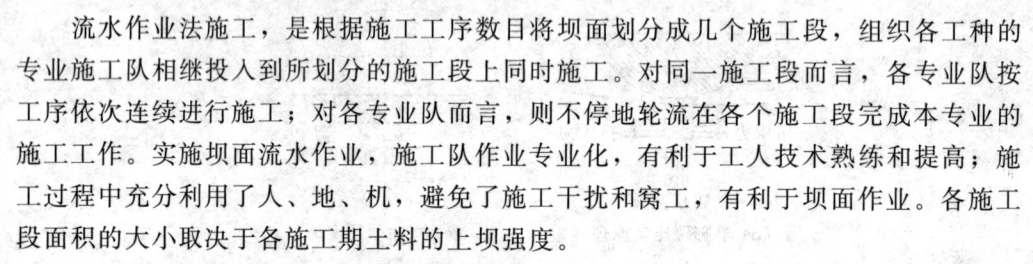

流水作业法施工,是根据施工工序数目将坝面划分成几个施工段,组织各工种的专业施工队相继投入到所划分的施工段上同时施工。对同一施工段而言,各专业队按工序依次连续进行施工;对各专业队而言,则不停地轮流在各个施工段完成本专业的施工工作。实施坝面流水作业,施工队作业专业化,有利于工人技术熟练和提高;施工过程中充分利用了人、地、机,避免了施工干扰和窝工,有利于坝面作业。各施工段面积的大小取决于各施工期土料的上坝强度。

对于某高程的坝面,流水施工段数为

$$M = \omega_{坝}/\omega_{日} \quad (4-10)$$
$$\omega_{日} = Q_{运}/h$$

式中 $\omega_{坝}$——某施工时段坝面工作面积,可按设计图纸由施工高程确定,m^2;

$\omega_{日}$——每个流水班次的铺土面积,m^2;

h——土厚度,m。

如以 N 表示流水工序数目,当 $M=N$ 时,说明流水作业中人、地、机具三不闲;当 $M>N$ 时,说明流水作业中人、机具不闲,但有工作面空闲;当 $M<N$ 时,说明人、机有窝工现象,流水作业不能正常进行。出现 $M<N$ 的情况是由于坝体升高,工作面减小或划分的流水工序过多所致。可采用缩小流水单位时间增大 M 值的办法,或合并一些工序,以减小 N 值,使 $M=N$。图 4-13 为 3 个施工段、3 道工序的流水作业。

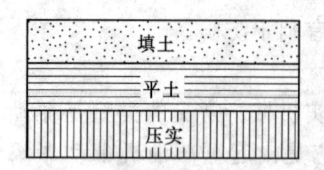

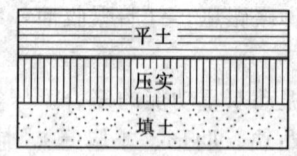

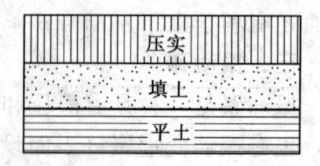

图 4-13 坝面流水作业示意图

三、坝面填筑施工要求

1. 基本要求

铺料宜沿坝轴线方向进行,铺料应及时,严格控制铺土厚度,不得超厚。防渗体土料应采用进占法卸料,运输车辆应在铺筑的松土上行驶,车辆穿越的防渗体道口段应经常变换,每隔 40~60m 设专用道口,以免车辆因穿越反滤层时将反滤料带入防渗体内，造成土料和反滤料边线混淆，影响坝体质量。防渗体分段碾压时相邻两段交接带应搭接碾压，垂直于碾压方向的搭接宽度不小于 0.3～0.5m，顺碾压方向的搭接宽度为 1～1.5m。

平土要求厚度均匀，以保证压实质量，采用自卸汽车或皮带机运料上坝时，由于卸料集中，多采用推土机或平土机平土。土料要均匀平整，以免雨后积水，影响施工。斜墙坝铺筑时应向上游倾斜 1%～2%的坡度，对均质坝、心墙坝应使坝面中部凸起，向上下游倾斜 1%～2%的坡度，以便排除坝面雨水。

压实是坝面作业的重要工序。防渗料、砂砾料、堆石料的碾压施工参数应通过现场碾压试验确定。防渗料宜采用振动凸块碾压实，碾压应沿坝轴线方向进行，严禁漏压或欠压。碾压方式主要取决于碾压机械的开行方式。碾压机械的开行方式通常有进退错距法和圈转套压法两种。

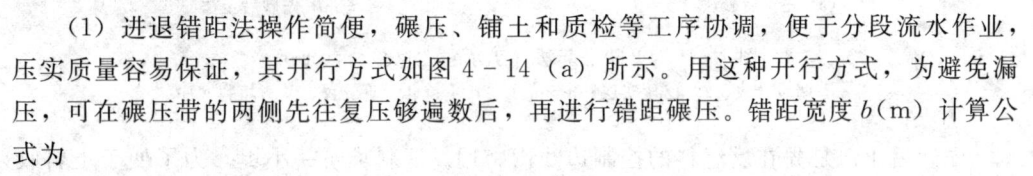

(1) 进退错距法操作简便，碾压、铺土和质检等工序协调，便于分段流水作业，压实质量容易保证，其开行方式如图 4-14（a）所示。用这种开行方式，为避免漏压，可在碾压带的两侧先往复压够遍数后，再进行错距碾压。错距宽度 b(m) 计算公式为

$$b = B/n \tag{4-11}$$

式中　B——碾滚净宽，m；

n——设计碾压遍数。

(2) 圈转套压法要求开行的工作面较大，适合于多碾滚组合碾压。其优点是生产效率较高，但碾压中转弯套压过多，易于超压。当转弯半径小时，容易引起土层扭曲，产生剪力破坏，在转弯的四角容易漏压，质量难以保证，其开行方式如图 4-14（b）所示。

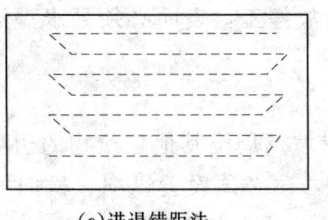

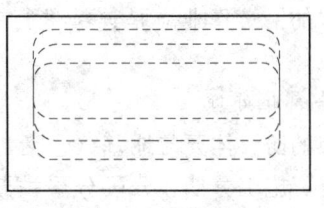

(a) 进退错距法　　　　　　　　(b) 圈转套压法

图 4-14　碾压机械开行方式

2. 斜、心墙填筑

斜墙宜与下游反滤料及部分坝壳料平起填筑，也可滞后于坝壳料填筑，待坝壳料填筑到一定高程或达到设计高程，削坡后方可填筑斜墙，避免防渗体因坝体沉陷而裂缝。已填筑好的斜墙应立即在上游铺好保护层，防止干裂，保护层距铺填面小于 2m。

心墙施工应使心墙与砂壳平衡上升。若心墙上升快，易干裂影响质量；若砂壳上升快，则会造成施工困难。因此要求心墙填筑中应保持同上下游反滤料及部分坝壳平起，骑缝碾压。为保证土料与反滤料层次分明，采用土砂平起法施工。根据土料与反滤料填筑先后顺序的不同，分为先土后砂法和先砂后土法。

先土后砂法是先填压3层土料再铺1层反滤料与土料齐平，然后对反滤料的土砂边沿部分进行压实，如图4-15（a）所示。由于土料压实时，表面高于反滤料，土料的卸、铺、平、压都是在无侧限的条件下进行的，很容易形成超坡。在采用羊脚碾压实时，要预留30~50cm松土边，避免土料被羊脚碾插入反滤层内。当连续晴天时，土料上升较快，应注意防止土体干裂。

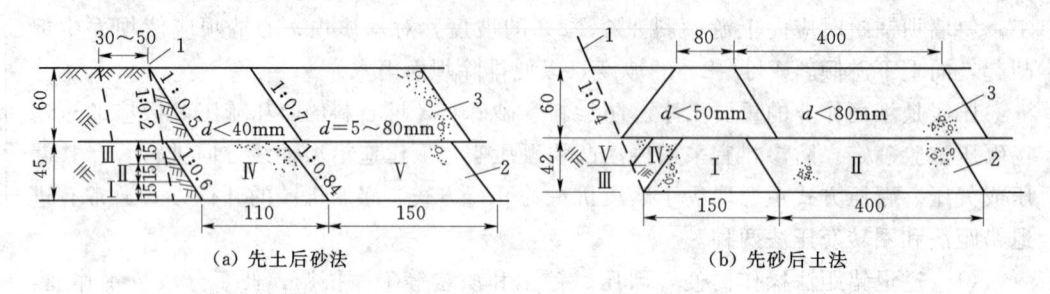

图4-15 土砂平起法施工示意图（单位：cm）
1—心墙设计线；2—已压实层；3—待压层；Ⅰ、Ⅱ、Ⅲ、Ⅳ、Ⅴ—填料次序

先砂后土法是先在反滤料的控制边线内，用反滤料堆筑一小堤，为了便于土料收坡，保证反滤料的宽度，每填一层土料，随即用反滤料补齐。收坡留下的区域，进行人工捣实，如图4-15（b）所示，这样对控制土砂边线有利。由于土料是在有侧限下压实，松土边很少，故此法采用较多。例如石头河水库填筑黏土心墙和反滤料采用先砂后土平起施工。

先砂后土法和先土后砂法土料边沿仍有一定宽度未压实合格，所以需要每填三层土料用夯实机具夯实一次土砂结合部分，先夯土料一侧，等合格后再夯反滤料，切忌交替夯实，影响质量。

防渗体的铺筑作业应是连续进行的，如因故停工，表面必须洒水湿润，控制含水量。

3. 结合部位处理

土石坝的防渗体要与地基（包括齿墙）、岸坡及周围其他建筑物的边界相接；由于施工导流、施工分期、分段分层填筑等要求，还必须设置纵向、横向的接坡或接缝。这些结合部位是施工的薄弱环节，质量控制应采取如下措施：

（1）在坝体填筑中，层与层之间分段接头应错开一定距离，同时分段带应与坝轴线平行布置，各分段之间不应形成过大的高差。接坡坡比一般缓于1:3。

（2）坝体填筑中，为了保护黏土心墙或黏土斜墙不致长时间暴露在大气中遭受影响，一般都采用土、砂平起的施工方法。

（3）对于坝身与混凝土结构物（如涵管、刺墙等）的连接，靠近混凝土结构物部位不能采用大型机械压实时，可采用小型机械夯或人工夯实。填土碾压时，要注意混凝土结构物两侧均衡填料压实，以免对其产生过大的侧向压力，影响其安全。

【案例3】 小浪底工程坝体填筑施工

小浪底水利枢纽工程是治理开发黄河的关键性控制工程，其战略地位重要，工程规模宏大，地质条件复杂，水沙条件特殊，运用要求严格，施工强度高，质量要求严，施工技术复杂，组织管理难度大，是中外专家公认的世界上最具挑战性的水利工程之一。

小浪底大坝为壤土斜心墙堆石坝，设计坝高154m，右岸深槽实际施工最大坝高达160m，坝顶长度1667m，总填筑量5185万m³，填筑量位居全国同类坝型第一位，在世界上也名列前茅。坝体由防渗土料、反滤料、过渡料、堆石、护坡、压戗等多达17种材料组成，每种材料按合同技术规范规定，都有严格的材质、级配、含水量、干密度、压实度等要求，结构复杂，质量要求高。大坝工程于1994年5月30日发布开工令，要求1997年11月1日截流，2001年12月31日竣工。根据施工进度安排，分为两个阶段施工：第一阶段为截流前，在纵向围堰保护下进行右岸滩地的施工，坝体填筑量约占20%；第二阶段为截流后大坝工程主要施工期，按计划要求完成80%的坝体填筑量和主坝混凝土防渗墙、上游围堰高压旋喷防渗墙工程。由于采用了高效率大型配套的联合机械化作业、计算机控制的反滤料加工系统，严格有序的料场开采和便捷的交通布置，科学合理的管理和冬季施工措施，并且经试验采用了堆石填筑中不加水技术、先进快捷的核子密度仪质量检测技术等，工程进度始终超前合同目标。大坝填筑较合同工期提前13个月，于2000年6月下旬达到坝顶高程。工程质量良好。

截流后从1997年11月到2000年6月共32个月的平均月填筑强度为105.5万m³。其中，在大坝主要填筑期，从1998年7月17日到2000年4月底21个月中，达到了平均月强度120.4万m³，平均月上升高度6.66m。1999年创造了坝体填筑的最高年、月、日强度记录，分别达到了1636.1万m³/年、158.0万m³/月（3月）、6.7万m³/日（1月22日）。大坝月上升最大高度，在截流前右岸填筑时为12.5m（1997年1月），截流后主填筑期为9.5m（1998年11月、12月）。截流后大坝填筑月不均匀系数达到了1.31，截流前为1.44。以上指标表明，小浪底大坝施工水平位居全国同类坝型第一位，达到世界先进水平。

单元四 土石坝质检

施工质量控制贯穿于土石坝施工的全过程，必须建立健全质量管理体系，严格按行业标准工程设计、施工图和合同技术条款的技术要求进行。施工中除对地基进行专门的检查外，对料场、坝体填筑、堆石体和反滤料等均应进行严格的质量检查和控制。

一、料场的质量控制

料场的质量控制是保证坝体填筑质量的重要一环。各种坝料应以料场控制为主，必须是合格的坝料才能运输上坝。不合格的材料应在料场处理合格后才能上坝，否则废弃。在料场建立专门的质量检查站，主要控制的内容包括是否在规定的料区开采；是否将草皮、覆盖层等清除干净；坝料开采加工方法是否符合规定；坝料开采、加工方法是否符合规定；排水系统、防雨措施、负温下施工措施是否完善；坝料性质、级配、含水率是否符合要求等。

二、坝体填筑质量控制

坝体填筑质量是保证土石坝施工质量的关键。质量控制的主要项目和内容有：各填筑部位的边界控制及坝料质量；碾压机具规格、质量，振动碾振动频率、激振力，气胎碾气胎压力等；铺料厚度和碾压参数；防渗体碾压层画直无光面、剪切破坏、"弹簧土"、漏压、欠压、裂缝的情况；防渗体每层铺土前，压实土体表面是否按要求进行了处理；与防渗体接触的岩石面上的石粉、泥土以及混凝土表面的乳皮等杂物的清除情况；与防渗体接触的岩面或混凝土面上是否涂刷浓泥浆；过渡料、堆石料有无超径石、大块石集中和夹泥等现象；坝体与坝基、岸坡、刚性建筑物等的结合，纵横向接缝的处理与结合，土砂结合处的压实方法及施工质量；坝坡控制情况等。

施工质量检查的方法有环刀法、灌砂法或灌水法测密度，采用环刀法取样，应取压实层的下部。

采用灌砂法或灌水法，试坑应挖在层间结合面上。对于砂料、堆石料，取样所测的干表观密度平均值应不小于设计值，标准差不大于 0.1g/cm^3。当样本数小于 20 组时，应按合格率不小于 90%，不合格干表观密度低于设计干表观密度的 95% 进行控制。对于防渗土料，干表观密度或压实度的合格率不小于 90%，不合格的干表观密度或压实度不得低于设计干表观密度或压实度的 98%。取样应根据地形、地质、土料性质、施工条件，对防渗体选定若干个固定断面，每升高 5~10m，取代表性试样进行室内物理力学性质试验，作为复核工程设计及工程管理的依据。必要时应留样品蜡封保存，竣工后移交工程管理单位。

任务三　面板堆石坝施工

单元一　堆石坝质量要求及坝体分区

面板堆石坝与碾压土石坝相比较具有工程量小，工期短，投资省，运行安全等优点。面板通常采用钢筋混凝土或沥青混凝土，坝身主要是堆石结构。堆石材料的质量和施工质量是坝体安全运行的基础，面板是主要的防渗结构，在满足抗渗性和耐久性的条件下，还要求具有一定的柔性，以适应堆石体的变形。

一、堆石材料的质量要求

为保证堆石体的坚固、稳定，主要部位石料的抗压强度不应低于 78MPa，当抗压强度只有 49~59MPa 时，只能布置在坝体的次要部位。石料硬度不应低于莫氏硬度表中的第三级，其韧性不应低于 $2\text{kg}\cdot\text{m/cm}^2$。石料的天然重度不应低于 22kN/m^3，石料的重度越大，堆石体的稳定性越好。石料应具有抗风化能力，其软化系数水上不低于 0.8，水下不应低于 0.85。堆石体碾压后应有较大的密实度和内摩擦角，且具有一定渗透能力。

二、堆石坝坝体分区

堆石体的边坡取决于填筑石料的特性与荷载大小，对于优质石料，坝坡一般在 1∶1.3~1∶1.4。

坝体部位不同，受力状况不同，对填筑材料的要求也不同，所以应对坝体进行分区。堆石坝坝体分区基本定型，主要有上游铺盖区、压重区、垫层区、过渡区、主堆石区、下游堆石区（次堆石料区）等，如图 4-16 所示。

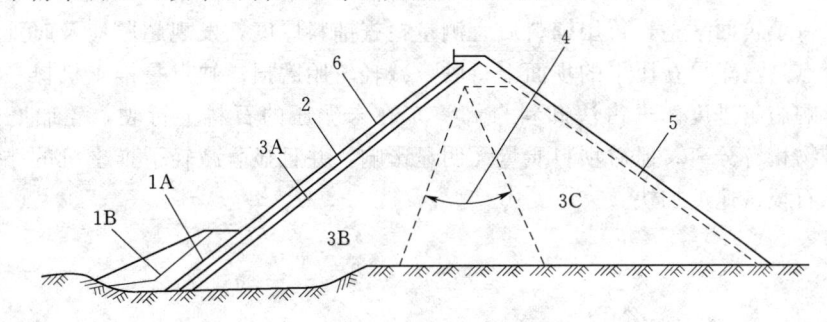

图 4-16 堆石坝坝体分区
1A—上游铺盖区；1B—压重区；2—垫层区；3A—过渡区；3B—主堆石区；3C—下游堆石区；
4—主堆石区和下游堆石区的可变界限；5—下游护坡；6—混凝土面板

1. 垫层区

（1）垫层区主要作用是为面板提供平整、密实的基础，将面板承受的水压力均匀传递给主堆石体，并起辅助渗流控制作用。

（2）高坝垫层料应具有良好的级配，最大粒径为 80~100mm，小于 5mm 的颗粒含量宜为 35%~55%，小于 0.075mm 的颗粒含量宜为 4%~8%。压实后应具有低压缩性、高抗剪强度、内部渗透稳，并具有良好施工特性。中低坝可适当降低对垫层料的要求。

2. 过渡区

（1）过渡区位于垫层区和主堆石区之间，主要作用是保护垫层区在高水头作用下不产生破坏。

（2）过渡区料粒径、级配应符合垫层料与主堆石料间的反滤要求，压实后应具有低压缩性和高抗剪强度，并具有自由排水性能，级配应连续，最大粒径不宜超过 300mm。

3. 主堆石区

（1）主堆石区位于坝体上游区内，是承受水荷载的主要支撑体，其石质好坏、密度、沉降量大小，直接影响面板的安危。

（2）主堆石区料要求石质坚硬，级配良好，最大粒径不应超过压实层厚度，压实后能自由排水。

4. 下游堆石区

（1）下游堆石区位于坝体下游区，主要作用是保护主堆石体及下游边坡的稳定。

（2）下游堆石区在下游水位以下部分，应用坚硬、抗风化能力强的石料填筑，压实后能自由排水；下游水位以上的部分，对坝料的要求可以降低。

单元二 堆石坝填筑施工

堆石坝填筑施工质量控制关键是要对填筑工艺和压实参数进行有效控制。

一、填筑工艺

（1）坝体堆石料铺筑宜采用进占法［图4-17（a）］，必要时可采用自卸汽车后退法［图4-17（b）］与进占法结合卸料［混合法，如图4-17（c）所示］，应及时平料，并保持填筑面平整，每层铺料后宜测量检查铺料厚度，发现超厚应及时处理。后退法的优点是汽车可在压平的坝面上行驶，减轻轮胎磨损；缺点是推土机摊平工作量大，且影响施工进度。进占法卸料自卸汽车在未碾压的石料上行驶，轮胎磨损较严重，虽料物稍有分离，但对坝料质量无明显影响，并且显著减轻了推土机的摊平工作量，使堆石填筑速度加快。

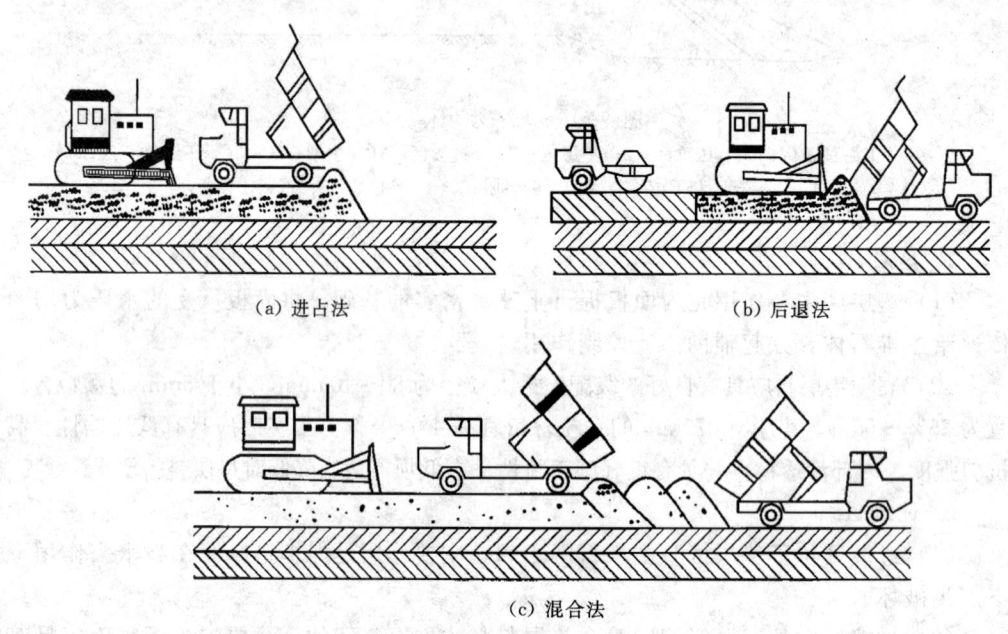

(a) 进占法　　　　(b) 后退法

(c) 混合法

图4-17　填筑工艺法

（2）垫层料的摊铺多用后退法，以减轻物料的分离。当压实层厚度大时，可采用混合法卸料，即先用后退法卸料呈分散堆状，再用进占法卸料铺平，以减轻物料的分离。垫层料粒径较小，又处于倾斜部位，可采用斜坡振动碾或液压平板振动器压实。

（3）坝体堆石料碾压应采用振动平碾，其工作质量不小于10t。高坝宜采用重型振动碾，振动碾行进速度宜小于3km/h，应经常检测振动碾的工作参数，保持其正常的工作状态。碾压应采用错距法，按坝料分区、分段进行，各碾压段之间的搭接不应小于1.0m。

（4）压实过程中，有时表层块石有失稳现象。为改善垫层料碾压质量，采用斜坡碾压与砂浆固坡相结合的施工方法。

1）斜坡碾压与水泥砂浆固坡的优点是施工工艺和施工机械设备简单，既解决了斜坡碾压中垫层表层块石振动失稳下滚，又在垫层上游面形成一坚固稳定的表面，可满足临时挡水防渗要求。

2）碾压砂浆在垫层表面形成坚固的"结石层"，具有较小而均匀的压缩性和吸水性，对克服面板混凝土的塑性收缩和裂缝发生有积极作用。这种方法使固坡速度大为加快，对防洪度汛、争取工期效果明显。

二、堆石坝的压实参数和质量控制

1. 堆石坝的压实参数

填筑标准应通过碾压试验复核和修正，并确定相应的碾压施工参数（碾重、行车速率、铺料厚度、加水量、碾压遍数）。

2. 堆石坝施工质量控制

（1）坝料压实质量检查，应采用碾压参数和干密度（孔隙率）等参数控制，以控制碾压参数为主。

（2）铺料厚度、碾压遍数、加水量等碾压参数应符合设计要求，铺料厚度应每层测量，其误差不宜超过层厚的10%。

（3）坝料压实检查项目、取样次数见表4-9。

表4-9 坝料压实检查项目和取样次数

坝料		检查项目	取样次数
垫层料	坝面	干密度、颗粒级配	1次/(500～1000m³)，每单元不少于3次
	上游坡面	干密度、颗粒级配	1次/(1000～2000m³)
	小区	干密度、颗粒级配	1次/(1～3层)
过渡料		干密度、颗粒级配	1次/(1000～5000m³)
砂砾料		干密度、相对密度、颗粒级配	1次/(1000～5000m³)，每层测点不小于10点
堆石料		干密度、孔隙率、颗粒级配	1次/(5000～50000m³)

注 渗透系数按设计要求进行检测。

（4）坝料压实检查方法。

垫层料、过渡料和堆石料压实干密度检测方法，宜采用挖坑灌水（砂）法，或辅以其他成熟的方法。垫层料也可用核子密度仪法。

垫层料试坑直径不小于最大料径的4倍，试坑深度为碾压层厚。

过渡料试坑直径为最大料径的3～4倍，试坑深度为碾压层厚。

堆石料试坑直径为坝料最大料径的2～3倍，试坑直径最大不超过2m。试坑深度为碾压层厚。

（5）按表4-9规定取样所测定的干密度，其平均值不小于设计值，标准差不宜大于0.05g/m³。当样本数小于20组时，应按合格率不小于90%，不合格点的干密度不低于设计干密度的95%控制。

单元三 混凝土面板施工

混凝土面板是面板堆石坝的主要防渗结构，厚度小、面积大，在满足抗渗性和耐久性条件下，要求具有一定柔性，以适应堆石体的变形。面板的施工主要包括混凝土面板的分块、垂直缝砂浆条铺设、钢筋架立、面板混凝土浇筑、面板养护等作业内容。

一、混凝土面板的分块

面板纵缝的间距决定了面板的宽度，由于面板通常采用滑模连续浇筑，因此，面板的宽度决定了混凝土浇筑能力，也决定了钢模的尺寸及其提升设备的能力。面板通常有宽、窄块之分，应根据坝体变形及施工条件进行面板分缝分块。垂直缝的间距可为8~16m。

二、垂直缝砂浆条铺设

垂直缝砂浆条一般宽50cm，是控制面板体型的关键。砂浆由坝顶通过运料小车到达工作面，根据设定的坝面拉线进行施工，一般采用人工抹平，其平整度要求较高。砂浆强度等级与面板混凝土相同。砂浆铺设完成后，再在其上铺设止水，架立侧模，如图4-18所示。

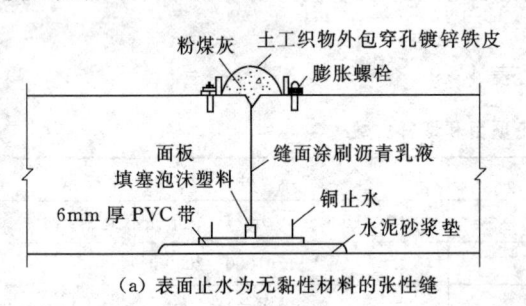

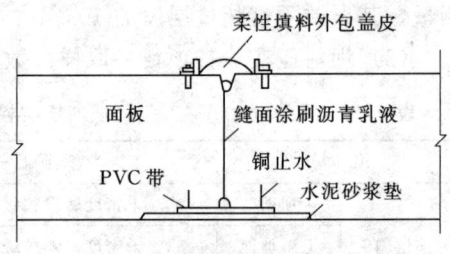

图4-18 垂直缝结构示意图

三、钢筋架立

钢筋的施工方法一般用人工在坝面上安装，将加工好的钢筋从坝顶通过运料台车到达工作面，先安装架立筋，再用人工绑扎钢筋。

(1) 面板宜采用单层双向钢筋，钢筋宜置于面板截面中部或偏上位置，每向配筋率为0.3‰~0.4‰，水平向配筋率可少于顺坡向配筋率。

(2) 在拉应力区或岸边周边缝及附近可适当配置增强钢筋。高坝在邻近周边缝的垂直缝两侧宜适当布置抵抗挤压的构造钢筋，但不应影响止水安装及其附近混凝土振捣质量。

(3) 计算钢筋面积应以面板混凝土的设计厚度为准。

四、面板混凝土浇筑

(1) 通常面板混凝土采用滑模浇筑。滑模由坝顶卷扬机牵引，在滑升过程中，对出模的混凝土表面要及时进行抹光处理，及时进行保护和养护。

(2) 混凝土由混凝土搅拌车运输，溜槽输送混凝土入仓。12m宽滑模用两条溜槽入仓，16m的则采用3条，通过人工移动溜槽尾节进行均匀布料。

(3) 施工中应控制入槽混凝土的坍落度在3~7cm，振捣器应在滑模前50cm处进行振捣。

(4) 起始板的浇筑通过滑模的转动、平移（平行侧移）或先转动后平移等方式完成。转动由开动坝顶的1台卷扬机来完成，平移由坝顶2台卷扬机和侧向手动葫芦共同完成。

五、面板养护

面板养护是避免发生裂缝的重要措施。面板的养护包括保温、保湿两项内容。一般采用草袋保温，喷水保湿，并要求连续养护。面板混凝土宜在低温季节浇筑，混凝土入仓温度应加以控制，并加强混凝土面板表面的保湿和保温养护，直到蓄水为止，或至少 90d。

六、钢筋混凝土面板与趾板的分块和浇筑

1. 钢筋混凝土面板与趾板的分块

钢筋混凝土面板和趾板应满足强度、抗渗、抗侵蚀、抗冻要求。趾板设伸缩缝；面板设纵向伸缩缝、周边伸缩缝等永久缝和临时水平施工缝。纵向伸缩缝从底到顶设置，通常中部受压区宽块纵缝间距为 8～16m；两侧受拉区窄块纵缝间距为 6～9m。受压区在缝的底侧设 1 道止水，受拉区缝中设 2 道止水，其分缝分块如图 4-19 所示。

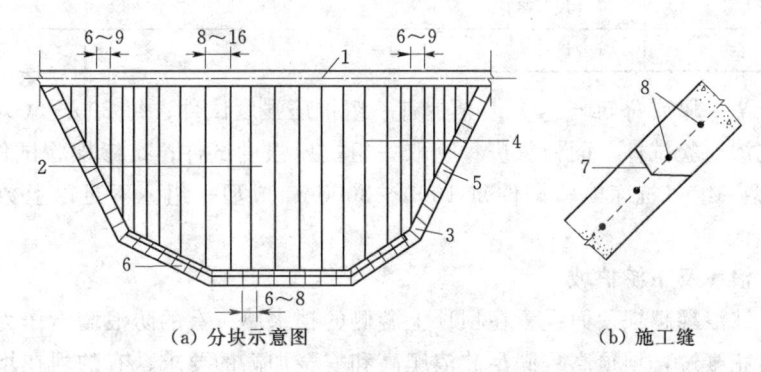

图 4-19 混凝土防渗面板分缝分块（单位：m）
1—坝轴线；2—面板；3—趾板；4—垂直伸缩缝；5—周边伸缩缝；6—趾板伸缩缝；7—水平伸缩缝；8—面板钢筋

2. 趾板与面板施工及质量要求

（1）趾板施工。在趾基开挖处理完毕，经验收合格后进行，按设计要求绑扎钢筋、设置锚筋、预埋灌浆导管、安装止水片及浇筑上游铺盖。混凝土浇筑中，应及时振实，注意止水片与混凝土的结合质量，结合面不平整度小于 5mm。在混凝土浇后 28d 以内，20m 之内不得进行爆破，20m 之外爆破要严格控制装药量。

（2）面板施工。在趾板施工完毕后进行。为避免堆石体沉陷和位移对面板产生不利影响，坝高在 70m 以下，面板在堆石体填筑全部结束后施工；高于 70m 的堆石坝，考虑坝体拦洪度汛和蓄水要求，面板宜分 2 期或 3 期浇筑，分期接缝应按施工缝处理。

面板混凝土浇筑宜采用无轨滑模跳仓浇筑，起始三角块宜与主面板块一起浇筑。滑模应具有安全措施，固定卷扬机的地锚应可靠，滑模应有制动装置。滑模滑升时，要保持两侧同步，每次滑升距离不大于 30cm，滑升间隔时间不应超过 30min，面板浇筑的平均速度为 1.5～2.5mm/h。面板钢筋采用现场绑扎或焊接，也可用预制网片现场拼接。混凝土浇筑中，铺料要均匀，每层铺料 25～30cm。止水片周围需人工布

料,防止分离。振捣混凝土时,要垂直插入,至下层混凝土内5cm,止水片周围用小振捣器仔细振捣。振动过程中,要防止振捣器触及滑模、钢筋和止水片。脱模后的混凝土要及时修整和压面。

面板混凝土浇筑质量检测项目和技术要求见表4-10。

表4-10　　　　　　　面板混凝土浇筑质量检测项目和技术要求

项　目	质　量　要　求	检测方法
混凝土表面	表面基本平整,局部不超过±20mm、露筋	2m直尺检查
表面裂缝	无,或有宽度大于0.2mm的裂缝已处理	观察测量
深层及贯穿裂缝	无,或有但已按要求处理	观察检查
抗压强度	符合设计要求	试验
均质性	按SL 677执行	统计分析
抗冻性	符合设计要求	试验
抗渗性	符合设计要求	试验

趾板每浇一块或每50~100m³至少有一组抗压强度试件;每200~500m³成型一组抗冻、抗渗检验试件。面板每班每仓取一组抗压强度试件;抗渗检验试件每500~1000m³成型一组;抗冻检验试件每1000~3000m³成型一组。不足以上数量者,也应取一组试件。

七、防浪墙及下游护坡

为防止波浪翻越坝顶而设置在坝顶上游侧的挡水墙。有的防浪墙不作为挡水建筑物,只防浪花溅过,坝顶高程满足波浪爬高和安全加高的要求;有的坝在坝顶设置稳定、坚固、不透水且与坝体防渗体结合紧密的防浪墙,则安全加高可设计至防浪墙顶,但坝顶不应低于非常运用条件的静水位。

为保护大坝下游面,需在下游坝面做护坡,如各种铺砌和栽植等,以防止边坡受雨水冲刷。

【案例4】 水布垭面板堆石坝施工

清江水布垭水利枢纽工程位于湖北省巴东县水布垭境内,上距恩施市117km,下距隔河岩水利枢纽92km,是清江梯级开发的龙头枢纽。水库总库容为45.8亿 m³,系多年调节水库,水库正常蓄水位为400m,相应库容为43.12亿 m³,装机容量为1600MW,是以发电、防洪为主,兼顾其他的水利枢纽。主要建筑物有:混凝土面板堆石坝、左岸河岸式溢洪道、右岸地下式电站和放空洞等。

水布垭混凝土面板堆石坝坝顶高程409m,坝轴线长660m,最大坝高233m,坝顶宽度12m,防浪墙顶高程410.4m,墙高5.4m。大坝上游坝坡1∶1.4,下游平均坝坡1∶1.4。坝体填筑分为7个填筑区,填筑总量(包括上游铺盖)共1563.74万 m³。大坝分6期填筑,于2006年9月达到EL∶405。

坝体填料分7个主要填筑区,从上游至下游分别为盖重区(I_B)、粉细砂铺盖区(I_A)、垫层区(II_A包括小区垫层料II_{AA})、过渡区(III_A)、主堆石区(III_B)、次堆石区(III_C)、下游堆石区(III_D)和下游坡面干砌块石。大坝填筑分区图如图4-20所示。

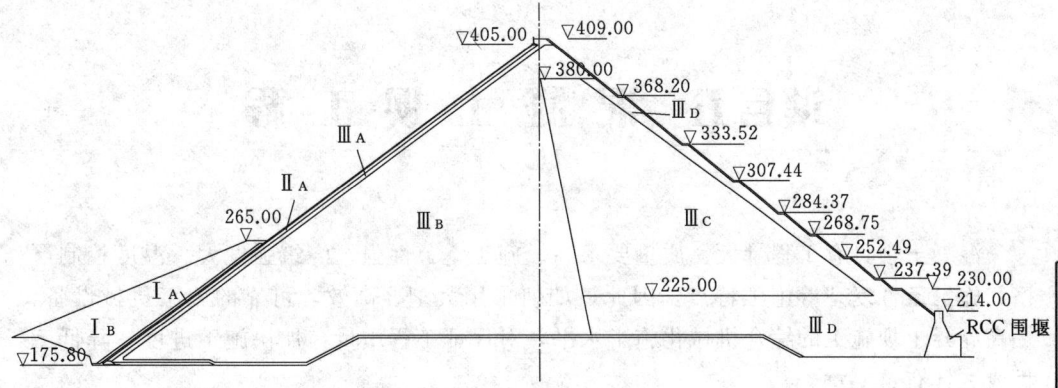

图 4-20 水布垭面板堆石坝大坝填筑分区图（单位：m）

大坝填筑总量为 1563.74 万 m³，详见表 4-11。

表 4-11　　　　　　　　　　大坝填筑分区工程量表

大坝分区	工程量/m³	大坝分区	工程量/m³
垫层料（ⅡA）	464100	粉细砂料（ⅠA）	54600
小区垫层料（ⅡAA）	24000	盖重料（ⅠB）	626900
过渡区（ⅢA）	642000	干砌石护坡	134500
主堆石区（ⅢB）	7760100	反滤料	
次堆石区（ⅢC）	4211500		
下游堆石区（ⅢD）	1719700	合计	15637400

注 表中工程量为投标阶段工程量。

项目五 混凝土坝工程

混凝土坝具有工程量大、质量要求高、施工季节性强、浇筑强度大、温度控制严格、施工条件复杂等施工特点。因此，如何采用大型、高效、可靠的施工机械设备，提高混凝土坝施工的综合机械化施工水平，对保证工程质量，加快施工进度，降低工程成本具有重要意义。

混凝土坝施工的全过程包括准备工作、施工导流、基础开挖与处理、坝体混凝土工程、金属结构安装工程等。其中坝体施工工艺流程如图 5-1 所示。

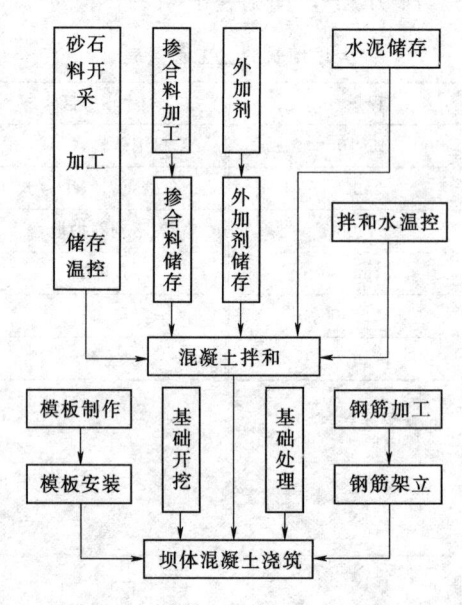

图 5-1 混凝土坝施工工艺流程图

任务一 模板工程

单元一 模板作用及分类

一、模板的作用与重要性

模板在混凝土工程中起成型和支撑作用，同时还具有保护和改善混凝土表面质量的功效。模板是钢筋混凝土工程的重要辅助作业，具有工程量大，材料和劳动力消耗多等特点。因此，正确选择材料组成和合理施工，对加快混凝土施工速度及降低工程造价意义重大。在一般混凝土工程中，模板安拆劳动量占总劳动量的 30%～60%，模板费用占混凝土工程造价的15%～30%，在大体积混凝土中也占到5%～15%。

二、模板的基本要求

模板及其支撑系统必须满足下列要求：

(1) 保证混凝土结构和构件各部分设计形状、尺寸和相互位置正确。

(2) 具有足够的强度、刚度和稳定性，能可靠地承受各项施工荷载，并保证变形在允许范围内。

(3) 面板板面平整、光洁，拼缝密合、不漏浆。

(4) 结构简单，安装和拆卸方便、安全，尽量能够多次周转使用。

(5) 模板宜标准化、系列化。

三、模板分类

(1) 按制作材料划分。模板可分为木模板、钢模板、混凝土模板和塑料模板等。木模板具有加工方便、重量轻、保温性好等优点，但强度低，易变形翘曲，周转次数少；钢模板正好相反。所以工程中常用木模板作面板，钢材作肋和支撑。模板的材料宜选用钢材、胶合板、塑料等，尽量少用木材。

(2) 按形状划分。模板可分为平面模板和曲面模板。平面模板又称为侧面模板，主要用于结构物垂直面，在工程中用量较大。曲面模板用于廊导、隧洞、溢流面和某些形状特殊的部位，如进水口扭曲面、蜗壳、尾水管等，在工程中用量相对较少。

(3) 按受力条件划分。模板可分为承重模板和侧面模板。承重模板主要承受混凝土重量和施工中的垂直荷载；侧面模板主要承受新浇混凝土的侧压力。侧面模板按其支撑受力方式，又可分为简支模板、悬臂模板和半悬臂模板。

(4) 按架立和工作特征划分。模板可分为固定式、拆移式、移动式和滑动式。固定式模板多用于起伏的基础部位或特殊的异形结构，如蜗壳或扭曲面。因其大小不等，形状各异，难以重复使用（一般使用一两次）。拆移式、移动式和滑动式模板可重复或连续在形状一致或变化不大的结构上使用，有利于实现标准化和系列化。

单元二 模板的基本形式

一、拆移式模板

拆移式模板由面板、肋木和支架3个基本部分组成。拆移式模板适应于浇筑表面为平面的筑块。为增加模板的周转的次数，常做成定型的平面标准模板。

(1) 平面木模板。平面标准木模板尺寸大型为：100cm×(325～525)cm，小型：(75～100)cm×150cm。前者适用于3～5m厚的浇筑块，需小型机具吊装；后者用于薄层浇筑，可人力搬运。平面标准模板如图5-2所示。

架立模板的支架，常用围囹和桁架梁，如图5-3所示。桁架梁多用方木和钢筋制作。立模时，将桁架梁下端插入预埋在下层混凝土块内的U形铁件中。当浇筑块较薄时，上端用钢拉条对拉；当浇筑块较大时，则采用斜拉条固定，以防模板变形。钢筋拉条直径大于8mm，间距为1～2m，斜拉角度为30°～40°。

标准木模板需手工操作架立安装，劳动强度大、烦琐费时；而且仓内用拉筋支撑模板，妨碍混凝土的运输与平仓振捣，以致经常发生吊罐、平仓机碰坏拉筋的现象，

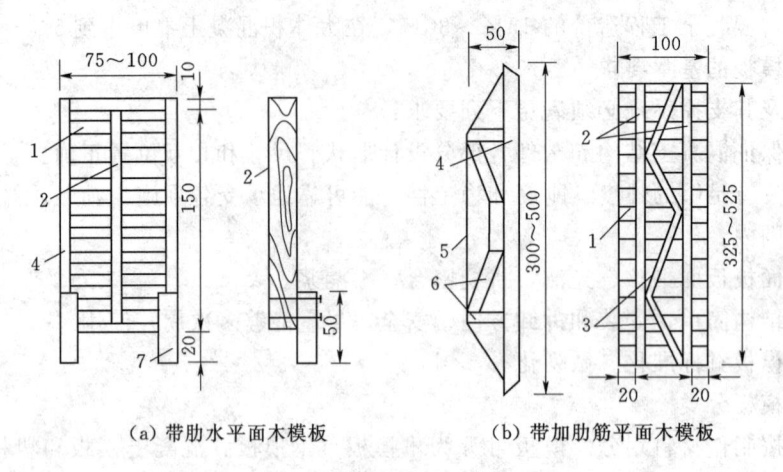

(a) 带肋水平面木模板　　(b) 带加肋筋平面木模板

图 5-2　平面标准模板（单位：cm）
1—面板；2—肋木；3—加肋筋；4—方木；5—拉条；7—支撑木

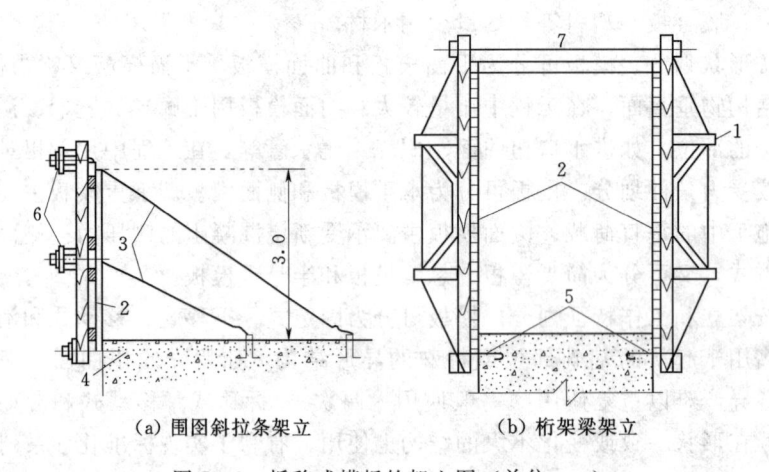

(a) 围图斜拉条架立　　(b) 桁架梁架立

图 5-3　拆移式模板的架立图（单位：m）
1—钢木桁架；2—木面板；3—斜拉条；4—预埋锚筋；5—U 埋件；6—横向围图；7—对拉条

不利于机械化施工，影响混凝土质量和工程进度。另外，标准木模板木材消耗量大，目前已经较少使用。

（2）组合钢模板。钢模板由面板和支承体系两部分组成，一般多以一定基数的整倍数组成标准化、系列化的模数（宽度和长度），形成拼块式组合钢模板。大型的为 100cm×(325～525)cm，小型的为 (75～100)cm×150cm。前者适用于 3～5m 高的浇筑块，需小型机具吊装；后者用于薄层浇筑，可人力搬运。

组合钢模板由钢模面板、纵横联系梁及联结件三部分构成。单个钢模板的宽度以 50mm 进级，长度以 150mm 进级，面板厚 2.3mm 或 2.5mm，每 1m² 重约 30kg。边框和加劲肋按一定距离（如 150mm）钻孔，可利用 U 形卡和 L 形插销等拼装成大块模板。钢模板联结件包括 U 形卡、L 形插销、钩头螺栓、蝶形扣件等，用于钢面板之间以及钢面板与联系梁之间的联结。钢模板及联结件如图 5-4 和图 5-5 所示。

组合钢模板常用于墙体、梁、柱等现浇钢筋混凝土构筑物的模板工程。在水利工

(a) 平面模板　　(b) 阳角模板

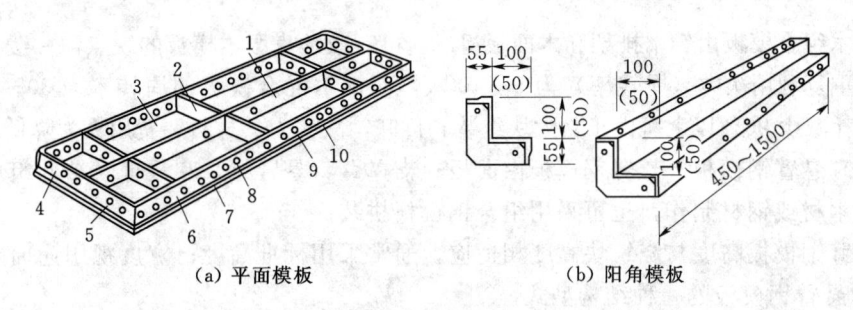

图 5-4　钢模板类型（单位：mm）
1—中纵肋；2—中横肋；3—面板；4—横肋；5—横肋插销孔；
6—纵肋；7—凸棱；8—纵肋插销孔；9—U形卡孔；10—钉子孔

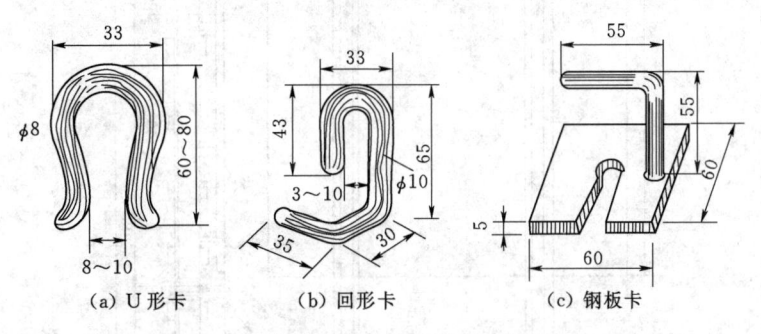

(a) U形卡　　(b) 回形卡　　(c) 钢板卡

图 5-5　定型模板联结工具（单位：mm）

程的施工中，则常用于水闸、混凝土坝、水电站厂房工程。专用于大体积混凝土的悬臂模板的面板也可由组合钢模板组成，还可以组成 6.0m×7.5m 的组合梁式大块钢模板，在工程中逐渐取代了木模板。钢模板组合的基本形式如图 5-6 所示。

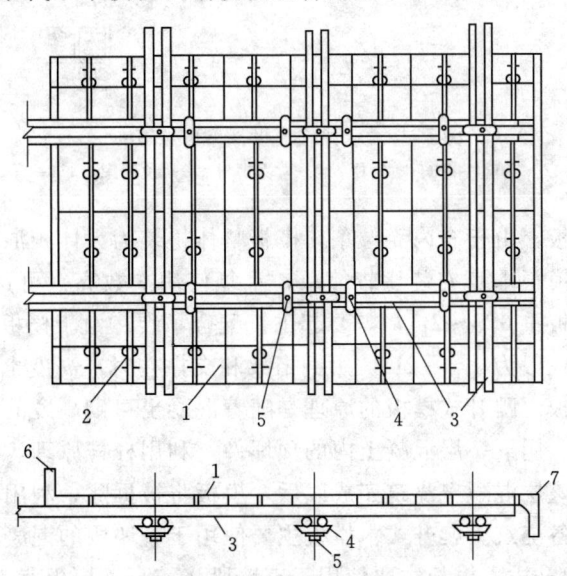

图 5-6　钢模板组合的基本形式
1—钢模板；2—U形卡；3—7 钢楞；4—"3"形扣件；5—钩头螺栓；
6—阳角模板；7—阴角模板

钢木组合模板由钢木排架和木面板组成，可有效地克服木模板的缺点，一般标准木模板的重复利用次数（周转率）为5～10次，而钢木混合模板的周转率为30～50次，木材消耗减少90％以上。由于是大块组装和拆卸，故劳力、材料、费用大为降低。

（3）悬臂钢模板。悬臂钢模板由面板、支撑臂（悬臂梁）和预埋联结件组成。面板可由木材或钢材制作，也可采用组合钢模板拼装。

悬臂钢模板高度与浇筑块高度相适应，通常采用标准高度；宽度视用途而定。图5-7为悬臂钢模板的一种结构型式。

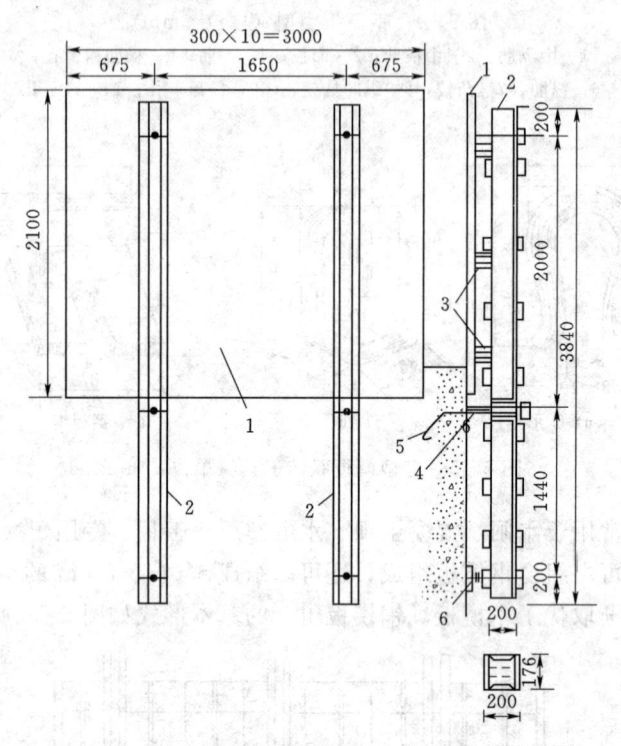

图5-7 悬臂式模板（单位：mm）
1—面板；2—支臂柱；3—横钢楞；4—紧固螺母；5—预埋螺栓；6—千斤顶螺栓

采用悬臂钢模板，由于仓内无拉条，模板整体拼装为大体积混凝土机械化施工创造了有利条件，且模板本身安装比较简单，重复使用次数高（可达100多次）。但模板重量大（每块模板重0.5～2t），需要起重机配合吊装。由于模板顶部容易移位，故浇筑高度受限制，一般为1.5～2m。用钢桁架和支撑柱时，高度也不宜超过3m。

（4）爬升式模板。爬升式模板的原理是随着混凝土衬砌高度的升高，模板随之跟着升高，逐层浇筑。用下一层混凝土内的预埋件，利用杠杆原理，依靠自身的支撑系统使模板固定。在该层混凝土浇筑完成以后，模板将被拆除，利用起重设备提升安装在上一层仓号上准备浇筑。爬升式木模板主要使用于直墙段的混凝土衬砌。小浪底枢纽工程的DOKA爬升式木模板主要使用于直墙段浇筑，该模板背支撑为三角形结构，面板为胶合木面板，如图5-8所示。爬升式模板具有安装拆卸方便、成型质量好等优点，目前在水利工程中得到了广泛应用。

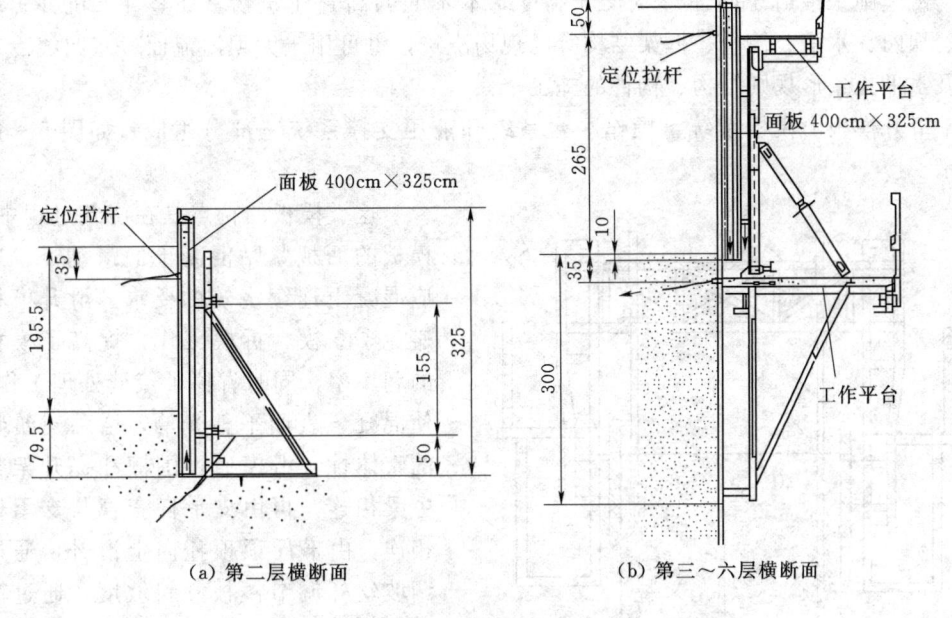

(a) 第二层横断面　　　　(b) 第三～六层横断面

图 5-8　DOKA 爬升式模板（单位：cm）

二、移动式模板

根据建筑物外形轮廓特征，做一段定型模板，在支撑钢架上装上行驶轮，沿建筑物长度方向铺设轨道分段移动，分段浇筑混凝土。移动时，只需顶推模板的花篮螺丝或千斤顶收缩，使模板与混凝土面脱开，模板即可随同钢架移动到拟浇筑部位，再用花篮螺丝或千斤顶调整模板至设计浇筑尺寸，如图 5-9 所示。移动式模板多用钢模板，作为浇筑混凝土墙和隧洞混凝土衬砌使用。

三、滑动式模板

滑动式模板是在混凝土浇筑过程中，随浇筑而滑移（滑升、拉升或水平滑移）的模板，简称滑模，以竖向滑升应用最广。

图 5-9　移动式模板浇筑混凝土墙
1—支撑钢架；2—钢模板；3—花篮螺丝；4—行驶轮；5—轨道

滑升模板是先在地面上按照建筑物的平面轮廓组装一套 1.0~1.2m 高的模板，随着浇筑层的不断上升而滑升，直至完成整个建筑物计划高度内的浇筑。

滑模施工可以节约模板和支撑材料，加快施工进度，改善施工条件，保证结构的整体性，提高混凝土表面的质量，降低工程造价。其缺点是滑板系统一次性投资大，耗钢量大，且保温条件差，不宜于低温季节使用。

滑模施工最适于断面形状尺寸高度基本不变的高耸建筑物，如竖井、沉井、墩墙、烟囱、水塔、筒仓、框架结构等的现场浇筑，也可用于大坝溢流面、双曲线冷却塔及水平长条形规则结构、构件的施工。

滑升模板由模板系统、操作平台系统和液压支撑系统三部分组成，如图 5-10 所示。

这类模板的特点是在浇筑过程中，模板的面板紧贴混凝土面滑动，以适应混凝土连续浇筑的要求。滑升模板避免了立模、拆模工作，提高了模板的利用率，同时省掉了接缝处理工作，使混凝土表面平整光洁，增强建筑物的整体性。滑模通过围檩和提升架与主梁相连，再由支承杆套管与支承杆相连，由千斤顶顶托向上滑升，通过调坡丝杆调节模板倾斜坡度，通过微调丝杆调整准确定位模板，而收分拉杆和收分千斤顶则是完成模板收分的设施。为使模板上滑时新浇混凝土不致坍塌，要求新浇混凝土达到初凝，并具有 1.5×10^5 Pa 的强度。滑升速度受气温影响，当气温为 20～25℃ 时，平均滑升速度约为 20～30cm/h。在添加速凝剂和采用低流态混凝土时，可提高滑升速度。

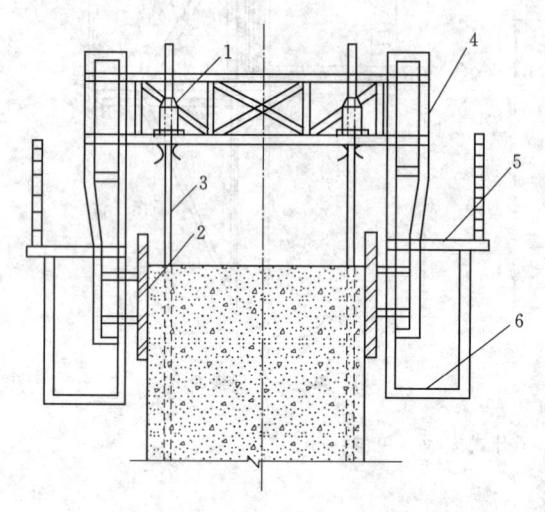

图 5-10 滑升模板结构图
1—液压千斤顶；2—钢模板；3—金属爬杆；
4—提升架；5—操作平台；6—吊架

四、混凝土及钢筋混凝土预制模板

混凝土模板靠自重稳定，可作直壁模板，也可作倒悬模板。直壁模板除面板外，还靠两肢等厚的肋墙维持其稳定。若将此模板反向安装，让肋墙置于仓外，在面板上涂以隔离剂，待新浇混凝土达到一定强度后，可拆除重复使用，这时，相邻仓位高程大体一致。倒悬式混凝土预制模板可取代传统的倒悬木模板，一次埋入现浇混凝土内不再拆除，既省工，又省木材。

钢筋混凝土模板既是模板，也是建筑物的护面结构，浇筑后作为建筑物的外壳，不予拆除。它们既可作建筑物表面的镶面板，也可作厂房、空腹坝空腹和廊道顶拱的承重模板，这样避免了高架立模，既有利于施工安全，又有利于加快施工进度，节约材料，降低成本。

预制混凝土和钢筋混凝土模板重量均较大，常需起重设备起吊，所以在模板预制时都应预埋吊环供起吊用。对于不拆除的预制模板，对模板与新浇混凝土的接合面需进行凿毛处理。混凝土预制模板如图 5-11 所示。

(a) 直壁式　　　　(b) 倒填式

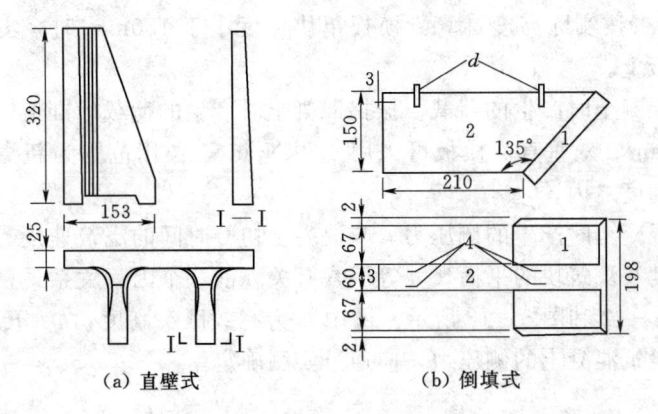

图 5-11　混凝土预制模板（单位：cm）
1—面板；2—肋墙；3—连接预埋环；4—预埋吊环

单元三　模　板　设　计

模板设计应提出对材料、制作、安装、使用及拆除工艺的具体要求。设计图纸应标明设计荷载和变形控制要求。模板设计应满足混凝土施工措施中确定的控制条件，如混凝土的浇筑顺序、浇筑速度、浇筑方式、施工荷载等。

一、模板的设计荷载

模板及其支架承受的荷载分基本荷载和特殊荷载两类。

1. 基本荷载及其标准值计算

设计模板时，应考虑下列各项基本荷载。

（1）模板的自身重力。模板自重标准值，应根据模板设计图纸确定。肋形楼板及无梁楼板模板的自重标准值，可按表 5-1 采用。

表 5-1　　　　　楼板模板自重标准值表　　　　　单位：kN/m²

模板构件名称	木模板	定型组合刚模板
平板的模板及小楞	0.3	0.5
楼板模板（其中包括梁的模板）	0.5	0.75
楼板模板（楼层高度为 4m 以下）	0.75	1.1

（2）新浇筑混凝土重力。普通混凝土，其自重标准值可采用 24kN/m²，对其他混凝土可根据实际表观密度确定。

（3）钢筋和预埋件的重力。自重标准值应根据设计图纸确定。对一般梁板结构，楼板取 1.1kN/m²，梁取 1.5kN/m²。

（4）施工人员和机具设备的重力。施工人员和设备荷载标准值：①计算模板及直接支承模板的小楞时，对均布荷载取 2.5kN/m²，另应以集中荷载 2.5kN 进行验算，比较两者所得的弯矩值，采用其中较大者；②计算直接支承小楞结构构件时，均布荷载取 1.5kN/m²；③计算支架立柱及其他支承结构构件时，均布荷载取 1.0kN/m²。

大型浇筑设备，如上料平台、混凝土输送泵等按实际情况计算，混凝土堆集料高度超过 100mm 者按实际高度计算，模板单块宽度小于 150mm 时，集中荷载可分布在相邻的两块板上。

(5) 振捣混凝土时产生的荷载。振捣混凝土时产生的荷载标准值，对水平面模板可采用 $2.0kN/m^2$；对垂直面模板可采用 $4.0kN/m^2$，作用范围为新浇筑混凝土侧压力的有效压头高度之内。

(6) 振捣混凝土时产生的侧压力。与混凝土初凝时间的浇筑速度、振捣方法、凝固速度、坍落度及浇筑块的平面尺寸等因素有关，前 3 个因素关系最密切。混凝土侧压力分布如图 5-12 和图 5-13 所示。图中 h 为有效压头高度，$h=F/\gamma_c$。重要部位的模板承受新浇筑混凝土的侧压力，应通过实测确定。

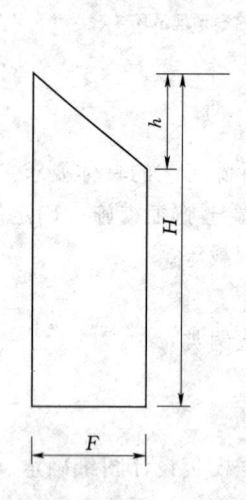

图 5-12 薄壁混凝土侧压力分布图
H—混凝土浇筑总高度；h—新浇混凝土顶面至混凝土初凝面之间高度；F—薄壁混凝土厚度

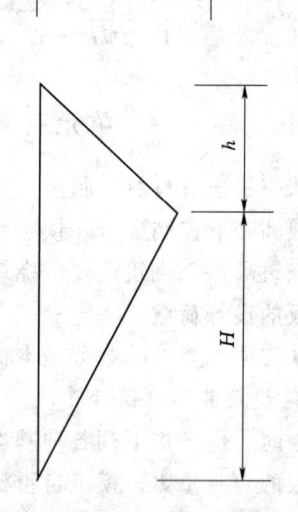

图 5-13 大体积混凝土侧压力分布图
H—混凝土初凝面至终端面之间高度；h—新浇混凝土顶面至混凝土初凝面之间高度；F—薄壁混凝土厚度

新浇筑混凝土对模板侧面的压力标准值，采用内部振捣器时，最大侧压力可按下列公式计算，并取其中的较小值。

$$F = 0.22\gamma_c t_0 \beta_1 \beta_2 v^{1/2} \quad (5-1)$$

$$F = \gamma_c H \quad (5-2)$$

式中 F——新浇混凝土对模板的最大侧压力，kN/m^2；

γ_c——混凝土的表观密度，kN/m^3；

t_0——新浇混凝土的初凝时间，h，可按实测确定，当缺乏试验资料时，可采用 $t_0=200/(T+15)$ 计算（T 为混凝土的浇筑温度，℃）；

v——混凝土的浇筑速度，m/h；

H——混凝土侧压力计算位置处至新浇混凝土顶面的总高度，m；

β_1——外加剂影响修正系数，不掺外加剂时取 1.0，掺具有缓凝作用的外加剂时取 1.2；

β_2——混凝土坍落度影响修正系数,当坍落度小于 30mm 时,取 0.85;当坍落度为 30~90mm 时,取 1.0;当坍落度大于 90mm 时,取 1.15。

(7) 新浇筑混凝土产生的浮托力。

(8) 倾倒混凝土时产生的荷载。倾倒混凝土时对模板产生的冲击荷载,应通过实测确定。当没有实测资料时,对垂直面模板产生的水平荷载标准值可按表 5-2 采用。

表 5-2　　　　　　　倾倒混凝土时产生的水平荷载标准值表　　　　　　单位:kN/m²

向模板内供料方法	水平荷载	向模板内供料方法	水平荷载
溜槽、串筒或导管	2	容量 1~3m³ 的运输器具	8
容量小于 1m³ 的运输器具	6	容量大于 3m³ 的运输器具	10

注　作用范围在有效压头高度以内。

2. 特殊荷载

(1) 风荷载。根据施工地区和立模部位离地面的高度,按《建筑结构荷载规范》(GB 50009—2012) 确定。

(2) 除上列 9 项荷载以外的其他荷载。

3. 模板的设计荷载计算

模板的荷载设计值应采用荷载标准值乘以相应的荷载分项系数求得,荷载分项系数应按表 5-3 采用。

表 5-3　　　　　　　　荷载分项系数表

项次	荷载类别	荷载分项系数
1	模板自重	1.2
2	新浇混凝土自重	
3	钢筋自重	
4	施工人员及施工设备荷载	1.4
5	振捣混凝土时产生的荷载	
6	新浇混凝土对模板侧面的压力	1.2
7	倾倒混凝土时产生的荷载	1.4

二、设计荷载组合及刚度、稳定验算

在计算模板及支架的强度和刚度时,应根据模板的种类,按表 5-4 的基本荷载组合进行选择。特殊荷载可按实际情况计算,如平仓、非模板工程的脚手架、工作平台、混凝土浇筑过程中不对称的水平推力及重心位移、超过规定堆放的材料等。

1. 模板刚度验算

当验算模板刚度时,其最大变形值不得超过下列允许值:

(1) 对结构表面外露的模板,为模板构件计算跨度的 1/400。

(2) 对结构表面隐蔽的模板,为模板构件计算跨度的 1/250。

(3) 支架的压缩变形值或弹性挠度,为相应的结构计算跨度的 1/1000。

2. 抗倾覆稳定核算

承重模板的抗倾覆稳定性,应按下列要求核算:

(1) 倾覆力矩，按下列两项计算，并采用其中的最大值：①风荷载，按《建筑结构荷载规范》(GB 50009—2012) 确定；②作用于承重模板边缘 150kN/m² 的水平力。

(2) 计算稳定力矩时，模板自重的折减系数为 0.8；如同时安装钢筋时，应包括钢筋的重量。活荷载按其对抗倾覆稳定最不利的分布计算。

(3) 抗倾稳定系数。抗倾稳定系数大于 1.4。

表 5-4　　　　　　　　　　常用模板的荷载组合表

模板类别	荷载组合（表中数字为荷载次序）	
	计算承载能力	验算刚度
薄板和薄壳的底模板	(1)、(2)、(3)、(4)	(1)、(2)、(3)、(4)
厚板、梁和拱的底模板	(1)、(2)、(3)、(4)、(5)	(1)、(2)、(3)、(4)、(5)
梁、拱、柱（边长不大于 300mm）、墙（厚不大于 400mm）的垂直侧面模板	(5)、(6)	(6)
大体积结构、厚板、柱（边长大于 300mm）、墙（厚大于 400mm）的垂直侧面模板	(6)、(8)	(6)、(8)
悬臂模板	(1)、(2)、(3)、(4)、(5)、(8)	(1)、(2)、(3)、(4)、(5)、(8)
隧洞衬砌模板台车	(1)、(2)、(3)、(4)、(5)、(6)、(7)	(1)、(2)、(3)、(4)、(6)、(7)

注　当底模板承受倾倒混凝土时产生的荷载对模板的承载能力和变形有较大影响时，应考虑荷载 (8)。

单元四　模板的安装与拆除

一、模板的安装

模板安装前，必须按设计图纸进行测量放样，重要结构应多设控制点，以便检查校正。模板安装过程中，必须经常保持足够的临时固定设施，以防倾覆。

模板支架必须支承在坚实的地基或老混凝土上，并应有足够的支承面积。斜撑应防止滑动。竖向模板和支架的支承部分，当安装在土基上时应加设垫板，且土基必须坚实并有排水措施。对湿陷性黄土必须有防水措施；对冻胀性土必须有防冻融措施。

现浇钢筋混凝土梁、板，当跨度等于或大于 4m 时，模板应起拱；当设计无具体要求时，起拱高度宜为全跨长度的 1/1000～3/1000。

模板的钢拉杆不应弯曲。伸出混凝土外露面的拉杆宜采用端部可拆卸的结构型式。拉杆与锚环连接必须牢固。预埋在下层混凝土中的锚定件（螺栓、钢筋环等），在承受荷载时，必须有足够的锚固强度。

模板与混凝土的接触面，以及各块模板接缝处，必须平整、密合，以保证混凝土表面的平整度和混凝土的密实性。模板的面板应涂脱模剂，但应避免脱模剂污染或侵蚀钢筋和混凝土。建筑物分层施工时，应逐层校正下层偏差，模板下端不应有错台。

二、模板的拆除

拆模的迟早直接影响混凝土质量和模板使用的周转率。《水工混凝土施工规范》(SL 677—2014) 规定，非承重侧面模板，混凝土强度应达到 2.5MPa 以上，其表面和棱角不因拆模而损坏时方可拆除。一般需2～7d，夏天2～4d，冬天5～7d。混凝土表面质量要求高的部位，拆模时间宜晚一些。而钢筋混凝土结构的承重模板，按表5-5规定拆模。

拆模的程序和方法：在同一浇筑仓的模板，按"先装的后拆，后装的先拆"的原则，按次序、有步骤地进行，不能乱撬。拆模时，应尽量减少模板的损坏，以提高模板的周转次数，要注意防止大片模板的坠落；高处拆组合钢模板时，应使用绳索逐块下放，模板连接件、支撑件应及时清理，收检归堆。

表5-5　　　　　　　　　现浇结构拆模时所需混凝土强度表

结构类型	结构跨度/m	按设计的混凝土强度标准值的百分率计/%
板	≤2	50
	>2，≤8	75
	>8	100
梁、拱、壳	≤8	75
	>8	100
悬臂构件	≤2	75
	>2	100

注　"设计的混凝土强度标准值"是与设计混凝土强度等级相适应的混凝土立方体抗压强度标准值。

三、模板支护的安全要求

（1）保证混凝土浇筑后结构物的形状、尺寸与相互位置符合设计规定。

（2）具有足够的稳定性、刚度和强度。

（3）尽量做到标准化、系列化，装拆方便，周转次数高，有利于混凝土工程的机械化施工。

（4）模板表面应光洁平整，接缝严密、不漏浆，以保证混凝土表面的质量。

模板工程采用的材料及制作、安装等工序的成品均应进行质量检查，合格后，才能进行下一工序的施工。重要结构物的模板，承重模板，移动式、滑动式、工具式及永久性的模板，均须进行模板设计，并提出对材料、制作、安装、使用及拆除工艺的具体要求。除悬臂模板外，竖向模板与内倾模板都必须设置内部撑杆或外部拉杆，以保证模板的稳定性。

任务二　钢　筋　工　程

单元一　钢筋验收与储存

钢筋进场时应具有出厂证明书或试验报告单，每捆（盘）钢筋应有标牌，钢筋进场时应进行外观检查，钢筋表面不得有裂纹、结疤和折叠。冷拉钢筋表面不得有裂纹和局部缩颈，表面如有凸块不得超过横肋的高度，其他缺陷的高度和深度不得大于所在部位尺寸的允许偏差，钢筋外形尺寸等应符合国家标准。

书面检验和外观检查后，以60t为一个验收批次，做力学性能试验。钢筋在使用时，如发现脆断、焊接性能不良或机械性能显著不正常等现象，则应进行钢筋化学成分检验。

钢筋进场后，必须严格按批分等级、牌号、直径、长度挂牌存放，不得混淆。堆放时，钢筋下部应垫高，离地至少20cm，以防钢筋锈蚀。

单元二 钢 筋 配 料

钢筋加工前应根据图纸按不同构件先编制配料单，然后进行备料加工。为了使工作方便和不漏配钢筋，配料应该有顺序地进行。

下料长度计算是配料计算中的关键。钢筋弯曲时，其外皮伸长，内壁缩短，而中心线长度并不改变。但是设计图中注明的尺寸是根据外包尺寸计算的，且不包括端头弯钩长度。显然，外包尺寸大于中心线长度，它们之间存在一个差值，称为"量度差值"。因此钢的下料长度应为：

直筋下料长度＝构件长度－保护层厚度＋弯钩增加长度
弯起筋下料长度＝直段长度＋斜段长度＋搭接长度－弯曲调整值＋弯钩增加长度
箍筋下料长度＝直段长度＋弯钩增加长度－弯曲调整值＝箍筋周长＋箍筋调整值

一、弯钩增加长度

根据规定，光圆钢筋两端做180°弯钩，其弯曲直径$D=2.5d$，平直部分为$3d$（手工弯钩为$1.75d$），如图5-14（a）所示。量度方法以外包尺寸度量，其每个弯钩的增加长度为：

弯钩全长：

$$3d+\frac{3.5d\pi}{2}=8.5d$$

弯钩增加长度（包括量度差值）：

$$8.5d-2.25d=6.25d$$

同理可得135°斜弯钩[图5-14（b）]每个弯钩的增加长度为$5d$。

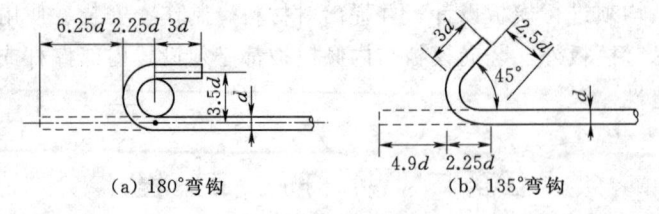

图 5-14 钢筋弯钩

二、钢筋弯曲调整长度

90°弯折时按施工规范有两种情况：Ⅰ级钢筋弯曲直径$D=2.5d$，Ⅱ级钢筋弯曲直径$D=4d$，如图5-15（a）所示。其每个弯曲的减少长度为

$$1/4\pi(D+d)-2(0.5D+d)=-(0.215D+1.215d)$$

当弯曲直径 $D=2.5d$ 时，其值为 $-1.75d$；
当弯曲直径 $D=4d$ 时，其值为 $-2.07d$。
为计算方便，两者都取其近似值 $-2d$。

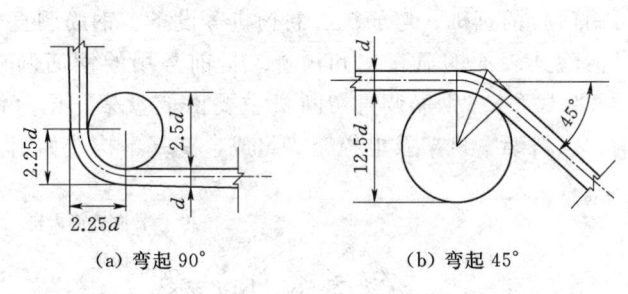

(a) 弯起 90°

(b) 弯起 45°

图 5-15 钢筋弯起

同理可得 45°[图 5-15 (b)]、60°、135° 弯折的减少长度分别为 $-0.5d$、$-0.85d$、$-2.5d$。将上述结果整理成表 5-6。

表 5-6　　　　　　　　　钢筋弯曲调整长度

弯曲类型	弯钩			弯折				
	180°	135°	90°	30°	45°	60°	90°	135°
调整长度	6.25d	5d	3.2d	−0.35d	−0.5d	−0.85d	−2d	−2.5d

三、箍筋调整值

为了箍筋计算方便，一般将箍筋的弯钩增加长度、弯折减少长度两项合并成箍筋调整值，见表 5-7。计算时将箍筋外包尺寸或内皮尺寸加上箍筋调整值即为箍筋下料长度。

表 5-7　　　　　　　　　箍筋调整值　　　　　　　　　单位：mm

箍筋量度方法	箍筋直径			
	4~5	6	8	10~12
量外包尺寸	40	50	60	70
量内皮尺寸	80	100	120	150~170

四、钢筋配料

合理的配料能使钢筋得到最大限度的利用，并使钢筋的安装和绑扎工作简单化。根据钢筋下料长度的计算结果汇总编制钢筋配单。钢筋配料单中必须反映出工程部位、构件名称、钢筋编号、钢筋简图及尺寸、钢筋直径、钢号、数量、下料长度、钢筋重量等。

单元三　钢筋的内场加工

一、钢筋调直与除锈

钢筋在使用前必须经过调直，钢筋调直应符合下列要求：
(1) 钢筋的表面应洁净，使用前应无表面油渍、漆皮、锈皮等。

（2）钢筋应平直，无局部弯曲，钢筋中心线同直线的偏差不超过其全长的1%。成盘的钢筋或弯曲的钢筋均应调直后才允许使用。

（3）钢筋调直后其表面伤痕不得使钢筋截面积减少5%以上。

钢筋的调直可用钢筋调直机、弯筋机、卷扬机等设备。钢筋调直机用于圆钢筋的调直和切断，并可清除其表面的氧化皮和污迹。目前常用的钢筋调直机有GT16/4、GT3/8、GT6/12、GT10/16。钢筋调直切断机主要由放盘架、调直筒、传动箱、牵引机构、切断机构、承料架、机架及电控箱等组成，其基本构造如图5-16所示。

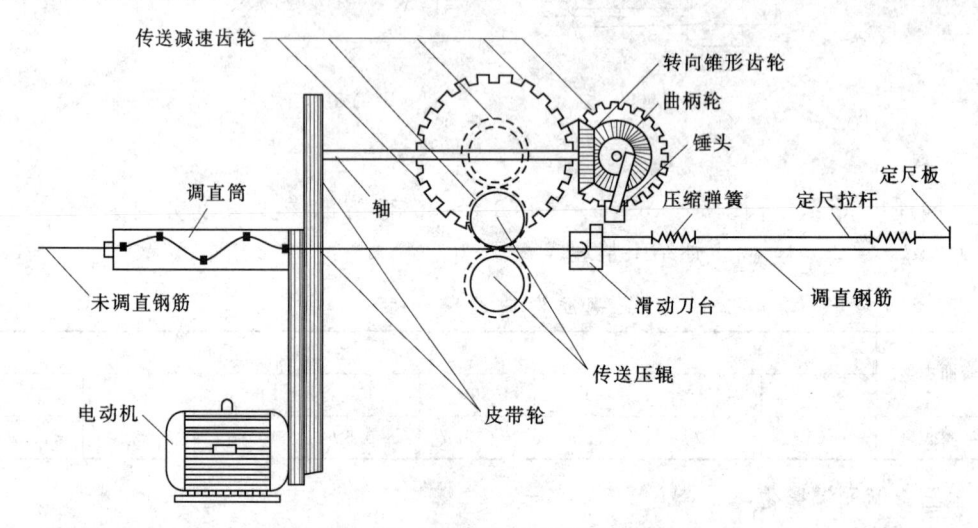

图5-16 钢筋调直切断机构造图

钢筋表面的一般浮锈可不必清除；磷锈可用除锈机或钢丝刷清除。

二、钢筋切断

钢筋切断有人工剪断、机械切断、氧气切割3种方法。直径大于40mm的钢筋一般用氧气切割。

手工切断的工具有断线钳（图5-17）、手动液压钢筋切断机（图5-18）和手压切断器。断线钳用于切断直径5mm以下的钢丝。手动液压钢筋切断机能切断直径16mm以下的钢筋和直径25mm以下的钢绞线。手压切断器用于切断直径16mm以下的Ⅰ级钢筋。

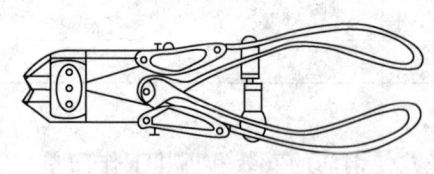

图5-17 断线钳

钢筋切断机是用来把钢筋原材料或已调直的钢筋切断，其主要类型有机械式、液压式和手持式钢筋切断机。机械式钢筋切断机构造如图5-19所示。

三、钢筋弯曲成型

钢筋弯曲成型有手工弯曲成型和机械弯曲成型两种方法。

（1）手工弯曲成型。手工弯曲成型是在工作台上固定挡板、板柱，采用扳手或扳子实施人工弯曲。主要工具如图5-20所示。

（2）机械弯曲成型。机械弯曲成型由钢筋弯曲机完成，钢筋弯曲机由电动机、工

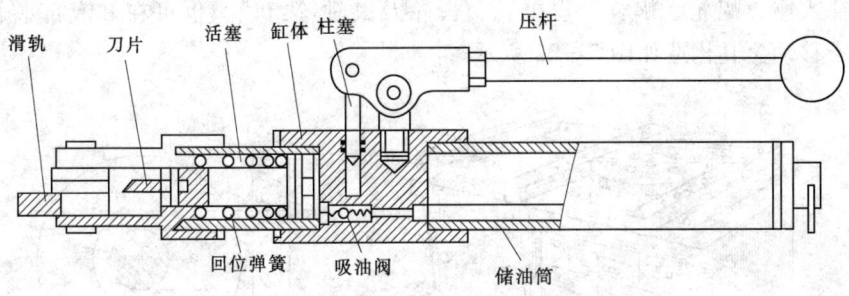

图 5-18 GJ5Y-16 型手动液压钢筋切断机

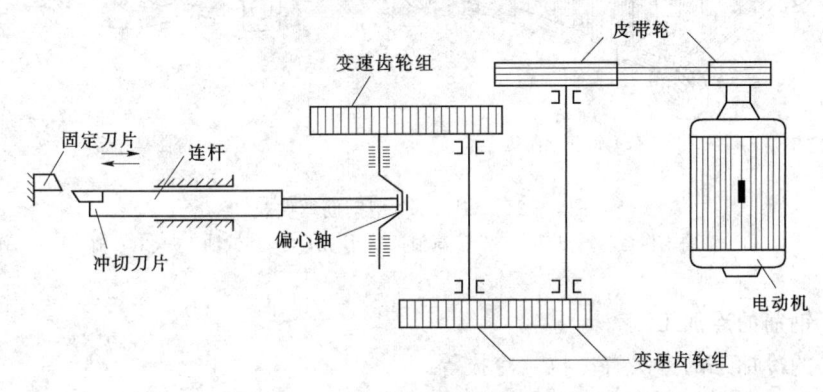

图 5-19 钢筋切断机构造示意图

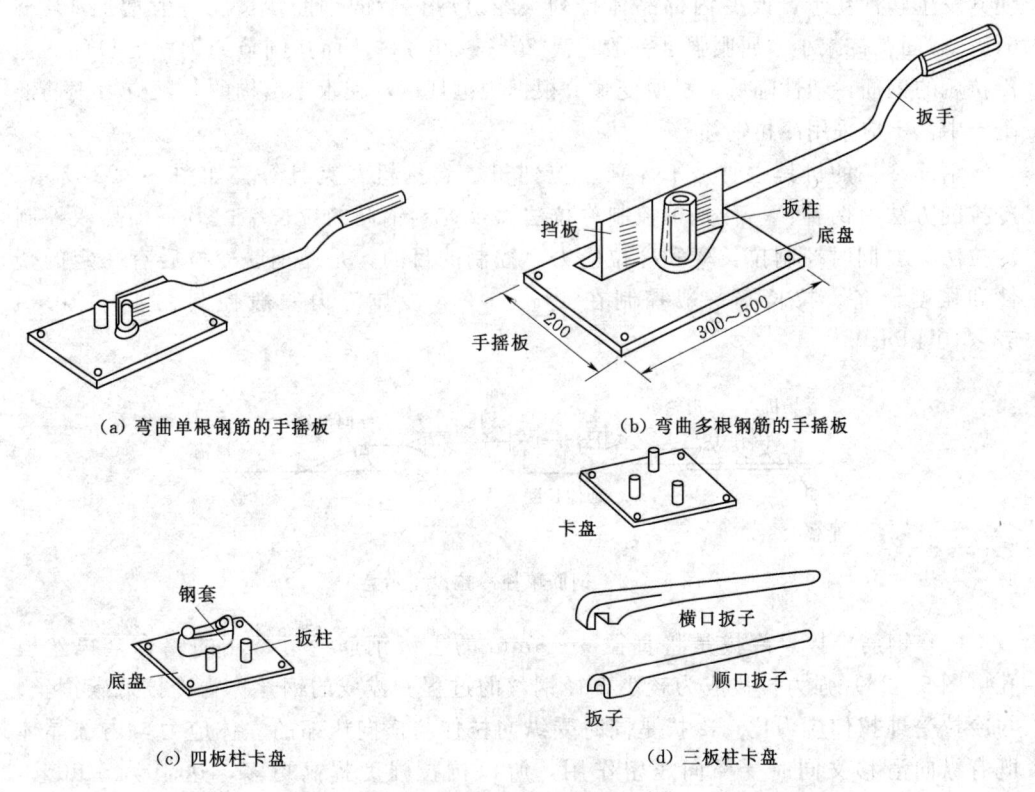

(a) 弯曲单根钢筋的手摇板

(b) 弯曲多根钢筋的手摇板

(c) 四板柱卡盘

(d) 三板柱卡盘

图 5-20 手工弯制钢筋的工具（单位：cm）

作盘、插入座、蜗轮、蜗杆、皮带轮、齿轮及滚轴等组成，也可在其底部装设行走轮，便于移动。其构造如图 5-21 所示。

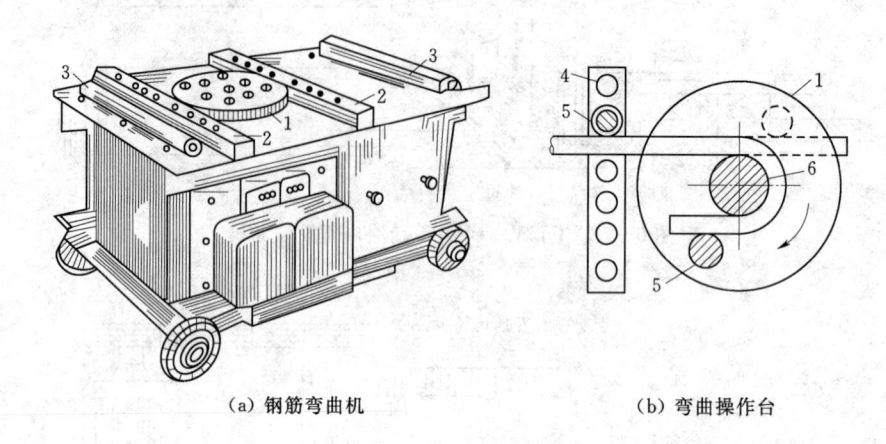

（a）钢筋弯曲机　　　　　　　　（b）弯曲操作台

图 5-21　GJ7-40 型钢筋弯曲机
1—弯曲工作盘；2—板条；3—滚筒轴；4—插孔；5—档铁轴；6—中心轴

四、钢筋的冷加工

钢筋的冷加工的方法有冷拉、冷拔等。

(1) 钢筋冷拉。钢筋冷拉是在常温下，以超过钢筋屈服强度的拉应力拉伸钢筋，使其发生塑性变形，改变内部晶体排列。经过冷拉后的钢筋，长度一般增加 4%～6%，截面稍许减小，屈服强度一般提高 20%～25%，从而达到节约钢材的目的。但冷拉后的钢筋，塑性降低，材质变脆。根据规范规定，在水工结构的非预应力钢筋混凝土中，不应采用冷拉钢筋。

钢筋冷拉的机具主要是千斤顶、拉伸机、卷扬机及夹具等，如图 5-22 所示。冷拉的方法有两种：一种是单控制冷拉法，仅控制钢筋的拉长率；另一种是双控制冷拉法，要同时控制拉长率和冷拉应力。控制的目的，是使钢筋冷拉后有一定的塑性和强度储备。拉长率一般控制在 4%～6%，冷拉应力一般控制在 44×10^4～52×10^4 kPa。

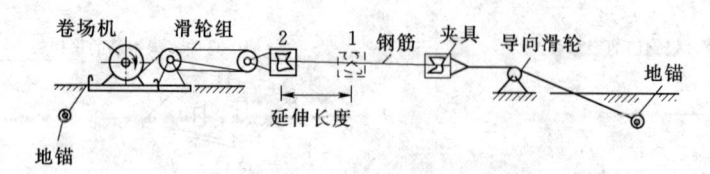

图 5-22　钢筋单控冷拉设备示意图

(2) 钢筋冷拔。冷拔是将直径 6～8mm 的Ⅰ级钢筋通过特制的钨合金拔丝模孔（图 5-23）强力拉拔成为较小直径钢丝的过程。拔成的钢丝称为冷拔低碳钢丝。与冷拉受纯拉伸应力比，冷拔是同时受纵向拉伸与横向压缩的立体应力，内部晶体既有纵向滑移又同时受横向压密作用，所以抗拉强度提高更多，达 40%～90%，可节约更多钢材。冷拔后，硬度提高而塑性降低，应力应变过程已没有明显的屈服阶段。

冷拔低碳钢丝分为甲、乙两级。甲级主要用作预应力筋，乙级用于焊接网、焊接骨架、箍筋和构造钢筋。

钢筋冷拔的工艺过程是：轧头→剥皮→润滑→拔丝。钢筋表面多有一层硬渣壳，易损坏拔丝模，并使钢丝表面产生沟纹，

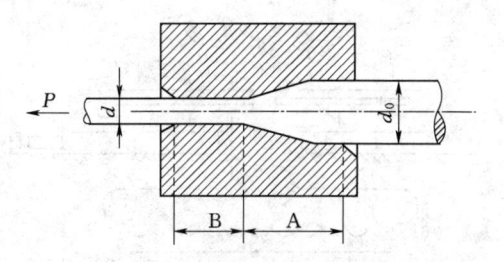

图 5-23 拔丝模示意图
A—工作区段；B—定径区段

易被拔断。因此，冷拔前应进行剥皮，方法是使钢筋通过 3~6 个上下错开排列的阻力轮，反复弯曲钢筋剥除渣壳。润滑剂常按下列配比制成：甲级石灰：动物油：白蜡：水＝1：0.3：0.1：2。拔丝机有立式和卧式两种，目前多使用卧式。

影响冷拔低碳钢丝质量的主要因素是原材料的质量和冷拔总压缩率。甲级冷拔低碳钢丝应用符合Ⅰ级热轧钢筋的光圆盘条拔制。总压缩率 $\beta=(d_0^2-d^2)/d_0^2\times100\%$，$d_0$ 为原料钢筋直径（mm），d 为成品钢丝直径（mm）。β 越大，则抗拉强度提高越多，但塑性降低也越多。β 不宜过大，应有所控制。一般控制在 60%~80%，故直径 5mm 的钢丝由Φ8 钢筋拔制；直径 3.5~4mm 的钢丝由Φ6.5 钢筋拔制。

冷拔低碳钢丝是经过多次拉拔而成的。虽然冷拔次数对冷拔钢丝的强度影响不大，但次数过少，每次的压缩率过大，要求拔丝机的功率大，拔丝模易损耗，且易断丝；次数过多，钢丝塑性降低过多，脆性大，易断，生产率也会降低。一般每次拉拔的前后直径比以 1.15 左右为宜。

单元四 钢筋的连接与安装

一、钢筋的连接

钢筋的连接的方法有焊接、机械连接和绑扎 3 类。常用的钢筋焊接机械有电阻焊接机、电弧焊接机、气压焊接机及电渣压力焊机等。钢筋机械连接方法主要有钢筋套筒挤压连接、锥螺纹套筒连接等。

1. 钢筋焊接

（1）闪光对焊。闪光对焊是利用电流在通过对接的钢筋时，产生的电阻热作为热源使金属熔化，产生强烈飞溅，并施加一定压力而使之焊合在一起的焊接方式。闪光对焊不仅能提高工效，节约钢材，还能充分保证焊接质量。

如图 5-24 所示，将钢筋夹入对焊机的两电极中，闭合电源，然后使钢筋两端面轻微接触，烧化钢筋端部，当温度升高到要求温度后，便快速将顶锻，然后断电，即形成焊接接头。

闪光对焊一般用于水平钢筋非施工现场连接；适用于直径 10~40mm 的Ⅰ、Ⅱ、Ⅲ级热轧钢筋、10~25mm 的Ⅳ级钢筋，以及直径 10~25mm 的余热处理Ⅲ级钢筋的焊接。

根据所用对焊机功率大小及钢筋品种、直径，闪光对焊又分连续闪光焊、预热

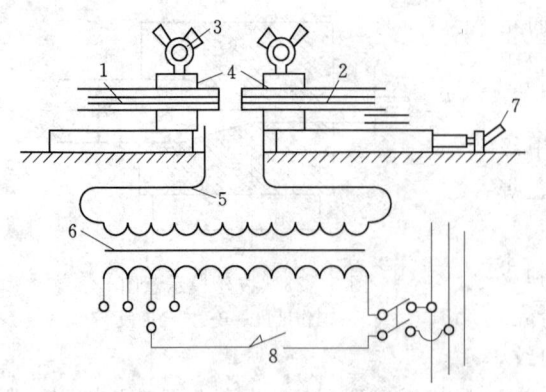

图 5-24 对焊机工作原理
1、2—钢筋；3—夹紧装置；4—夹具；5—线路；
6—变压器；7—加压杆；8—开关

闪光焊、闪光-预热闪光焊等不同工艺。钢筋直径较小时，可采用连续闪光焊；钢筋直径较大，端面较平整时，宜采用预热闪光焊；直径较大，且端面不够平整时，宜采用闪光-预热闪光焊；Ⅳ级钢筋必须采用预热闪光焊或闪光-预热闪光焊，对Ⅳ级钢筋中焊接性差的钢筋还应采取焊后通电热处理的方法改善接头焊接质量。

采用不同直径的钢筋进行闪光对焊时，直径相差以一级为宜，且不得大于 4mm。采用闪光对焊时，钢筋端头如有弯曲，应予矫直或切除。

(2) 电弧焊。电弧焊是利用电弧焊机使焊条与焊件之间产生高温电弧，使焊条和电弧燃烧范围内的焊件金属熔化，熔化的金属凝固后，便形成焊缝或焊接接头。电弧焊的工作原理如图 5-25 所示。电弧焊应用范围广，可应用在如钢筋的接长、钢筋骨架的焊接、钢筋与钢板的焊接、装配式结构接头的焊接及其他各种钢结构的焊接等地。

钢筋电弧焊可分为搭接焊、帮条焊、坡口焊 3 种接头形式。

1) 搭接焊接头。搭接焊接头如图 5-26 所示，适用于焊接直径 10~40mm 的Ⅰ~Ⅲ级钢筋。钢筋搭接焊宜采用双面焊。不能进行双面焊时，可采用单面焊。焊接前，钢筋宜预弯，以保证两钢筋的轴线在一直线上，使接头受力性能良好。

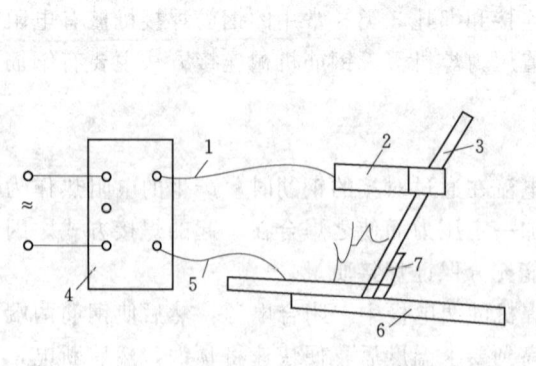

(a) 双面焊

(b) 单向焊

图 5-25 电弧焊的工作原理图
1—电缆；2—焊钳；3—焊条；4—焊机；
5—地线；6—钢筋；7—电弧

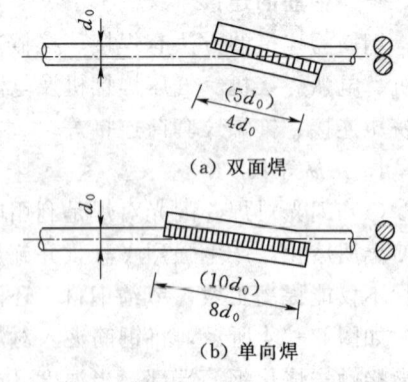

图 5-26 搭接焊接头
（图中括号内数值用于Ⅱ、Ⅲ级钢筋）

2) 帮条焊接头。帮条焊接头如图 5-27 所示，适用于焊接直径 10~40mm 的Ⅰ~Ⅲ级钢筋。钢筋帮条焊宜采用双面焊，不能进行双面焊时，也可采用单面焊。帮条宜采用与主筋同级别或同直径的钢筋制作。如帮条级别与主筋相同时，帮条直径可以比主筋直径小一个规格；如帮条直径与主筋相同时，帮条钢筋级别可比主筋低一个级别。

钢筋搭接焊接头或帮条焊接头的焊缝厚度应不小于0.3倍主筋直径；焊缝宽度不应小于0.7倍主筋直径。

3) 坡口焊接头。坡口焊接头比上述两种接头节约钢材，适用于现场焊接装配现浇式构件接头中直径18~40mm的Ⅰ~Ⅲ级钢筋。

坡口焊按焊接位置不同可分为平焊与立焊，如图5-28所示。

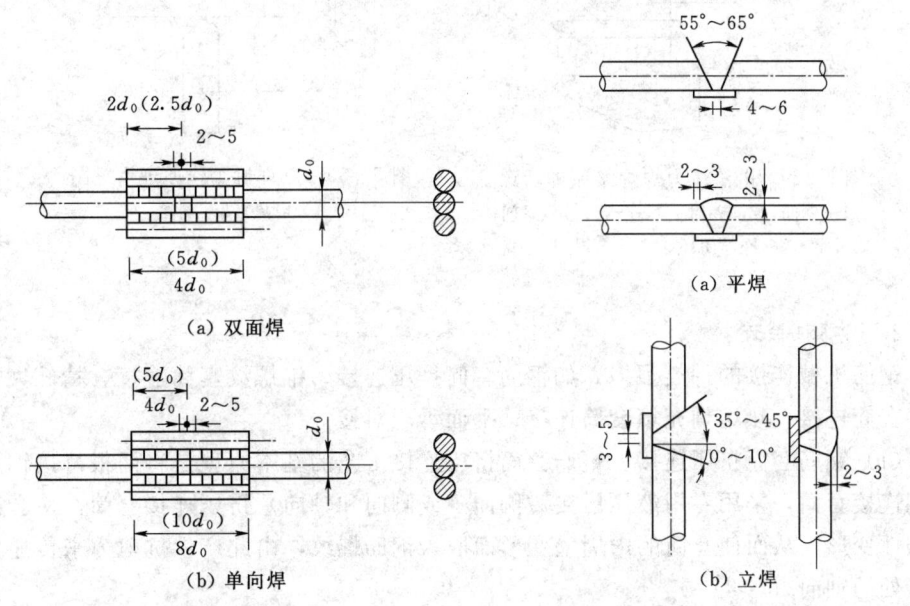

图5-27 帮条焊接头（单位：mm）
（图中括号内数值用于Ⅱ、Ⅲ级钢筋）

图5-28 坡口焊接头（单位：mm）

(3) 电渣压力焊。电渣压力焊是将两根钢筋安放成竖向对接形式，利用焊接电流通过两钢筋端面间隙，在焊剂层下形成电弧过程和电渣过程，产生电弧热和电阻热，熔化钢筋，加压完成的一种焊接方法。钢筋电渣压力焊机操作方便，效率高，适用于竖向或斜向受力钢筋的现场连接。电渣压力焊机分为自动电渣压力焊机及手工电渣压力焊机两种。主要由焊接电源（BX2-1000型焊接变压器）、焊接夹具、操作控制系统、辅件（焊剂盒、回收工具）等组成。其焊接原理如图5-29所示。

(4) 电阻点焊。电阻点焊是利用电流通过焊件时产生的电阻热作为热源，并施加一定的压力，使交叉连接的钢筋接触处形成一个牢固的焊点，将钢筋焊合起来。

点焊机主要由点焊变压器、时间调节器、电极和加压机构等部分组成，点焊机工作原理如图5-30所示。电阻点焊适用于钢筋骨架和钢筋网中交叉钢筋的焊接，所适用的钢筋直径和级别为：直径6~14mm的热轧Ⅰ、Ⅱ级钢筋，直径3~5mm的冷拔低碳钢丝和直径4~12mm的冷轧带肋钢筋。

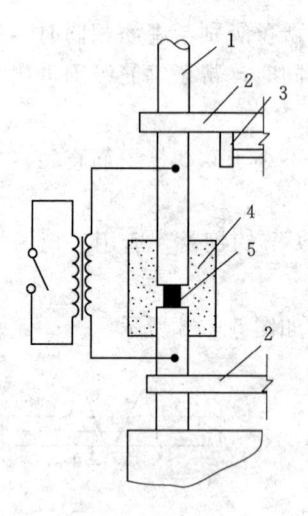

图 5-29 电渣压力焊焊接原理示意图
1—钢筋；2—夹钳；3—凸轮；4—焊剂；
5—铁丝团环球或导电焊剂

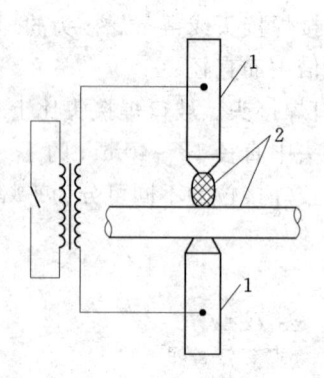

图 5-30 点焊机工作原理示意图
1—电极；2—钢丝

2. 钢筋机械连接

钢筋机械连接的种类很多，如钢筋套筒挤压连接、锥螺纹套筒连接、精轧大螺旋钢筋套筒连接、热熔剂充填套筒连接、平面承压对接等。

(1) 钢筋套筒挤压连接。钢筋套筒挤压连接工艺的基本原理是将两根待接钢筋插入钢连接套筒，采用专用液压压接钳侧向（或侧向和轴向）挤压连接套筒，使套筒产生塑性变形，从而使套筒的内周壁变形而嵌入钢筋螺纹，由此产生抗剪力来传递钢筋连接处的轴向力。

挤压连接有径向挤压（图 5-31）和轴向挤压（图 5-32）两种方式，宜用于连接直径 20~40mm Ⅱ、Ⅲ级变形钢筋。当所用套筒外径相同时，连接钢筋直径相差不宜大于 2 个级差。钢筋接头处宜采用砂轮切割机断料，端部的扭曲、弯折、斜面等应予校正或切除，钢筋连接部位的飞边或纵肋过高应采用砂轮机修磨，以保证套筒能自由套入钢筋。

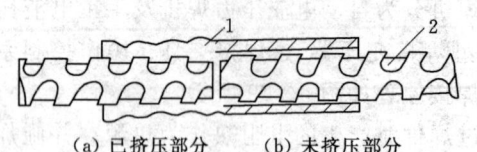

(a) 已挤压部分　(b) 未挤压部分

图 5-31 钢筋径向挤压连接
1—钢套筒；2—带肋钢筋

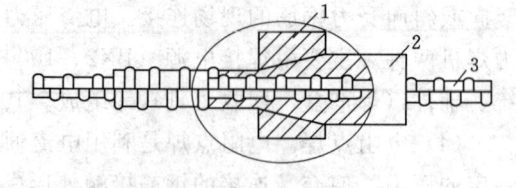

图 5-32 钢筋轴向挤压连接
1—压模；2—钢套筒；3—钢筋

(2) 锥螺纹套筒连接。锥螺纹套筒连接是采用锥螺纹连接钢筋的一种机械式钢筋接头（钢筋锥螺纹套管连接示意图如图 5-33 所示）。它能在施工现场连接 Ⅱ、Ⅲ 级 16~40mm 的同径或异径的竖向、水平或任何倾角钢筋，不受钢筋有无花纹及含碳量的限制。它连接速度快，对中性好，工艺简单，安全可靠，无明火作业，不污染环境，节约钢材和能源，可全天候施工。所连钢筋直径之差不宜超过 9mm。

3. 绑扎

根据施工规范规定：直径在 25mm 以下的钢筋接头，可采用绑扎接头。轴心受压、小偏心受拉构件和承受振动荷载的构件中，钢筋接头不得采用绑扎接头。搭接长度不得小于规范规定的数值；受拉区域内的光面钢筋绑扎接头的末端，应做弯钩；梁、柱钢筋的接头，如采用绑扎接头，则在绑扎接头的搭接长度范围内应加密箍筋。当搭接钢筋为受拉钢筋时，箍筋

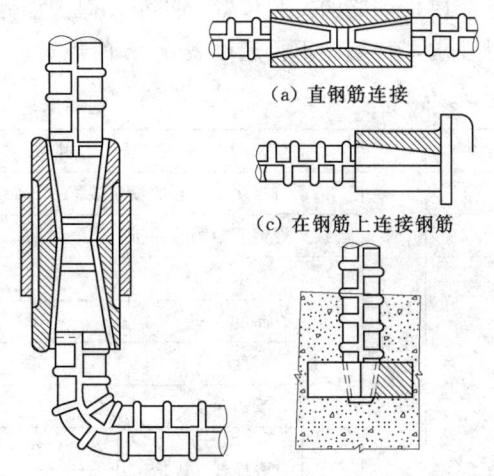

(a) 直钢筋连接
(c) 在钢筋上连接钢筋
(b) 直、弯钢筋连接 (d) 混凝土构件中插接钢筋

图 5-33 钢筋锥螺纹套管连接示意图

间距不应大于 $5d$（d 为两搭接钢筋中较小的直径）；当搭接钢筋为受压钢筋时，箍筋间距不应大于 $10d$。绑扎所用扎丝一般采用 18～22 号铁丝或镀锌铁丝，绑扎的方法有一面顺扣法、十字花扣法、反十字扣法、兜扣法、缠扣法、兜扣加缠法、套扣法等，较常用的是一面顺扣法，如图 5-34 所示。

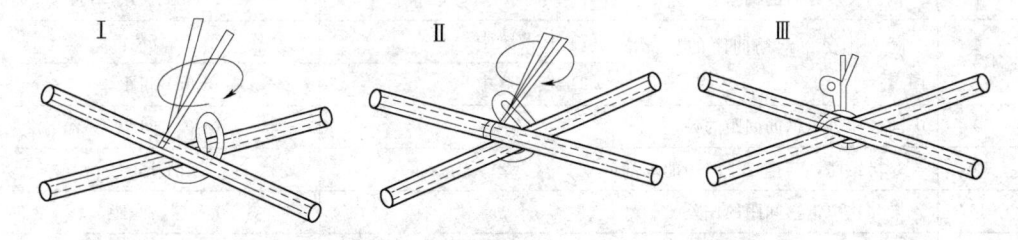

图 5-34 钢筋一面顺口法绑扎（Ⅰ、Ⅱ、Ⅲ为关键步骤）

钢筋绑扎接头应分散布置，配置在同一截面内的受力钢筋，其接头的截面积占受力钢筋总截面积的比例应符合下列要求：

(1) 绑扎接头在构件的受拉区中不超过 25%，在受压区中不超过 50%。
(2) 焊接与绑扎接头距钢筋弯起点不小于 $10d$，也不位于最大弯矩处。
(3) 在施工中如分辨不清受拉、受压区时，其接头设置应按受拉区的规定。
(4) 两根钢筋相距在 $30d$ 或 50cm 以内，两绑扎接头的中距在绑扎搭接长度以内，均作同一截面。
(5) 直径等于和小于 12mm 的受压Ⅰ级钢筋的末端，以及轴心受压构件中任意直径的受力钢筋的末端，可不做弯钩，但搭接长度不应小于 $30d$。

二、**钢筋安装及其质量控制**

钢筋的安装方法有两种：一种是将钢筋骨架在加工厂制好，再运到现场安装，称为整装法；另一种是将加工好的散钢筋运到现场，再逐根安装，称为散装法。

按现行施工规范，水工钢筋混凝土工程中的钢筋安装，其质量应符合以下规定：

(1) 钢筋的安装位置、间距、保护层厚度及各部分钢筋的大小尺寸，均应符合设计要求，其偏差不得超过表 5-8 的规定。

表 5-8　　　　　　　　　　　钢筋安装的允许偏差

项次	项 目			允许偏差/mm
1	焊及电弧焊	帮条对焊接头中心的纵向偏移		0.5d
2		接头处钢筋轴线的曲折		4°
3		缝	长度	−0.5d
			高度	−0.5d
			宽度	−0.1d
			咬边深度	0.05d，但不大于 1
		表面气孔夹渣	(1) 在 2d 长度上	不多于 2 个
			(2) 气孔、夹渣直径	不大于 3
4	焊及熔槽焊	焊接接头根部未焊透深度	(1) 25～40mm 钢筋	0.15d
			(2) 40～70mm 钢筋	0.10d
5		接头处钢筋中心线的位移		0.1d，不大于 2
6		焊缝表面（长为 2d）和焊缝截面上蜂窝、气孔排、金属杂质		不大于 1.5mm 直径 3 个
7	钢筋长度方向的偏差			±1/2 净保护层厚度
8	同一排受力钢筋间距的局部偏差		(1) 柱及梁中	±0.5d
			(2) 板、墙中	±0.1 间距
9	同一排分布钢筋间距的偏差			±0.1 间距
10	双排钢筋，其排与排间距的局部偏差			±0.1 排距
11	梁与柱中钢箍间距的偏差			0.1 箍筋间距
12	保护层厚度的局部偏差			±1/4 净保护层厚度

检查时先进行宏观检查，没发现有明显不合格处，即可进行抽样检查，对梁、板、柱等小型构件，总检测点数不少于 30 个，其余总检测点数一般不少于 50 个。

(2) 现场焊接或绑扎的钢筋网，其钢筋交叉的连接应按设计规定进行。如设计未作规定，且直径在 25mm 以下时，则除楼板和墙内靠近外围两行钢筋之交点应逐根扎牢外，其余按 50% 的交叉点进行绑扎。

(3) 钢筋安装中交叉点的绑扎，对于Ⅰ、Ⅱ级钢筋，直径在 16mm 以上且不损伤钢筋截面时，可用手工电弧焊进行点焊来代替，但必须采用细焊条、小电流进行焊接，并严加外观检查，钢筋不应有明显的咬边和裂纹出现。

(4) 板内双向受力钢筋网，应将钢筋全部交叉点全部扎牢。柱与梁的钢筋中，主筋与箍筋的交叉点在拐角处应全部扎牢，其中间部分可每隔一个交叉点扎一点。

(5) 安装后的钢筋应有足够的刚性和稳定性。整装的钢筋网可钢筋骨架，在运输和安装过程中应采取措施，以免变形、开焊及松脱。安装后的钢筋应避免错动和变形。

(6) 在混凝土浇筑施工中，严禁为方便浇筑擅自移动或割除钢筋。

任务三　常态混凝土施工

单元一　砂石料制备

混凝土90％由砂石骨料构成，每立方米混凝土需近1.5m³砂石骨料，大中型水利水电工程，不仅对砂石骨料的需要量相当大、质量要求高，而且往往需要施工单位自行制备。因此，正确组织砂石料生产，是一项十分重要的工作。

水利水电工程中骨料来源分为3种：①天然骨料：天然砂、砾石经筛分、冲洗而制成的混凝土骨料；②人工骨料：开采的石料经过破碎、筛分、冲洗而制成的混凝土骨料；③组合骨料：以天然骨料为主，人工骨料为辅，配合使用的混凝土骨料。确定骨料来源时，应以就地取材为原则，优先考虑采用天然骨料。只有在当地缺乏天然骨料，或天然骨料中某一级骨料的数量或质量不符合要求时，或综合开采加工运输成本高于人工骨料时，才考虑采用人工骨料。

骨料生产的基本过程和作业内容如图5-35所示。对于组合骨料，可以分成两条独立的流水线，也可以在天然骨料生产过程中，辅以超径石的破碎和筛分，以补充短缺粒径的不足。

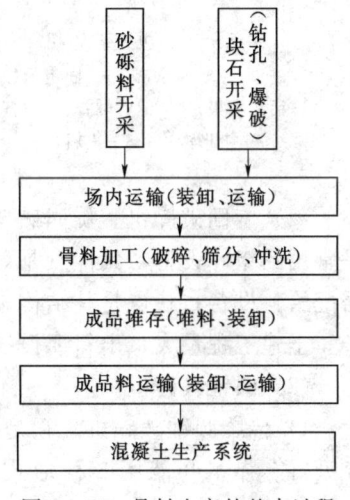

图5-35　骨料生产的基本过程

一、骨料加工及加工设备

骨料加工包括破碎、筛分、冲洗等过程，然后制成符合级配的各级粗、细骨料。

1. 破碎

为了将开采的石料破碎到规定的粒径，往往需要经过几次破碎才能完成。因此，通常将骨料破碎过程分为粗碎（将原石料破碎到300～70mm）、中碎（破碎到70～20mm）和细碎（20～1mm）三种。

水利水电工程中工地常用的破碎设备有颚式破碎机、旋回破碎机、圆锥破碎机、反击式破碎机和立轴式冲击破碎机。

(1) 颚式破碎机。颚式破碎机的构造如图5-36所示，它的破碎槽由两块颚板（一块固定，另一块可以摆动）构成，颚板上装有可以更换的齿状钢板。工作时，由传动装置带动偏心轮作用，使活动颚板左右摆动，破碎槽即可一开一合，将进入的石料轧碎，从下端出料口漏出。

颚式破碎机是最常用的粗碎设备，其优点是结构简单，自重较轻，价格便宜，外形尺寸小，配置高度低，进料尺寸大，排料口开度容易调整；缺点是衬板容易磨损，活动颚板需经常更换，产品中针片状含量较高，处理能力较低，一般需配置给料设备。

颚式破碎机的规格，常用其进料口尺寸（宽×长）表示。例如，规格为400×600mm的颚式破碎机，能轧碎直径为350mm的块石（约为进料口宽度的85%），它的出料口宽度为40～160mm，生产率为17～85t/h。

破碎机生产率的大小与石料性质、破碎机出料口宽度、喂料的均匀程度和破碎机转速等因素有关。出料口宽度可以在一定范围内调整，如出料口调宽，可使生产率提高，但产品粗粒径增多，石料破碎率（即进料平均粒径与出料平均粒径之比）也随之降低。因此，破碎率应控制在6～8，当第一次破碎不合要求时，应进行第二次破碎。破碎机转速低则生产率低；但若转速过高，碎石来不及下落，生产率也低。

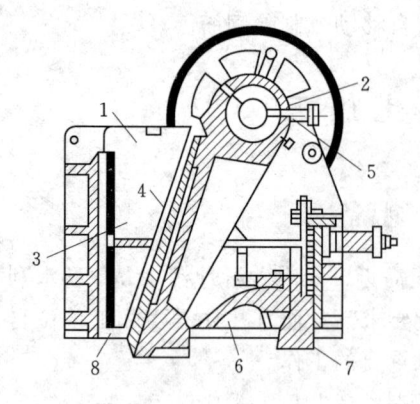

图5-36 颚式破碎机
1—进口；2—偏心轮；3—固定颚板；
4—活动颚板；5—偏心轴；6—撑杆；
7—楔形滑块；8—出料口

(2) 旋回破碎机。旋回破碎机可作为颚破后第二阶段破碎，也可直接用于一破，是常用的粗碎设备。其优点是处理能力大，产品粒形较颚式好，可挤满给料，进料无需配给料设备；缺点是其结构较颚式破碎机复杂，自重大，机体高，价格贵，维修复杂，土建工程量大，出料要设缓冲仓和专用设备。

(3) 圆锥破碎机。

1) 传统圆锥破碎机。它是最常用的二破和三破设备，有标准、中型、短头3种腔型，有弹簧和液压2种形式。它的破碎室由内、外锥体之间的空隙构成。活动的内锥体装在偏心主轴上，外锥体固定在机架上，如图5-37所示。工作时，由传动装置带动主轴旋转，使内锥体作偏心转动，将石料碾压破碎，并从破碎室下端出料槽滑出。

传统锥式破碎机工作可靠，磨损轻，效率高，产品粒径均匀。但其结构和维修较复杂，机体高，价格贵，破碎产品中针片状含量较高。

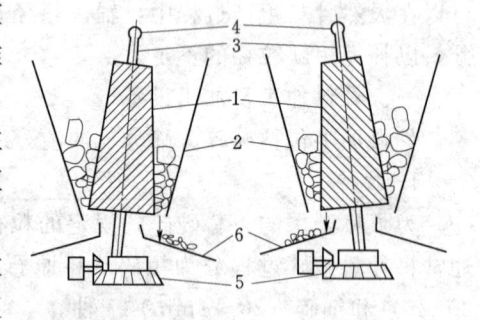

图5-37 圆锥破碎机工作原理图
1—内锥体；2—破碎室机壳；3—偏心主轴；
4—球形铰；5—伞齿及转动装置；
6—出料滑板

2) 高性能圆锥破碎机。与传统圆锥破碎机相比，它破碎能力大为提高，可挤满给料，产品粒形好，有更多的腔型变化，以适应中碎、细碎和制砂等各工序以及各种不同的生产要求，操作更为方便可靠，但其价格高。我国二滩、三峡工程人工砂石料生产系统中，中、细碎均采用了这种高性能圆锥破碎机。其型号有HP500SX、HP300SXPH、PYZ-2227、OCl560SXST。目前国际上具有代表性的制造厂家分别是瑞典的Svedala公司与美国的Nordberg公司。

(4) 反击式破碎机。反击式破碎机有单转子、双转子、联合式3种形式。我国主要生产和应用前两种形式,如图 5-38、图 5-39 所示。

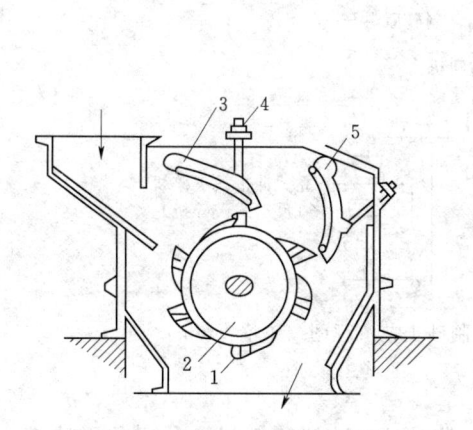

图 5-38 单转子反击式破碎机
1—打击板;2—转子;3—第一道反击板;
4—悬挂反击板的拉杆;5—第二道反击板

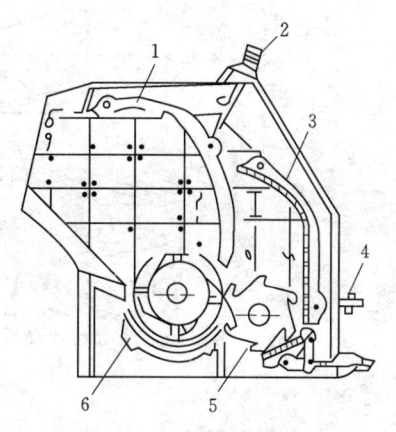

图 5-39 12508×1250 双转子反击式破碎机
1—第一道反击板;2—反击板调节拉杆螺栓;
3—第二道反击板;4—调节弹簧;
5—第二级转子;6—第一级转子

其破碎机理属冲击破碎,主要借固定在转子上的打击板,高速冲击被破碎物料,使其沿薄弱部分(层理、节理等)进行选择性破碎。还通过被冲击料块,从打击处获得的动能,向反击板进行二次主动冲击,以及料块在破碎腔内的互击,经过打击破碎、反弹破碎、互撞破碎、铣削破碎 4 个主要过程反复进行,直至物料粒径小于打击板与反击板间缝隙时被卸出。其优点是破碎率大(一般为 20%左右,最大达 50%~60%),产品细,粒形好,产量高,能耗低,结构简单,适于破碎中等硬度岩石和中、细碎和机制砂。缺点是板锤和衬板容易磨损,更换和维修工作量大,产品级配不易控制,容易产生过粉碎。

(5) 立轴式冲击破碎机。立轴式冲击破碎机除具备反击式破碎机的一般特性外,它还具有一些显著的优点,即产品更细,磨损较卧式反击式破碎小,适合于作细碎和制砂,但产品粒径组成不理想。"石打石"立式冲击破碎机是我国从瑞典进口的新一代超细碎破碎机的代表,该破碎机产品粒形优异,级配可调,结构简单,产品可根据岩石破碎工艺要求,进行成品骨料粒径的整形,也可专门用于人工砂的生产,在我国江垭、三峡、棉花滩等水利水电工程中成功使用。

(6) 棒磨机。棒磨机通常采用两端轴扎进料、中间边孔排料型,产品粉粒较少。国内使用最多的规格为 ϕ2100mm×3600mm,如乌江渡、二滩、东风、五强溪等工程都是采用这种型号。

近年来随着冲击式破碎机、旋盘式破碎机、"石打石"立轴式破碎机等机型的出现,制砂工艺由单一棒磨机制砂方式发展到多种类型及联合型的制砂方式。如三峡工程,采用了棒磨机、筛分石渣、"石打石"立式冲击破碎机制砂后混合的工艺。图 5-40 为冲击式破碎机制砂工艺流程图。

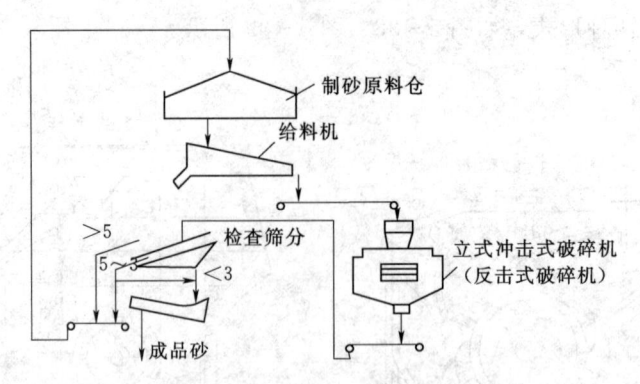

图 5-40 冲击式破碎机制砂工艺流程图（单位：mm）

2. 筛分

骨料筛分就是将天然或人工的骨料，按粒径大小进行分级。分级的方法有水力筛分和机械筛分两种。水力筛分是利用骨料颗粒大小不同、水力粗度各异的特点进行分级，适用于细骨料；机械筛分是利用机械作用，经不同孔眼尺寸的筛网对骨料进行分级，适用于粗骨料。

（1）偏心振动筛。偏心振动筛又称为偏心筛，如图 5-41 所示。它主要由固定机架、活动筛架、筛网、偏心轴及电动机等组成。筛网的振动，是利用偏心轴旋转时的惯性作用。偏心轴安装在固定机架上的一对滚珠轴承中，由电动机通过皮带轮带动，可在轴承中旋转。活动筛架通过另一对滚珠轴承悬装在偏心轴上。筛架上装有两层不同筛孔的筛网，可筛分三级不同粒径的骨料。

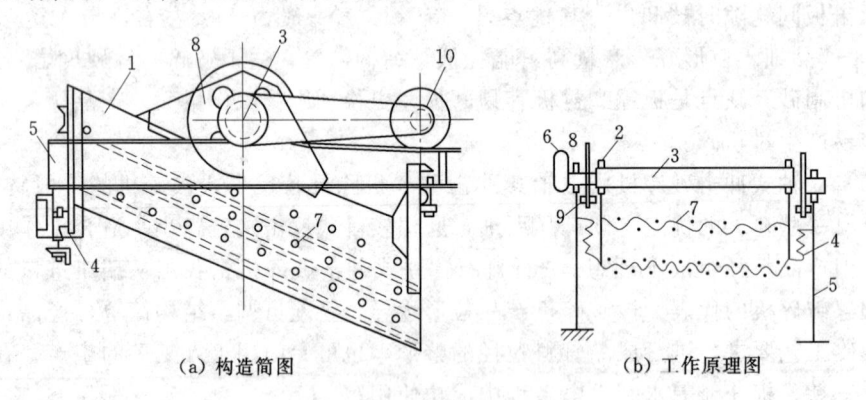

(a) 构造简图　　(b) 工作原理图

图 5-41 偏心振动筛
1—活动筛架；2—筛架上的轴承；3—偏心轴；4—弹簧；5—固定机架；
6—皮带轮；7—筛网；8—平衡轮；9—平衡块；10—电动机

当偏心轴旋转时，由于偏心作用，筛架和筛网也就跟着振动，从而使筛网上的石块向前移动，并且向上跳动和向下筛落。由于筛架与固定机架之间是通过偏心轴刚性相连的，所以会同时发生振动。为了减轻固定机架的振动，在偏心轴两端还安装有与轴偏心方向成 180°的平衡块。

偏心筛的特点是刚性振动，振幅固定（3～6mm），不因来料多少而变化，也不易因来料过多而堵塞筛孔，其振动频率为840~1200次/min。偏心筛适用于筛分粗、中粒径的骨料，常用来完成第一道筛分任务。

（2）惯性振动筛。惯性振动筛又称为惯性筛，如图5-42所示。它的偏心轴（带偏心块的旋转轴）安装在活动筛架上，利用马达带动旋转轴上的偏心块，产生离心力而引起筛网振动。

惯性筛的特点是弹性振动，振幅大小将随来料多少而变化，容易因来料多而堵塞筛孔，故要求来料均匀，其振幅为1.6~6mm，振动频率为1200~2000次/min，适用于中、细颗粒筛分，常用来完成第二道筛分任务。

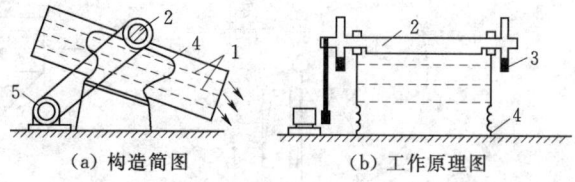

图5-42 惯性振动筛
1—筛网；2—筛架上的偏心轴；3—调整振幅用的配重盘；
4—消振弹簧；5—电动机

（3）高效振动筛分机。目前，国外广泛采用高效的、编织网筛面的振动筛进行砂石的分级处理。其优点是石料在筛网面上可以迅速均匀地散开，而筛网采用钢丝编织的网，其开孔率较目前国内普遍采用的橡胶网与聚氨酯网高出30%~50%，因而效率高于普通型振动筛。

3. 冲洗

常用的洗砂设备是螺旋式洗砂机，如图5-43所示。它是一个倾斜安放的半圆形洗砂槽，槽内装有1~2根附有螺旋叶片的旋转主轴。斜槽以18°~20°的倾斜角安放，低端进砂，高端出水。由于螺旋叶片的旋转，使被洗的砂受到搅拌，并移向高端出料口。洗涤水则不断从高端通入，污水从低端的溢水口排出。螺旋式洗砂机构造简单，工作可靠，应用广泛。三峡工程下岸溪砂石料生产系统、水布垭工程均采用了螺旋式洗砂机。

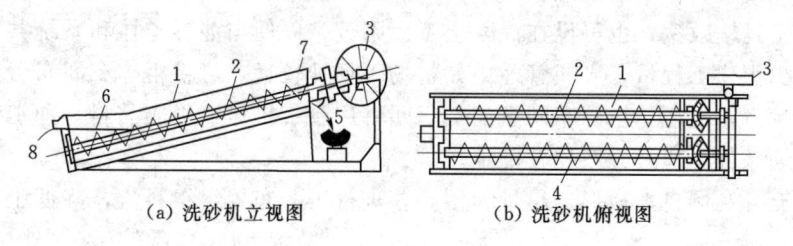

图5-43 螺旋式洗砂机
1—洗砂槽；2—带螺旋叶片的旋转轴；3—驱动机构；4—螺旋叶片；5—皮带机（净砂出口）；
6—加料口；7—清水注入口；8—污水溢出口

经水力分级后的砂含水率往往高达17%~24%，必须经脱水方可使用。根据《水工混凝土施工规范》（SL 677—2014）的要求，成品砂的含水率应稳定在6%以下，因此必须在水力分级后进行机械脱水。二滩工程采用的是圆盘式真空脱水筛，高频振动脱水筛通过负压吸水及振动脱水联合作用，达到脱水效果，可控制砂含水率在10%~12%，如图5-44所示。江垭工程采用多折线式直线振动脱水筛，与圆盘式真空脱水筛相比较，占地面积小，结构简单，不需设置真空系统。

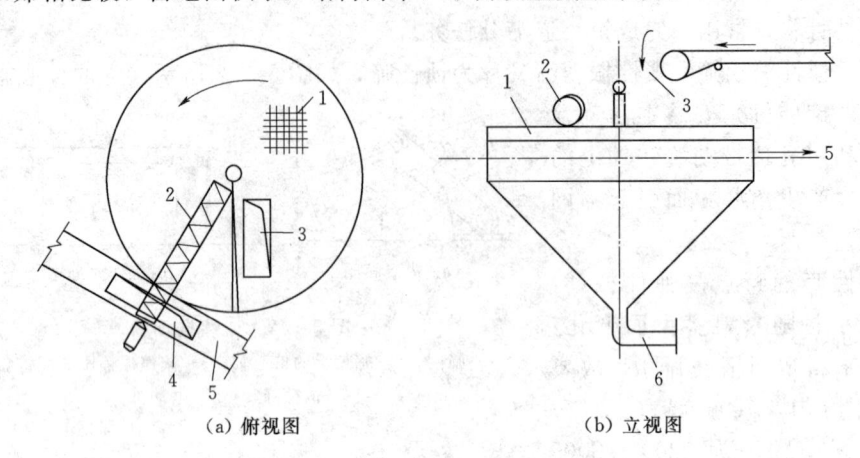

图 5-44 圆盘式真空脱水筛简图
1—筛网；2—螺旋输送机；3—湿砂下料点；4—脱水后砂出料点；
5—脱水后砂出料皮带机；6—真空管道

二、骨料加工厂

加工厂的设置应综合考虑工程施工总体布置、料源情况、水文、地质、环境保护等因素。一般在砂石系统总体规划时，应与料场位置、骨料运输方案、工程分期、施工标段等条件综合比较选定。

(1) 对于分期施工，多品种料源的加工厂设置应充分考虑，统一设置，互为补充，尽量减少工厂设置数量，以减少投资，方便管理。

(2) 多料场供料的天然砂石加工厂厂址，要在进行技术经济比较后确定。其一般在主料场附近设厂，也可在距混凝土工厂较近的地段设厂。

(3) 人工骨料料场离坝址较近，砂石加工厂宜设在距料场 1~2km 的范围内，以便提高汽车运输效率；也可设在混凝土工厂附近，以便与混凝土拌和系统共用净料堆场，以减少土建工程量，方便管理。如料场距坝址较远，可将粗碎车间布置在料场附近，以减少汽车运距，粗碎车间至加工厂间可用胶带机运输半成品料，加工厂的位置则根据当地条件，通过方案比较确定。

(4) 充分利用自然地形，尽量利用高差进行工艺布置组织料流，降低土建和运转费用。

(5) 厂址应尽量选择靠近交通干线，水、电供应方便，有利于排水的地段。

大规模的骨料加工，常将加工机械设备按工艺流程布置成骨料加工厂。骨料加工厂的布置在原则上应综合考虑工程施工总布置、料源情况、水文、地质、环境保护等因素，根据地形情况、料场位置、工程分期、施工标段等条件综合比较选定。做好主要加工设备、运输线路、净料和弃料堆的布置。骨料加工厂宜尽可能靠近混凝土生产系统，以便共用成品堆料场。

在大中型骨料加工厂内，以筛分为主的加工厂称为筛分楼。其设备布置和工艺流程如图 5-45 所示。

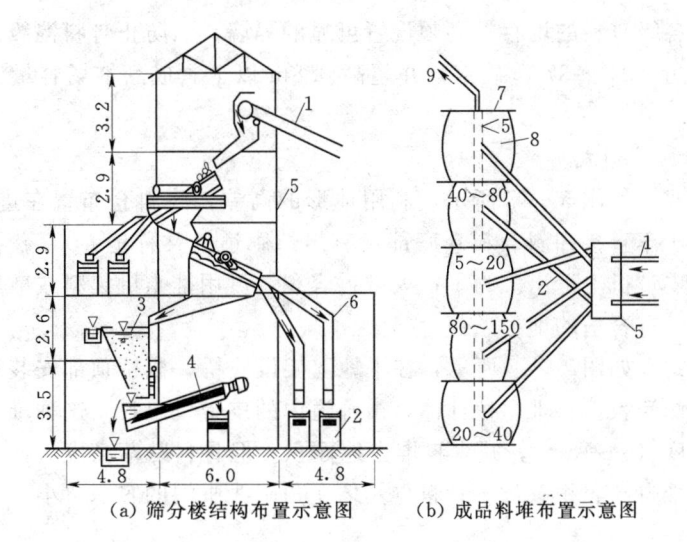

(a) 筛分楼结构布置示意图　　(b) 成品料堆布置示意图

图 5-45　筛分楼布置示意图
1—进料皮带机；2—出料皮带机；3—沉砂箱；4—洗砂机；5—筛分楼；
6—溜槽；7—隔墙；8—成拌品料堆；9—成品运出

三峡下岸溪人工砂生产系统是目前世界上最大的专门用于生产人工砂的系统，其工艺流程如图 5-46 所示。

三、骨料的储存

1. 砂石料堆场的任务和种类

为了解决骨料生产与需求之间的不平衡，应设置砂石料堆场。砂石料储存分毛料堆存、半成品和成品料堆存。毛料堆存用于解决砂石料开采与加工之间的不平衡；半成品料（经过预筛分的砂石混合料）堆存用于解决砂石料加工各工序间的不平衡，成品料堆存用于保证混凝土连续生产的用料要求，并起到降低和稳定骨料含水量（特别是砂料脱水）和骨料温度的作用。

砂石料的总储量取决于生产强度和管理水平。毛料储备应与半成品和成品料统一考虑，总储备量满足停采期混凝土浇筑用料的 1.2 倍，或不少于高峰期 10d 用料。半成品料活容积和储备量应不少于 8h 处理量。成品料堆活容量一般要满足混凝土生产 5～7d 的骨料需要量，若混凝土加工厂设有成品料堆时，按满足混凝土生产 3～5d 的骨料需要量设置。为减少占地和储料建筑物，减少成品料贮备时间过长产生的污染，应力求少贮备成品料和半成品料，尽量多贮备毛料，使加工厂能常年均衡生产。

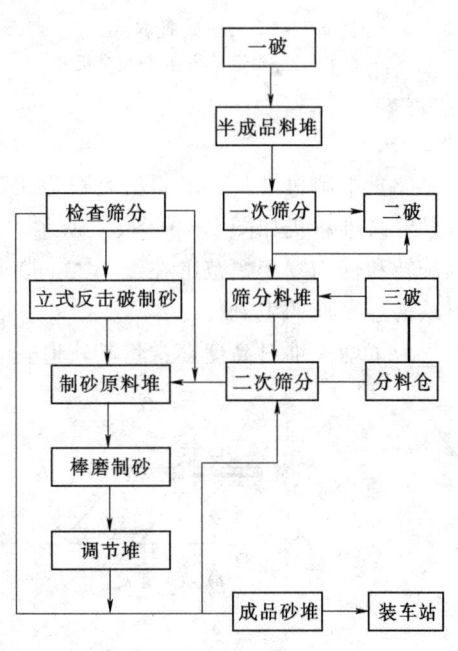

图 5-46　下岸溪人工砂生产工艺流程图

成品料仓各级骨料的堆存,必须设置可靠的隔墙,以防止骨料混级。隔墙高度按骨料自然休止角(34°~37°)确定,并超高 0.8m 以上。成品堆场容量应满足砂石料自然脱水要求。

2. 骨料堆场的形式

(1) 台阶式。如图 5-47 所示,利用地形的高差,将料仓布置在进料线路下方,由汽车或铁路矿车直接卸料。料仓底部设有出料廊道(又称地弄),砂石料通过卸料弧形阀门卸在皮带机上运出。为了扩大堆料容积,可用推土机集料或散料。这种料仓设备简单,但须有合适的地形条件。

(2) 栈桥式。如图 5-48 所示,在平地上架设栈桥,栈桥顶部安装有皮带机,经卸料小车向两侧卸料。料堆呈棱柱体,由廊道内的皮带机出料。这种堆料的方式,可以增大堆料高度 (9~15m),减少料堆占地面积。但骨料跌落高度大,易造成逊径和分离,而且料堆自卸容积(位于骨料自然休止角斜线中间的容积)小。

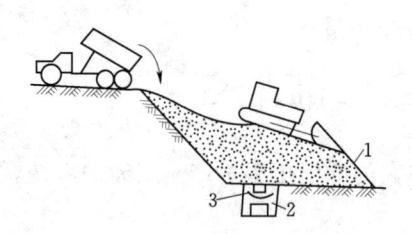

图 5-47 台阶式骨料堆
1—料堆;2—廊道;3—出料皮带机

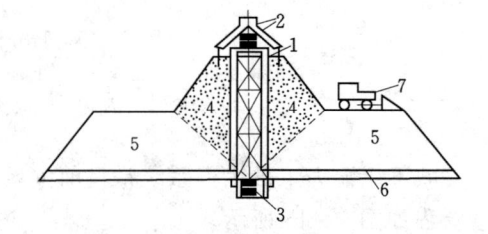

图 5-48 栈桥式骨料堆
1—进料皮带机栈桥;2—卸料小车;3—出料皮带机;
4—自卸容积;5—死容积;6—垫底损失容积;7—推土机

(3) 堆料机堆料。堆料机是可以沿轨道移动,有悬臂扩大堆料范围的专用机械。双悬臂式堆料机如图 5-49 (a) 所示。动臂式堆料机如图 5-49 (b) 所示,动臂可以旋转和仰俯(变幅范围在±16°之间),能适应堆料位置和堆料高度的变化,避免骨料跌落过高而产生逊径。

为了增大堆料高度,常将其轨道安装在土堤顶部,出料廊道则设于土堤两侧。

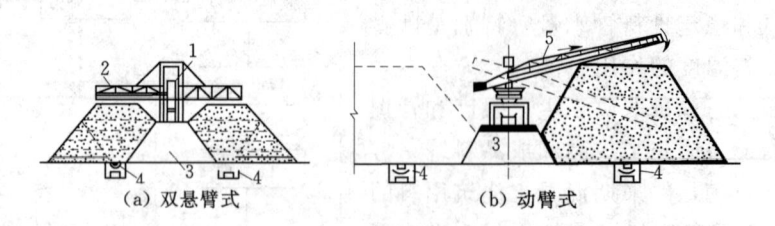

(a) 双悬臂式 (b) 动臂式

图 5-49 堆料机堆料
1—进料皮带机;2—可两侧移动的梭式皮带机;3—路堤;
4—出料皮带机廊道;5—动臂式皮带机

3. 骨料堆存中的质量控制

防止粗骨料跌碎和分离是骨料堆存质量控制的首要任务。卸料时,当粒径大于

40mm 的骨料其自由落差大于 3m 时，应设置缓降设施。皮带机接头处高差控制在 1.5m 以下。堆料分层应逐层上升。储料仓除有足够的容积外，还应维持不小于 6m 的堆料厚度。要重视细骨料脱水，并保持洁净和一定湿度。细骨料在进入拌和机前，其表面含水率应控制在 5% 以内，湿度以 3%～8% 为宜，防止因骨料过干导致分离。

设计料仓时，位置和高程应选择在洪水位之上，周围应有良好的排水、排污设施，地下廊道内应布置集水井，排水沟和冲洗皮带机污泥的水管等。料仓设计要符合安全、经济和维修方便要求，尽量减少骨料转运次数，防止栈桥排架变形和廊道不均匀沉陷。

单元二　混凝土制备

混凝土制备的过程包括储料、供料、配料和拌和。其中配料和拌和是主要生产环节，也是质量控制的关键。

一、混凝土配料

配料是按混凝土配合比要求，称量拌和混凝土的各组成材料的用量，其精度直接影响混凝土的质量。配料的方法有重量配料法和体积配料法两种，由于体积配料法难以满足配料精度的要求。所以，在水利水电工程中广泛采用重量配料法。

重量配料法是将砂、石、水泥和掺和料按质量称量，水和外加剂溶液按体积计量。规范要求的精度是：水泥、外加剂、水和掺和料为 ±1%，砂石料为 ±2%。

配料器是用于称量混凝土原材料的专门设备，其基本原理是悬挂式的重量秤。按所称料物的不同，可分为骨料配料器、水泥配料器和量水器等。在自动化配料器中，装料、称量和卸料的全部过程都是自动控制的。自动化配料器动作迅速，称量准确，在混凝土拌和楼中应用广泛。

二、混凝土拌和方法

混凝土拌和的方法有人工拌和与机械拌和两种。

1. 人工拌和

缺乏机械设备的小型工程或工程量小时可采用人工拌和，但其质量不易保证。人工拌和一般在干净的钢板或混凝土地面上进行，采用"干三湿三法"拌制，即先倒入砂子，后倒入水泥，用铁锹干拌 3 遍，然后中间扒开，加入石子和 2/3 的水量，湿拌 3 遍，其余的水边拌边加，直至拌匀。

2. 机械拌和

拌和机是制备混凝土的主要设备，按照拌和机的工作原理，可分为自落式、强制式和涡流式。自落式拌和机是一种利用可旋转的拌和筒上的固定叶片，将混凝土料带至筒顶，自由跌落拌制的设备。其特点是结构简单，单位产量成本低，可拌制骨料粒径较大的混凝土，适用较广。强制式拌和机是装料鼓筒不旋转，利用固定在轴上的叶片带动混凝土进行强制拌和。其特点是拌和时间短，搅拌质量好，但拌制低坍落度碾压混凝土易磨损叶片和衬板。涡流式拌和机靠旋转的涡流搅拌筒，利用侧面的搅拌叶片将骨料提升，再沿搅拌筒内侧将骨料送至强搅拌区，中轴叶片在逆向涡流中对骨料进行强烈搅拌。其特点是能耗低、磨损小、维修方便，但对大粒径骨料拌和不均，因此适用不广。

自落式拌和机应用普遍，按其外形又分为鼓形和双锥形两种。

鼓形拌和机的构造如图5-50（a）所示。鼓筒两侧开口，一侧开口用于装料，另一侧开口用于卸料。由于鼓筒只能旋转拌和，而不能倾翻卸料，故需利用插入筒内的卸料槽进行卸料。鼓形拌和机构造简单，装拆方便，使用灵活，如装上车轮便成为移动式拌和机。但容量较小（400~800L），生产率不高，多用于中小型工程，或大型工程施工初期。双锥形拌和机的构造如图5-50（b）所示。拌和筒一端开口，用于装料和卸料（也有少数是两端开口，分别用于装料或卸料）。拌和时，拌和筒开口端微微向上翘起，大部分材料在筒的中、后部进行拌和。同时，叶片的形状能使材料交叉翻动，增强了拌和效果。卸料时，利用气顶或机械传动使拌和筒倾翻约60°，将拌和料迅速卸出。双锥形拌和机容量较大，有800L、1000L、1600L、3000L等，拌和效果好、间歇时间短、生产率高，多用于大、中型工程。

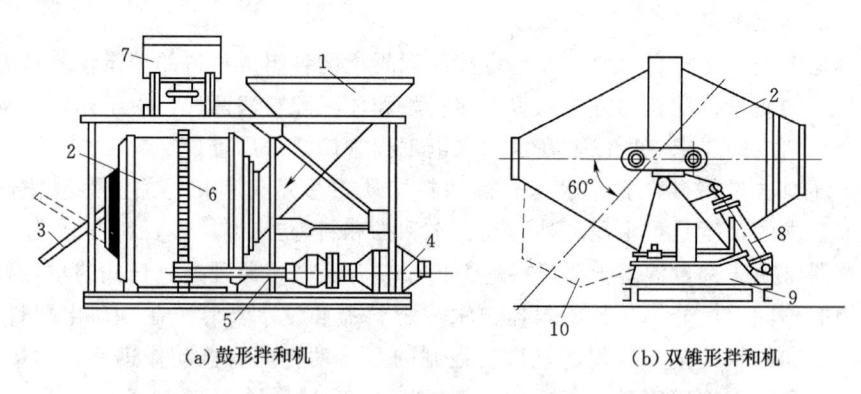

图5-50 自落式混凝土拌和机

1—装料机；2—拌和筒；3—泄料槽；4—电动机；5—传动轴；
6—齿圈；7—量水器；8—气顶；9—机座；10—泄料位置

拌和机按拌和实方体积（L或m³）确定拌和机的工作容量（又称出料体积）。拌和机的装料体积，是指每拌和一次装入拌和筒内各种材料松散体积之和。拌和机的出料系数是出料体积与装料体积之比，一般为0.6~0.7。

每台拌和机的小时生产率为

$$P = K \frac{3600V}{t_1 + t_2 + t_3 + t_4} \tag{5-3}$$

式中 V——拌和机出料容量，m³；

t_1——进料时间，自动化配料为10~15s，半自动化配料为15~30s；

t_2——拌和时间，随拌和机容量、坍落度、气温而异，一般自落式为90~150s，强制式拌和机为60~120s；

t_3——出料时间，一般倾翻式为15s，非倾翻式为25~30s；

t_4——必要的技术间歇时间，双锥式为3~5s；

K——时间利用系数，视施工条件定，一般为0.85~0.95。

三、混凝土拌和站、拌和楼

工程中通常将骨料堆场、水泥仓库、拌和机等集中布置，组成拌和站，或采用先进的混凝土拌和楼来制备混凝土，有利于提高生产率，也有利于工程管理。

1. 拌和站

小型工程一般采用简易拌和站，整个拌和站位于同一平面上（图 5-51）。当地形狭窄时，也可将骨料堆场布置在拌和站附近，利用皮带机或者装载机将骨料送至拌和站。

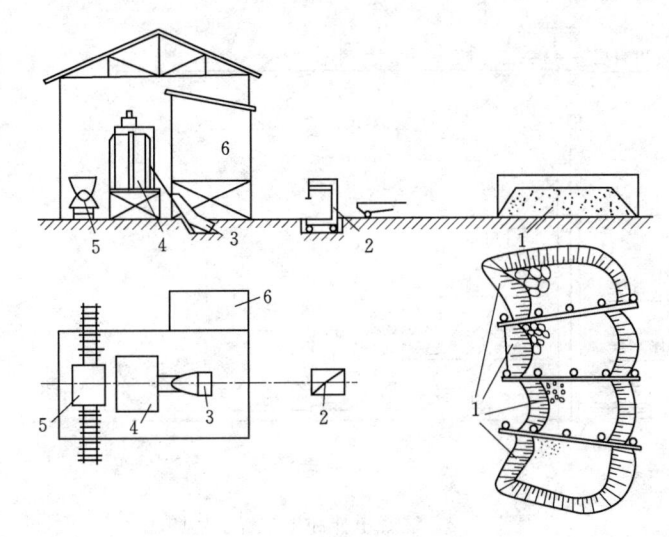

图 5-51 简易拌和站布置示意图
1—砂石料堆；2—地磅；3—装料斗；4—拌和机；5—受料车；6—水泥仓库

2. 拌和楼

混凝土拌和楼是一套集配料、搅拌等混凝土生产过程于一体的自动化设备，由进料层、储料层、配料层、拌和层和出料层组成。全套设备生产率高，能制备各种级配的混凝土，便于管理，混凝土拌制质量好。但对地基要求高，安装复杂，价格高，且需要连续的砂、石、水泥输送系统配合。

拌和楼从结构布置形式上可分为直立式、二阶式、移动式 3 种形式，从搅拌机配置可分为自落式、强制式及涡流式等形式。

（1）直立式拌和楼。直立式拌和楼是将骨料、胶凝材料、料仓、称量、拌和、混凝土出料等各环节由上而下垂直布置在一座楼内，物料只作一次提升。这种楼型在国内外广泛采用，适用于混凝土工程量大，使用周期长，施工场地狭小的水利水电工程。直立式拌和楼是集中布置的混凝土工厂，常按工艺流程分层布置，分为进料层、储料层、配料层、拌和层及出料层共 5 层，如图 5-52（a）所示。其中配料层是全楼的控制中心，设有主操纵台。

骨料和水泥用皮带机和提升机分别送到储料层的分格仓内，每格装有配料斗和自动秤，将称好的各种材料汇入骨料斗，再用回转器送入待料的拌和机，拌和用水则由自动量水器量好后，直接注入拌和机。拌好的混凝土卸入出料层的料斗，待运输车辆

(a) 单阶式

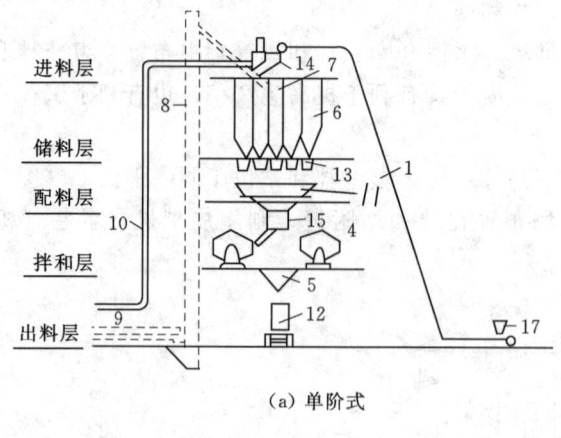

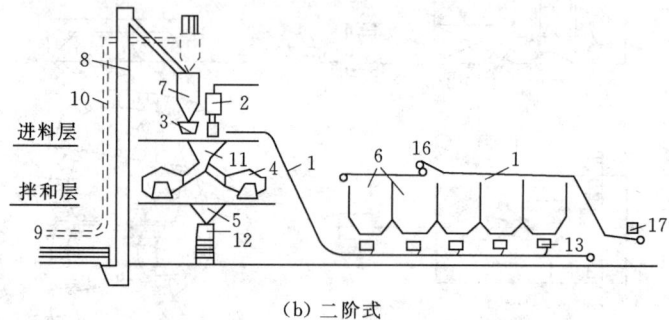

(b) 二阶式

图 5-52 混凝土拌和楼布置示意图

1—皮带机；2—水箱及量水器；3—水泥料斗及磅秤；4—拌和机；5—出料斗 6—骨料仓；7—水泥仓；8—斗式提升机；9—螺旋机输送水泥；10—风送水泥管道；11—集料斗；12—混凝土吊罐；13—配料器；14—回转漏斗；15—回转喂料器；16—泄料小车；17—进料斗

就位后，开启气动弧门出料。各层设备可由电子传动系统操作。

一座拌和楼通常装 2~4 台 1000L 以上的锥形拌和机，呈巢形布置。拌和楼的生产容量有 4×3000L、2×1600L、3×1000L 等，国内外均有成套的设备可供选用。

为了控制骨料超逊径引起的质量问题，可采用运送混合骨料至拌和楼顶进行二次筛分。我国研制的首台 4×3000L 楼顶带二次筛分的拌和楼于 1989 年在五强溪工程安装，1990 年 6 月投入使用，是五强溪工程混凝土生产的主力设备。该拌和楼工艺流程如图 5-53 所示。

(2) 二阶式拌和楼。二阶式拌和楼是将直立式拌和楼分成两部分：一是骨料进料、料仓储存及称量，一是胶凝材料、拌和、混凝土出料控制等。两部分中间用皮带机连接，一般布置在同一高程上，也可利用地形高差布置在两个高程上。此结构型式安装拆迁方便，机动灵活，如图 5-52 (b) 所示。小浪底工程混凝土生产系统 4×3000L 拌和楼即采用这种形式。

(3) 移动式拌和楼。移动式拌和楼一般用于小型水利水电工程中混凝土骨料粒径在 80mm 以下的混凝土。

混凝土拌和楼的生产能力应能满足混凝土质量品种和浇筑强度的要求。混凝土拌

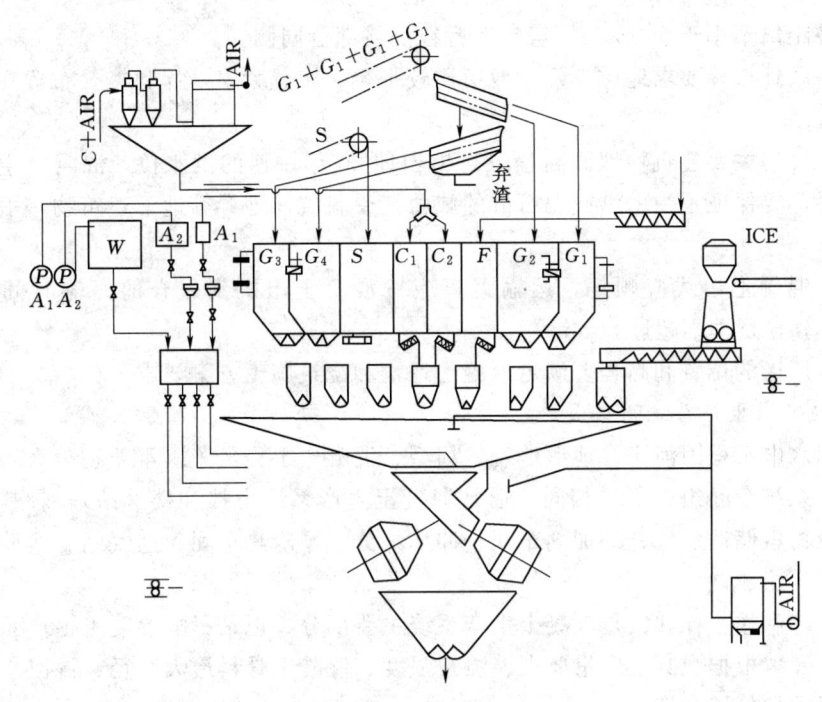

图 5-53　五强溪水电站 4×3000L（楼顶二次筛分）拌和楼工艺流程

和设备需要满足的生产能力 $P_0 (m^3/h)$ 计算公式为

$$P_0 = K \frac{Q_{max}}{nm} \tag{5-4}$$

式中　n——高峰月每日平均工作时数，一般取 20h；

　　　m——高峰月有效工作日数，一般取 25d；

　　　K——小时生产不均匀系数，可按 1.5 考虑；

　　　Q_{max}——混凝土高峰浇筑强度，m^3/月。

四、混凝土生产系统

混凝土生产系统一般由拌和楼（站）及其辅助设施组成，包括混凝土原材料储运、二次筛分冷却（或加热）等设施。

1．混凝土生产系统设置

根据工程规模、施工组织的不同，可集中设置一个混凝土生产系统，也可设置两个或两个以上的混凝土生产系统。混凝土生产系统可采用集中设置、分散设置或分标段设置。在混凝土建筑物比较集中，混凝土运输线路短而流畅，河床一次拦断全面施工的工程中采用集中设置，如三门峡、新安江工程等。当在河流流量大而宽阔的河段上，工程采用分期导流、分期施工时，一般按施工阶段分期设置混凝土生产系统，如葛洲坝、隔河岩、三峡工程。若工程分标招标，并在招标文件中要求承包商在规划建设相应混凝土生产系统时，可按不同标段设置，如二滩工程大坝（Ⅰ标）和厂房（Ⅱ标）混凝土生产系统。

2．混凝土生产系统的布置要求

（1）拌和楼尽可能靠近浇筑点，混凝土生产系统到坝址的距离一般在 500m 左右，爆破距离不小于300m，厂房宜布置在浇筑部位同侧。

（2）厂址选择要求地质良好、地形比较平缓、布置紧凑，拌和楼要布置在稳定的基岩上。

（3）厂房主要建筑物地面高程应高出当地20年一遇的洪水位，混凝土生产系统在沟口时，要保证不受山洪或泥石流的威胁。受料坑、地弄等地下建筑物一般在地下水位以上。

（4）混凝土出线应顺畅，运输距离应按混凝土出机到入仓的运输时间不超过60min计算，夏季不超过30min。

（5）厂区的位置和高程要满足混凝土运输和浇筑施工方案要求。

3. 混凝土生产系统的组成

水利水电工程因河流、地形地貌、坝型、混凝土工程量等因素差别较大，因而混凝土生产系统车间组成不尽相同。通常混凝土生产系统由拌和楼（站）、骨料储运设施、胶凝材料储运设施、外加剂车间、冲洗筛分、预冷热车间、空气站、实验室及其辅助车间等组成。

（1）拌和楼。拌和楼是混凝土生产系统主要部分，也是影响混凝土生产系统的关键设备。一般根据混凝土质量要求、浇筑强度、混凝土骨料最大粒径、混凝土品种和运输等要求选择拌和楼。

（2）骨料储运设施。骨料储运设施包括骨料输送和储存设施，按拌和楼生产要求，向拌和楼供应各种满足质量要求的粗细骨料。

拌和楼一般采用轮换上料，净骨料（包括细骨料）供料点至拌和楼的输送距离宜在300m以内，当大于300m时，应在混凝土生产系统设置骨料调节堆（仓）。若骨料采用汽车运输，骨料中转较困难时，粗骨料调节堆的活容积一般为混凝土生产系统生产高峰日平均需要量2~3d的用量，细骨料不宜小于3d需用量；若采用胶带机转运骨料，场地布置困难，粗骨料调节堆活容积为混凝土生产系统生产高峰日平均需要量1~2d的用量，细骨料为2~3d的用量。

混凝土生产系统骨料调节堆可采用料堆堆料和料仓储料两种方式。对混凝土工程量较小，生产时间短的工程可采用料堆堆料，堆料高度5~8m；对混凝土工程量较大，生产时间长、生产环境要求高，混凝土月浇筑强度较高的工程，为减少骨料二次污染，宜采用料仓堆料。如水口工程采用14个ϕ14m×20m圆形混凝土结构骨料罐，其中4个砂罐，供高峰期3d骨料需要量；三峡二期工程4个混凝土生产系统均采用圆形钢结构骨料罐，供3d需要量，其中90m、79m高程混凝土生产系统采用ϕ16m×16m钢罐。

骨料调节堆无论采用何种形式，当堆料高度大于5m时，粗骨料应设置缓降器，细骨料应设置防雨设施。

（3）胶凝材料储运。混凝土生产系统胶凝材料储运设施一般包括水泥和粉煤灰两部分，距拌和楼距离不宜大于20m。目前，大、中型工程一般不采用袋装水泥，混凝土生产系统应设置一定数量的散装水泥罐。一般工程施工时间较长，粉煤灰供应不确定因素多，灰源多而不稳定，质量差异较大，为利于混凝土质量控制，粉煤灰罐不宜少于2个。

混凝土生产系统胶凝材料从料源到工地运输，必要时可设置胶凝材料中转库，中转库的布置地点一般由施工总组织确定。混凝土生产系统内胶凝材料宜采用气力输送。

(4) 二次冲洗筛分。粗骨料在长距离运输和多次转储过程中，常常发生破碎和二次污染，为了满足骨料质量要求，一般在混凝土生产系统设置二次冲洗筛分设施，控制骨料超逊径含量，排除石渣石屑。

二次冲洗筛分有两种形式：①地面冲洗二次筛分，冲洗筛分后骨料直接储存在一次风冷料仓，如三峡二期98.7m高程等5个混凝土生产系统；②地面冲洗、楼顶二次筛分，筛分后的骨料直接搅拌和楼料仓，如湖南五强溪96m高程混凝土生产系统。

(5) 实验室。混凝土生产系统应设置混凝土实验室，承担混凝土材料、混凝土拌和质量的控制和检验。混凝土生产系统实验室建筑面积可按混凝土工程量来计算，每1万 m^3 混凝土实验室建筑面积不宜小于 $1m^2$（包括监理单位现场实验室），且总面积不宜小于 $250m^2$。

(6) 外加剂车间。目前，水利水电工程外加剂一般以浓缩液或固体形状运到工地，再配成液剂使用。固体浓缩外加剂在工地一般设置拆包、溶解、稀释、匀化稳定和输送几道工序。外加剂溶解在不能自流的容器中，可用提升泵输送至拌和楼，拌和楼外加剂贮液灌应设置回液管至外加剂车间。如三峡二期工程90.0m和79.0m高程混凝土生产系统。如采用液体外加剂在工地可不设置专用车间，随配随用。

单元三 混 凝 土 运 输

一、混凝土运输要求

混凝土运输对混凝土质量和进度影响大。运输过程包括水平运输和垂直运输，从拌和机前到浇筑仓前，主要是水平运输，从浇筑仓前至仓内，主要是垂直运输。

在运输过程中，要求混凝土不初凝、不分离、不漏浆、无严重泌水、无过大的温度变化，且不得有混凝土强度等级和级配错误，也不容许在运输过程中向混凝土拌和物内加水。

为减少混凝土性能在运输中发生过大变化，应尽量减少转运次数（一般不超过两次），并使转运自由跌落高度不超过2m，以防止分离；整个运输时间不宜超过30～60min，以防止混凝土初凝。

二、混凝土水平运输机械

通常混凝土的水平运输有无轨运输和有轨运输两种。有轨运输一般用轨距762mm或1000mm的窄轨机车托运平台完成。一台机车拖挂3～5节平台列车，上放2～4个混凝土立罐。

无轨运输的主要设备是手推车、机动翻斗车和自卸汽车，辅助设备有盛装混凝土的立罐和卧罐，罐的容量一般在 $3\sim6m^3$，配合起吊的起重机运输吨位在10～20t以上。

1. 机动翻斗车

机动翻斗车（图 5-54）的容量约 0.5m³，载重量为 1t，最高速度为 20km/h。特点是：轻便灵活、转弯半径小，能自卸，但运输量小。适用于短途运送混凝土和砂石料。

2. 汽车

汽车运输主要有混凝土搅拌车、后卸式自卸车、汽车运立罐及无轨侧卸料罐车等。汽车运输机动灵活，载重量大，装卸快，应用最广泛。它比有轨运输的投资少，适用范围宽，且对道路的要求低；但运费较高，震动大，容易造成混凝土漏浆和分离。图 5-55（a）为自卸汽车利用钢栈桥直接入仓的方式，图 5-55（b）是汽车卸入仓前卧罐与履带起重机配合方式，前者适合基础部位的浇筑，后者一般用于高部位浇筑。当地形条件有利时，也可采用图 5-56 形式的溜槽方式。

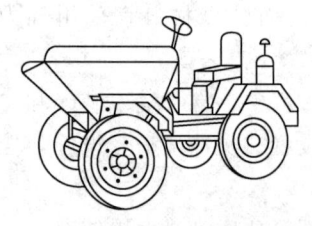

图 5-54 机动翻斗车

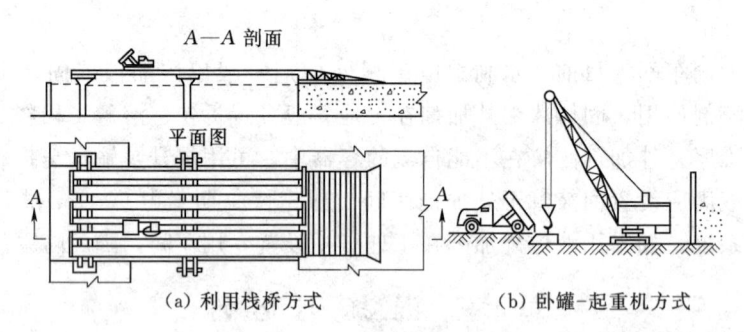

（a）利用栈桥方式　　（b）卧罐-起重机方式

图 5-55 自卸汽车运输混凝土

3. 混凝土搅拌车

混凝土搅拌车是一种专门运输混凝土的设备，由汽车的基本部分和装卸混凝土的工作装置组成，容量一般在 5~6m³，混凝土只能是二级配以下，且坍落度应在 50mm 以上，否则，难以卸料。优点是运输平稳，混凝土和易性不会有大的改变，且混凝土温度损失小。

4. 铁路平板机车

大型水利工程混凝土运输利用

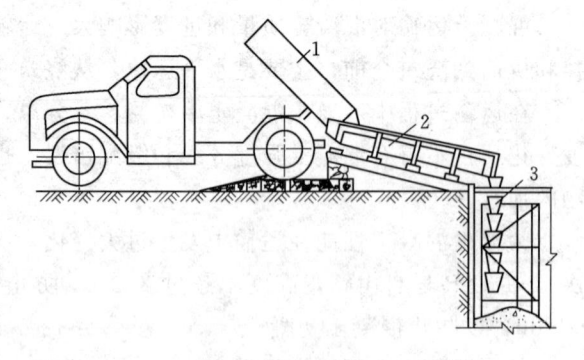

图 5-56 自卸汽车通过溜槽卸料
1—车厢；2—溜槽；3—串桶

平坦的地形条件或水电站的尾水平台布置铁路，利用平板机车拖挂 3~5 节列车运送混凝土。常用的方式有"三罐一空"或"四罐一空"。此方式的运输量大，运输平稳，混凝土质量容易保证，且有利发挥起重机的效率。图 5-57 为"两罐一空"方式。

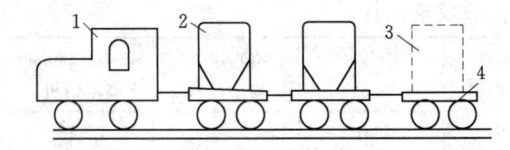

图 5-57 平板机车拖挂混凝土立罐
1—柴油机车；2—混凝土罐；3—空位；4—平台车

三、混凝土垂直运输机械

混凝土垂直运输又称为浇筑仓前到仓内的运输，由起重机完成。常用的有以下几种。

1. 门式起重机

10/20t 四连杆门机如图 5-58 所示，它是一种可沿钢栈桥轨道移动的大型起重机。门架中间可通行 2~3 列平台机车，近距离起吊 20t，远距离 10t。门机形式有单杆臂架（如丰满门机）和四连杆臂架（如大连产 10/20t 门机）。前者结构简单，控制范围小；后者臂架可以收缩，减小空间占位，便于相邻门机靠近浇筑同一浇筑块，生产率高，可加快浇筑速度，但结构较复杂。

高架门机是 20 世纪 40 年代由门机发展起来的，起重幅度大，控制范围大，很适合于高坝、进水塔和大型厂房的浇筑。图 5-59 为三门峡 MQ540/30 型高架门机示意图。常用门机性能见表 5-9。

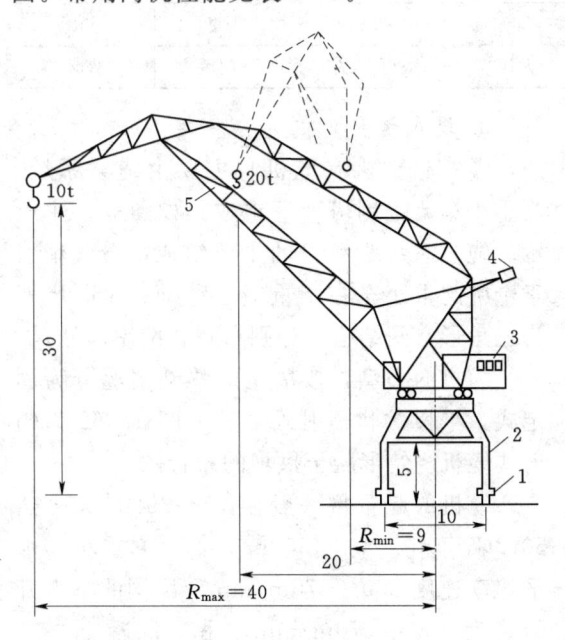

图 5-58 10/20t 四连杆门机（单位：m）
1—行驶装置；2—门架；3—机房；
4—平衡重；5—起重臂

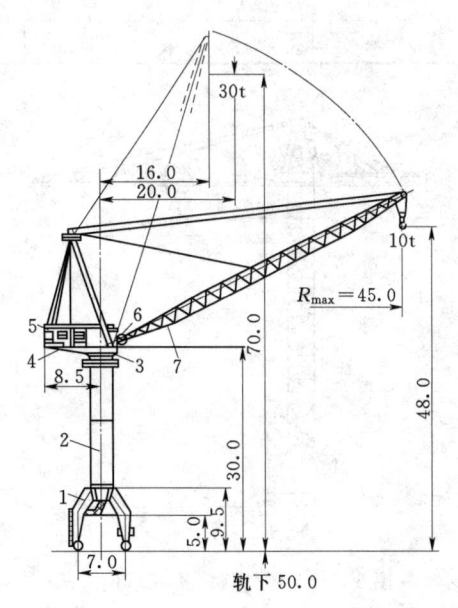

图 5-59 MQ540/30 型高架门机（单位：m）
1—门架；2—圆筒高架塔身；3—回转盘；4—机房；
5—平衡重；6—操纵台；7—起重臂

2. 塔式起重机

10/25t 塔机，如图 5-60 所示。起重臂一般水平状，塔身高，伸臂长，配两台起重小车，可沿起重臂移动。塔机本身有行走装置，可在栈桥上行走，可以增加其控制范围。塔机的控制范围大，但转动有限制，相邻塔机运行时的安全距离要求大，不如门机灵活，且在 6 级以上大风时，应停止运行，以防倒塌。常用塔机性能见表 5-9。

表 5-9　　　　　　　　　　　常用门、塔机性能表

性能指标	单位	10t 丰满门机	10/20t 四连杆门机	10/25t 塔机	MQ540/30 高架门机	SDMQ1260/60 高架门机
最大起重力矩	kN·m	5292	3920	4410	5880	12348
起重量	t	10/30	10/20	10/25	10/30	20/60
起重幅度	m	(18～37)/18	(9～40)/(9～20)	(7～40)/(7～18)	(14～45)/(16～21)	(18～45)/(18～21)
总扬程	m	90/39.5	75/75	88/42	120/70	115/72
轨上起重高度	m	37	30	42	70	52/72
最大垂直轮压	kN	450	207	392	490	465
轨距	m	7	10	10	7	10.5
机尾回转半径	m	8.1	8	20.7	8.5	11.2
电源电压	V	6000	380	380	6000	6000或10000
功率	kW	215	284	217	230	419
整机质量	t	151	239	293	210	358
产地		吉林	大连	太原、天津	三门峡	吉林

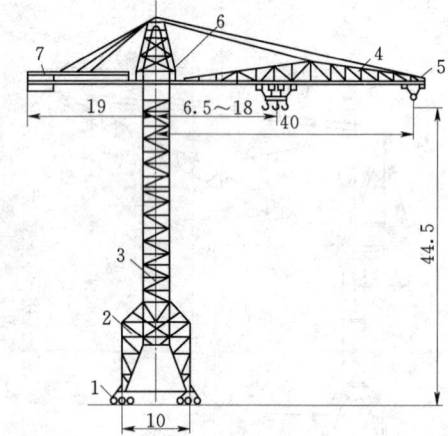

图 5-60　10/25t 塔机（单位：m）
1—车轮；2—门架；3—塔身；4—起重臂；
5—起重小车；6—回转塔架；7—平衡重

3. 缆式起重机

缆式起重机（缆机）主要由缆索系统、起重小车、主副塔架等组成，如图 5-61 所示。缆索系统为缆机的主要组成部分；牵引索牵引起重小车在承重绳上移动；主副塔架为三角形空间结构，分别布置在两岸高处。

缆机的类型，按塔架的移动情况分为固定式，平移式和辐射式 3 种。图 5-62 为辐射式缆机浇筑混凝土拱坝的布置图。

缆机的起重量一般在 10～25t 最大可达 50t，跨度在 400～1300m 左右，起重小车水平移动速度 360～670m/min，吊钩的垂直升降速度 100～670m/min，吊运混凝土立罐 8～12 次，最大可吊运 24 罐，小时浇筑强度一般在 50～120m³/h。

缆机适用于狭窄河床的混凝土浇筑。它的主要优点是：缆机安装工期灵活，和主体工程的干扰较小，不占浇筑部位；受水流控制的影响小，全年有效施工时间多；控制范围大，使用时间长，生产率高。但投资大，钢索容易损坏，通用性差，对地形要求高。

4. 其他垂直运输机械

除上述几种常用的混凝土垂直运输机械外，还有履带式起重机（或是反铲改装）、汽车式起重机、桅杆式起重机、升降塔和小型塔机等。一般适用于小型工程，或作为

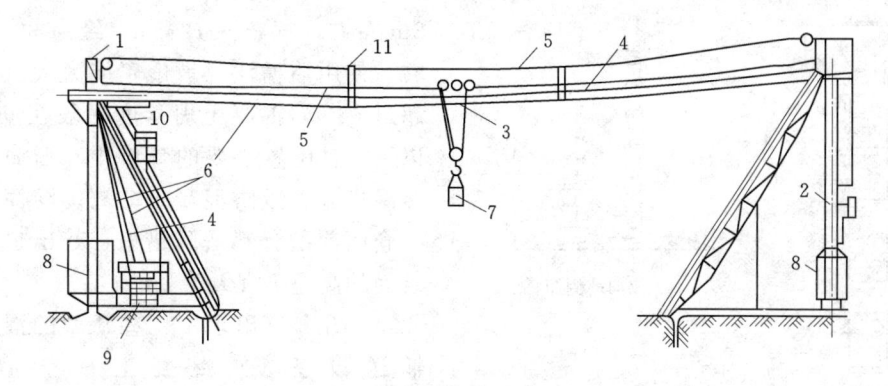

图 5-61 缆式起重机结构图

1—主塔；2—副塔；3—起重小车；4—承重索；5—牵引索；6—起重索；
7—重物；8—平衡重；9—机房；10—操纵室；11—索夹

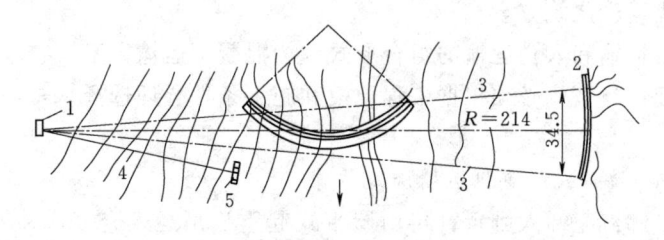

图 5-62 辐射式缆机浇筑拱坝的布置图（单位：m）

1—主塔；2—副塔轨道；3—起重机极限；4—绞车索；5—绞车

大中型工程运输混凝土的辅助设备。

四、泵送混凝土运输机械

混凝土输送泵有活塞式和风动式两种。混凝土输送能力，水平距离为 200～450m，垂直高度为 40～80m。主要用于浇筑配筋稠密或仓面狭窄部位，如隧洞衬砌与封堵、边墙混凝土浇筑。

混凝土输送泵运行须注意：保持输送管道清洁，输送混凝土前，先通沙浆予以润滑管道，浇筑完毕应立即清洗输送泵及管道；保持进料斗始终处在满料状态；严格控制混凝土流动性和骨料粒径，混凝土坍落度一般为 100～160mm，水泥用量为 250～300kg/m³，骨料最大粒径在 40mm 左右。使用完毕，立即清洗机身和输送泵管。

五、塔带机

塔带机将混凝土水平运输和垂直运输合二为一，具有连续运输，生产效率高，运行灵活等特点。但由于运输强度大、速度快、高速入仓，对铺料、平仓和振捣也带来不利影响。近年来，塔带机（顶带机）和胎带机的引进和应用，实现了对混凝土运输传统方式的变革，从而导致了皮带机运输混凝土的广泛应用。

六、混凝土运输的辅助设备

混凝土输送的辅助设备有吊罐、骨料斗、溜槽、溜管（图 5-63）等。特别是溜槽在边坡及混凝土面板浇筑中应用广泛，它用镀锌铁皮制造，一般成 U 形，每节长

2m 左右，宽 80～120cm，缘高 30cm 左右。使用溜槽注意坡度不能太大（不宜超过 45°），混凝土坍落度一般在 90mm 以下，且配置必要的骨料斗和溜筒作为缓降措施，以防混凝土分离。溜筒是进入仓面前的分料缓降措施，其出口离浇筑面的高差不宜大于 2m。

近几年，出现了一些新型的混凝土输送设备，如混凝土真空溜槽、MYBOX 等，对解决混凝土在输送过程中的分离现象起到了很好的控制。该设备在三峡、江垭等工程取得了成功经验。

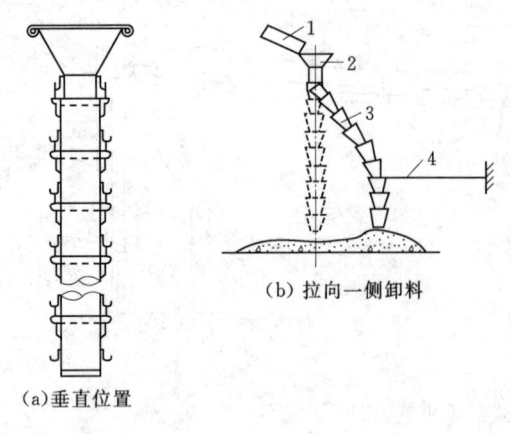

图 5-63 溜管
1—运料工具；2—受料斗；3—溜管；4—拉索
(a) 垂直位置
(b) 拉向一侧卸料

七、混凝土运输浇筑方案

混凝土供料运输和入仓运输的组合形式称为混凝土运输方案。它是坝体混凝土施工中的一个关键性环节，必须根据工程规模和施工条件合理选择。常用混凝土运输浇筑方案如下。

1. 自卸汽车-履带式起重机运输浇筑方案

混凝土由自卸汽车卸入卧罐，再由履带式起重机吊运入仓。这种方案机动灵活，适应工地狭窄的地形。履带式起重机多由挖掘机改装而成，自卸汽车在工地使用较多，所以能及早投产使用，充分发挥机械的利用率。但履带式起重机在负荷下不能变幅，并受工作面与供料线路的影响，常需随工作面而移动机身，控制高度不大。常用于岸边溢洪道、厂房基础、低坝等混凝土工程。

2. 起重机-栈桥运输浇筑方案

采用门机和塔机吊运混凝土浇筑方案，常在平行于坝轴线方向架设栈桥，并在栈桥上安设门、塔机，如图 5-64 所示。混凝土水平运输车辆常与门、塔机共用一个栈桥桥面，以便于向门、塔机供料。

为了扩大起重机的控制范围，增加浇筑高度，为起重机和混凝土运输提供开行线路，使之与浇筑工作面分开，避免相互干扰，工程常常设置施工栈桥。施工栈桥是临时性建筑物，一般由桥墩、梁跨结构和桥面三部分组成，桥上行驶起重机（门机或塔机）和运输车辆（机车或汽车），如图 5-65 所示。

常见栈桥的布置方式有以下几种：

（1）单线栈桥。当建筑物的宽度不太大时，栈桥设于坝底宽度的 1/2 左右处，可控制大部分浇筑部位，栈桥可一次到顶，也可

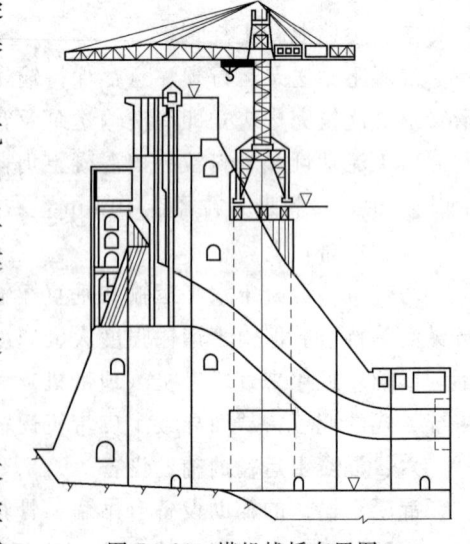

图 5-64 塔机栈桥布置图

分层加高。分层加高有利于及早投产，避免吊罐下放过深，能简化桥墩结构。但施工过程中要加高栈桥，改变运输线路，对主体工程施工有影响。栈桥上部结构如图5-66（a）所示。

（2）双线栈桥。对于较宽的建筑物，为便于全面控制而布置双线栈桥，如图5-66（b）、图5-66（c）所示。双线栈桥常为一主一辅，主栈桥担任大部分浇筑任务，辅栈桥主要担任水平运输任务。这种布置方式，在坝后式厂房与河床式厂房混凝土施工过程中应用较多。

（3）多线多高程栈桥。对于坝底宽度特大的高坝工程，常需架设多线多高程栈桥，如图5-67所示。近年来，由于高架门机和巨型塔机的应用，可简化这种布置方式。

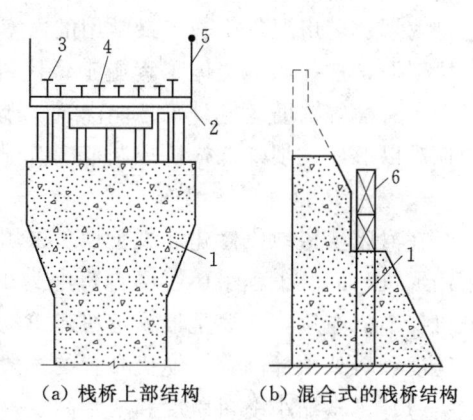

图5-65 门机和塔机的工作桥示意图
1—钢筋混凝土桥墩；2—桥面；3—起重机轨道；
4—运输轨道；
5—栏杆；6—可拆除的刚架

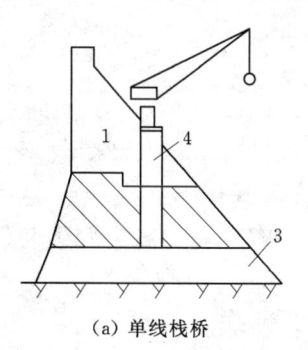

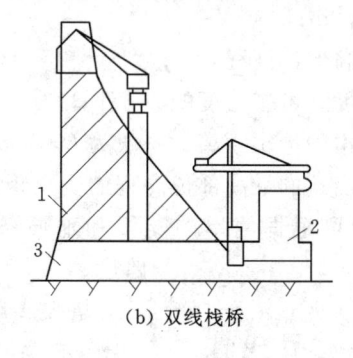

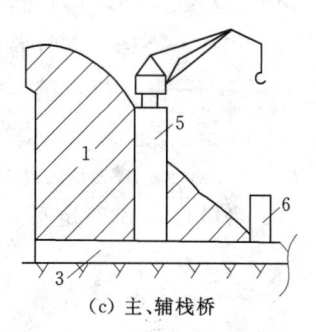

图5-66 大坝施工栈桥布置方式
1—坝体；2—厂房；3—由辅助浇筑方案完成的部位；
4—分两次升高的栈桥；5—主栈桥；6—辅栈桥

在选择栈桥布置方式、确定栈桥位置和高程时，除了要保证建筑物控制范围和主要工程量之外，还必须考虑与水平运输衔接、施工导流、防洪度汛等问题，并尽量减少门、塔机搬迁次数，避免或减少对主体工程的影响。对于兼有运输任务的栈桥，桥面高程应与拌和楼出料高程相协调。

起重机-栈桥方案的优点是布置比较灵活，控制范围大，运输强度高；门、塔机为定型设备，机械性能稳定，可多次拆装使用。因此，

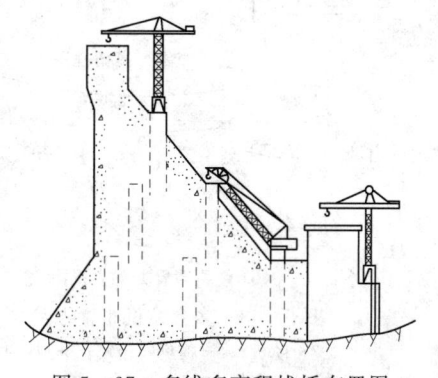

图5-67 多线多高程栈桥布置图

它是大坝、厂房混凝土施工最常用的方案。其缺点是修建栈桥和安装起重机需要占用一段工期，往往影响主体工程施工；栈桥下部形成浇筑死区（称为栈桥压仓），需用溜管、溜槽等辅助运输设备方能浇筑，或待栈桥拆除后浇筑。此外，坝内栈桥在施工初期难以形成；坝外低栈桥控制范围有限，且受导流方式的影响和汛期洪水的威胁。

3. 缆机运输浇筑方案

在河床狭窄地段修建混凝土坝多采用缆机。如五强溪、隔河岩、万家寨等工程均采用缆机，三峡工程采用了两台跨度为 1416m、塔架高 125m、起重量 20t 的摆塔式缆机。缆机布置，主要是根据枢纽建筑物外形尺寸和河谷两岸地形地质条件，确定缆机跨度和塔架顶部高程。缆机布置的一般原则为：

(1) 尽量缩小缆机跨度和塔架高度。
(2) 控制范围尽量覆盖所有坝块。
(3) 缆机平台工程量尽量小，双层缆机布置要使低缆浇筑范围不低于初期发电水位。
(4) 供料平台要平直且尽量少压或不压坝块。

塔顶控制高程为

$$H = H_0 + f + \alpha + \Delta \tag{5-5}$$

式中 H——缆机塔顶高程，m；
H_0——计划浇筑的最高部位高程，m；
f——缆机承重索垂度，可按跨度的 5% 计算；
α——吊罐底至承重索的最小距离，一般为 6～10m；
Δ——吊罐底至计划浇筑的最高部位高程的安全距离，不小于 1m。

当塔顶高程确定后，即可根据两岸的陡缓和地质条件，确定塔架高度和缆机跨度。

塔架高度 H_t 为

$$H_t = H - H_n \tag{5-6}$$

式中 H_n——轨道顶面高程，m。

采用缆机方案，应尽量全部覆盖枢纽建筑物，满足高峰期浇筑量。图 5-68 是多台缆机布置方案示例，共 3 台 20t 辐射式缆机，跨度 420m，主塔高 15～20m。其中，缆机 3 布置较低，主要担任厂房运输浇筑任务。

缆机方案布置，有时由于地形地质条件限制，或者为了节约缆机平台工作量和设备投资，往往缩短缆机跨度和塔架高度，甚至将缆机平台降至坝顶高程。这时，需要其他运输设备配合施工，还可以采用缆机和门、塔机结合施工的方案。

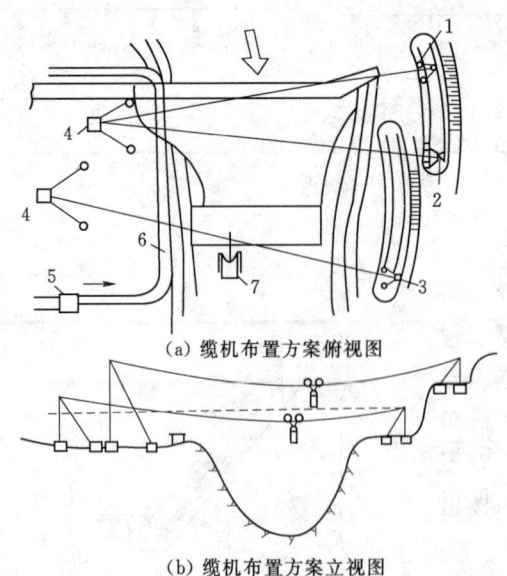

(a) 缆机布置方案俯视图

(b) 缆机布置方案立视图

图 5-68 多台缆机布置方案
1、2、3—缆机；4—搅机固定塔；5—拌和楼；
6—混凝土运输轨道；7—吊罐

4. 专用皮带机浇筑混凝土

皮带机浇筑混凝土往往在运输和卸料时容易产生分离及严重的砂浆损失现象，而难以满足混凝土质量要求，使其应用受到很大限制。近年美国罗泰克（ROTEC）公司对皮带机进行了较大改革，并在墨西哥惠特斯（TUITES）大坝第一次成功地应用了3台以罗泰克塔带机为主的混凝土浇筑方案，使皮带机浇筑混凝土进入一个新阶段。

塔带机是集水平运输与垂直运输于一体，将塔机与皮带输送机有机结合的专用皮带机，要求混凝土拌和、水平供料、垂直运输及仓面作业一条龙配套。塔带机一般布置在坝内，要求大坝坝基开挖完成后快速进行塔带机系统的安装、调试和试运行，使其尽早投入正常生产。三峡大坝施工采用了4台美国罗泰克公司生产的TC2400型塔带机和2台以法国波坦（POTAIN）公司为主生产的MD2200型顶带机（图5-69和图5-70）。这两种塔带机主要技术参数见表5-10。

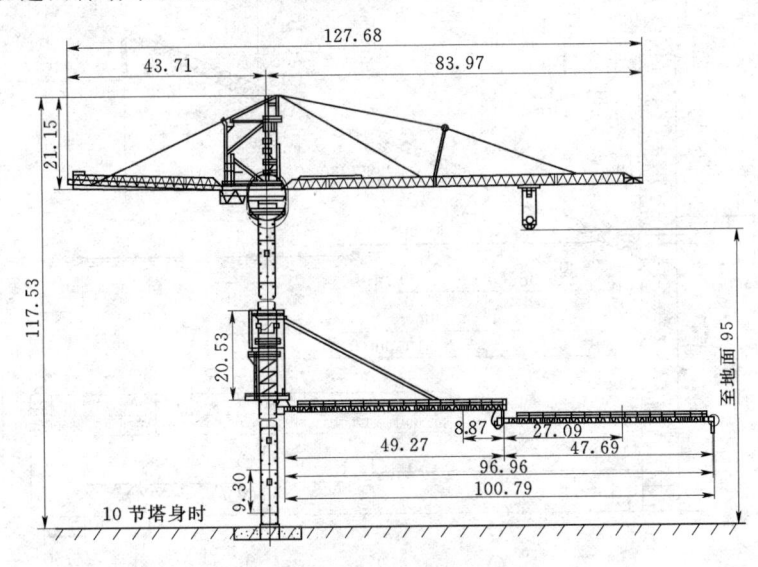

图5-69 罗泰克公司TC2400型塔带机（单位：m）

表5-10 大型塔带机主要技术参数表

项　　目		TC2400塔带机	MD2200塔带机	备　注
皮带机最大工作幅度/m		100	105	布料皮带水平状态
塔机工况工作幅度/m		80	80	
塔柱最大抗弯力矩或额定力矩/(t·m)		2400	2200	
塔柱节标准长度/m		9.3	5.78	固定式塔机
带式输送机	带宽/mm	760	750	
	带速/(m/s)	3.15~4.0	3.15~4.0	
	输送能力/(m³/min)	6.5	6.5	
	最大仰角/(°)	+30°	+25°	
	最大俯角/(°)	-30°	-25°	
	输送最大粒径/mm	150	150	

续表

项 目	TC2400塔带机	MD2200塔带机	备 注
塔机工况最大起重量/t	60	60	
工况转换/min	≤30	≤30	浇筑转安装或安装转浇筑工况
混凝土品种变换一次时间/min	≤15	≤15	
安装和调试时间/min	8	9	低价状态，时间为参考值
单班作业人数/人	8～10	8～10	塔机及皮带机

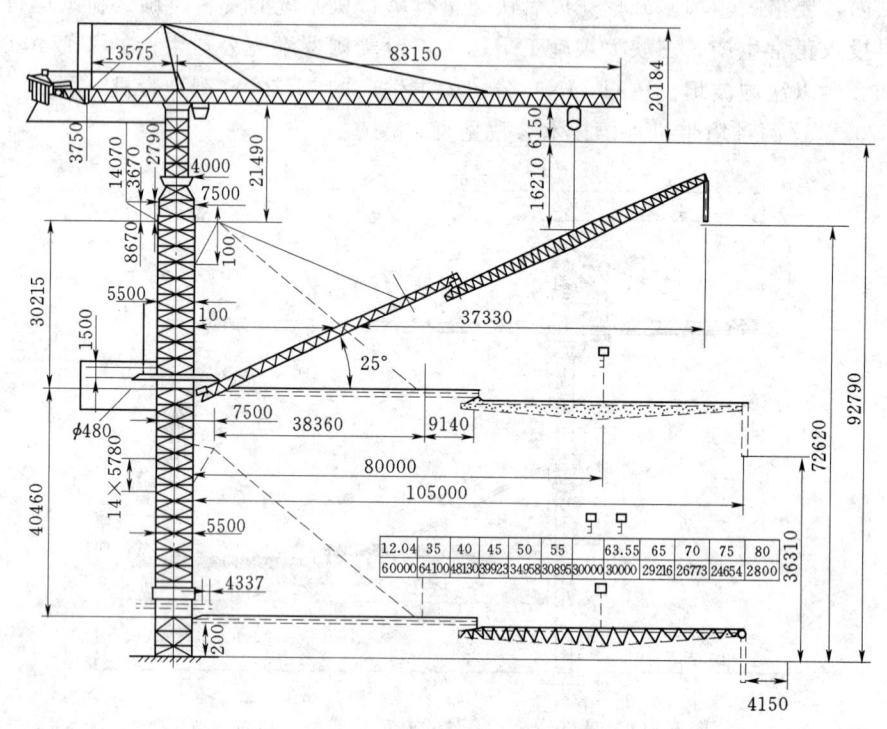

图 5-70 波坦公司 MD2200 型塔带机（单位：mm）

八、混凝土运输浇筑方案的选择

混凝土运输浇筑方案对工程进度、质量、工程造价将产生直接影响，需综合各方面因素，经过技术、经济比较后选定。

1. 方案选择应考虑的因素

（1）枢纽布置，水工建筑物类型、结构和尺寸，特别是坝的高度。

（2）工程规模、工程量和总进度拟定的施工阶段控制性浇筑进度、强度及温控要求。

（3）施工现场的地形、地质条件和水文特点。

（4）导流方式及分期和防洪措施。

（5）混凝土拌和楼的布置和生产能力。

（6）起重机具的性能和施工队伍的技术水平、熟练程度及设备状况。

上述各种因素互相依存、互相制约。因此，必须结合工程实际，拟出几个可行性方案进行全面的经济比较，最后选定技术上先进、经济上合理、设备供应现实的方案。

2. 运输浇筑方案选择

在运输浇筑方案选择时，可按下述不同情况确定。

(1) 高度较大的建筑物。其工程规模和混凝土浇筑强度大，混凝土垂直运输占主要地位。常以门、塔机—栈桥、皮带机为主方案，以履带机及其他较小机械设备为辅助措施。在较宽河谷的高坝施工，常采用缆机与门、塔机（或塔带机）相结合的混凝土运输浇筑方案。

(2) 高度较低的建筑物。如低坝、水闸、船闸、厂房、护坦及各种导墙等，可选用门机、塔机、履带机、皮带机作为主要方案。

(3) 工作面狭窄部位。如隧洞衬砌、导流底孔封堵、厂房二期混凝土部分回填等，可选用混凝土泵、溜管、溜槽、皮带机等运输浇筑方案。

九、起重机数量的确定

起重机数量决定于混凝土最高月浇筑强度和选用起重机的浇筑能力。

1. 起重机吊运混凝土生产率

$$P = k_1 nq \tag{5-7}$$

式中　P——起重机吊运混凝土生产率，m^3/h；

　　　q——每次吊运混凝土方量，m^3，通常以所配吊罐的容量计算；

　　　n——起重机每小时循环吊运次数，与机械性能、工作条件和操作技术等情况有关，在正常情况下，缆机可按 8~10 次考虑，门机和塔机可按 11~12 次考虑；

　　　k_1——时间利用系数，可取 0.75~0.90。

2. 单台起重机的月浇筑量

$$P_m = k k_2 nmP \tag{5-8}$$

式中　P_m——单台起重机的月浇筑量，$m^3/月$；

　　　n——每月工作天数，可取 25d；

　　　m——每天工作小时数，可取 20h；

　　　k_2——月小时利用数，可取 0.75~0.90；

　　　k——综合作业影响系数，即计入辅助吊运对混凝土浇筑时间的影响，重力坝一般为 0.8~0.9，轻型坝一般为 0.7~0.8。

3. 起重机数量

根据混凝土最高月浇筑强度可确定起重机台数，计算式为

$$N = \frac{Q}{P_m} \tag{5-9}$$

式中　N——起重机台数，取整数；

　　　Q——混凝土最高月浇筑强度，$m^3/月$。

起重机数量确定后，根据工程结构特点、外型尺寸及地形地质等条件，并从施工方法上论证实现总进度的可能性。必须指出的是，大中型工程各施工阶段的浇筑部位

与浇筑强度差别较大。因此，应分施工阶段进行选择和布置，并注意各阶段的衔接。

单元四　混凝土浇筑与养护

混凝土浇筑是保证混凝土工程质量的最重要环节。混凝土浇筑过程包括浇筑前的准备工作、混凝土入仓铺料、平仓与振捣及养护等。

一、浇筑仓面准备工作

浇筑前的准备作业包括基础面的处理、施工缝处理、立模、钢筋及预埋件安设和全面检查与验收等。

1. 基础面处理

对于土基，应将预留的保护层挖除，并清除杂物。然后铺碎石，再覆盖湿砂，进行压实。

对于砂砾石地基，应先清除有机质杂物和泥土，平整后浇筑一层10~20cm厚的C15混凝土，以防漏浆。

对于岩基，必须首先对基础面的松动、软弱、尖角和反坡部分作彻底清除，然后用高压水冲洗岩面上的油污、泥土和杂物。岩面不得有积水，且保持呈湿润状态。浇筑前一般先铺浇一层1~3cm厚的砂浆，以保证基础与混凝土的良好结合。如遇地下水时，应做好排水沟和集水井，将水排走。

2. 施工缝处理

施工缝是指浇筑块之间临时的水平和垂直结合缝，亦即新老混凝土之间的结合面。对需要接缝处理的纵缝面，只需冲洗干净不凿毛，同时须进行接缝灌浆。水平缝的处理，必须将老混凝土面的软弱乳皮清除干净，形成石子半露而不松动的清洁表面，以利于新老混凝土结合。施工缝处理的方法有如下几种：

（1）高压水冲毛。高压水冲毛技术是一项高效、经济而又能保证质量的缝面处理技术，其冲毛压力为20~50MPa，冲毛时间以收仓后24~36h为宜，冲毛延时以每平方米0.75~1.25min效果最佳。技术关键是掌握开始冲毛的时间，过早，会浪费混凝土，并造成石子松动；过迟，又难以达到清除乳皮的目的。时间选择应根据水泥品种、混凝土强度等级和外界气温等进行。

（2）风砂枪喷毛。将粗砂和水装入密封的砂箱，再通过压缩空气（0.4~0.6MPa）将水、砂混合后，经喷射枪喷向混凝土面，使之形成麻面。最后，用水清洗冲出污物。一般在混凝土浇筑后24~48h内进行。此法质量好，效率高。

（3）钢刷机刷毛。这是一种专门的机械刷毛方式，类似街道清扫机，其旋转的扫帚是钢丝刷。此法质量和工效高。

（4）人工或风镐凿毛。该法是对坚硬混凝土面用人工或风镐凿除乳皮。质量好，但工效低。风镐是利用空气压缩机提供的风压力驱动震冲钻头，震动力作用于混凝土面层，凿除乳皮。人工则是用铁锤和钢钎敲击。

3. 仓面检查

混凝土开仓浇筑前，必须按照设计和规范要求，对仓面进行全面的质量检查与验收，重点是模板、钢筋和预埋件，应特别注意模板体形，钢筋的规格、尺寸和接头，预埋件不得漏项，预留孔洞位置要正确，机械、风水电是否就位，混凝土工厂是否处于正常状态。由施工方自检合格后，报经监理工程师核查，经监理工程师签发准浇证后，才能浇筑。

浇筑前进行技术交底，明确浇筑高程、铺料方式和厚度、特殊部位的浇筑要点等。

二、入仓铺料

为了避免不均匀沉降引起坝体开裂，常采用结构缝和临时的施工缝将坝段分成若干浇筑块，形成若干浇筑仓。

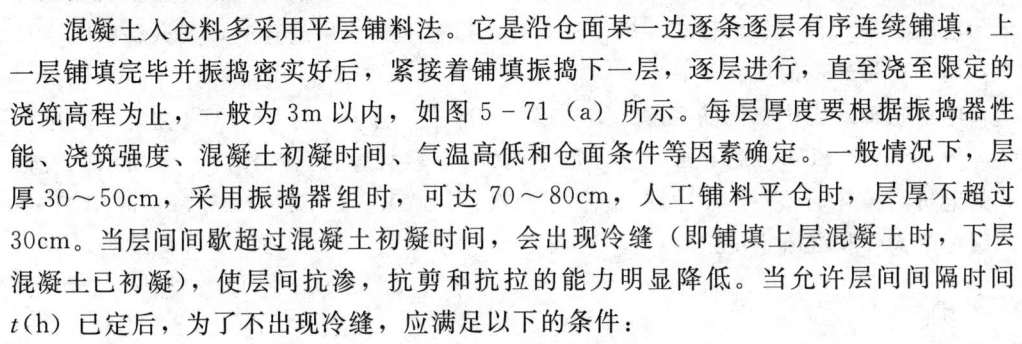

混凝土入仓料多采用平层铺料法。它是沿仓面某一边逐条逐层有序连续铺填，上一层铺填完毕并振捣密实好后，紧接着铺填振捣下一层，逐层进行，直至浇至限定的浇筑高程为止，一般为3m以内，如图5-71（a）所示。每层厚度要根据振捣器性能、浇筑强度、混凝土初凝时间、气温高低和仓面条件等因素确定。一般情况下，层厚30～50cm，采用振捣器组时，可达70～80cm，人工铺料平仓时，层厚不超过30cm。当层间间歇超过混凝土初凝时间，会出现冷缝（即铺填上层混凝土时，下层混凝土已初凝），使层间抗渗，抗剪和抗拉的能力明显降低。当允许层间间隔时间t（h）已定后，为了不出现冷缝，应满足以下的条件：

$$KP(t-t_1) \geqslant BLh \tag{5-10}$$

式中 K——混凝土运输延误系数，一般取0.8～0.85；

P——浇筑仓面要求的混凝土运输、浇浇能力，m^3/h；

t_1——混凝土从出机到入仓的时间，h；

B、L——浇筑块的宽度和长度，m；

h——铺料层厚度，m。

出现冷缝的主要原因是浇筑能力不够和仓面面积过大。当采用其他措施（如使用缓凝剂、减水剂，降低浇筑厚度等）仍不足以防止冷缝时，可采取斜层铺料法或阶梯铺料法，如图5-71（b）、（c）所示。这两种方法，都容易使混凝土在平仓振捣中出现分离。因此，混凝土坍落度不宜过大，浇筑块高度不宜超过2m。

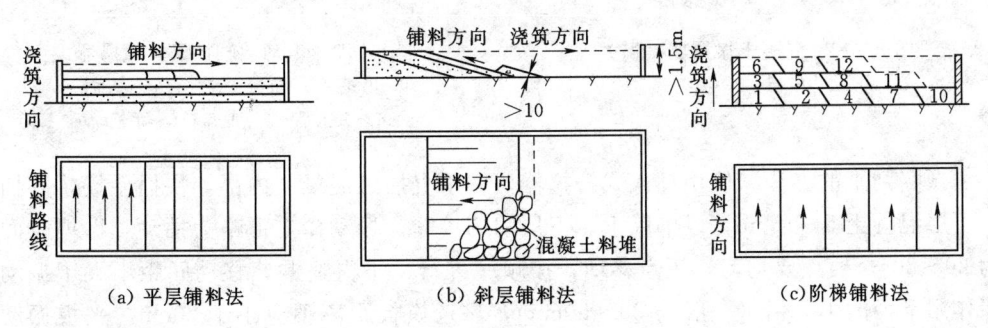

图5-71 混凝土铺料方法（单位：cm）
（1～12指铺料顺序）

三、平仓

平仓是将卸入仓内成堆的混凝土均匀铺平，达到要求的浇筑层厚。可采用振捣器平仓，斜向插入混凝土料堆，自下而上进行；大型工程中大仓面混凝土平仓，一般用平仓机进行；小部位或边角部位利用人工铁锹平仓。须注意，振捣器平仓不能代替振捣密实工序。

四、振捣

振捣是混凝土浇筑的关键工序，应在平仓后立即进行。

按振捣方式不同，振捣器分为插入式、外部式和表面式3种，如图5-72所示。其中，外部式适用于柱、墙等结构尺寸小且钢筋稠密的构件；表面式适用于路面、薄板等混凝土浇筑；插入式在大体积混凝土工程中运用较广。插入式振捣器按动力源又分为电动软轴式、电动硬轴式和风动式3种，以电动式应用最普遍，其振动影响半径大，捣实质量好，使用方便。

电动软轴式应用在钢筋密集，结构较薄的部位，有B-50型、ϕ63型等，频率为6000次/min和11560次/min，电动机与振捣棒用软轴连接，如图5-73所示。硬轴式的电机与棒体合在一起，国产型号有HZ6P-80D、HZ6X-30等，一般用于三、四级配的大体积混凝土浇筑。

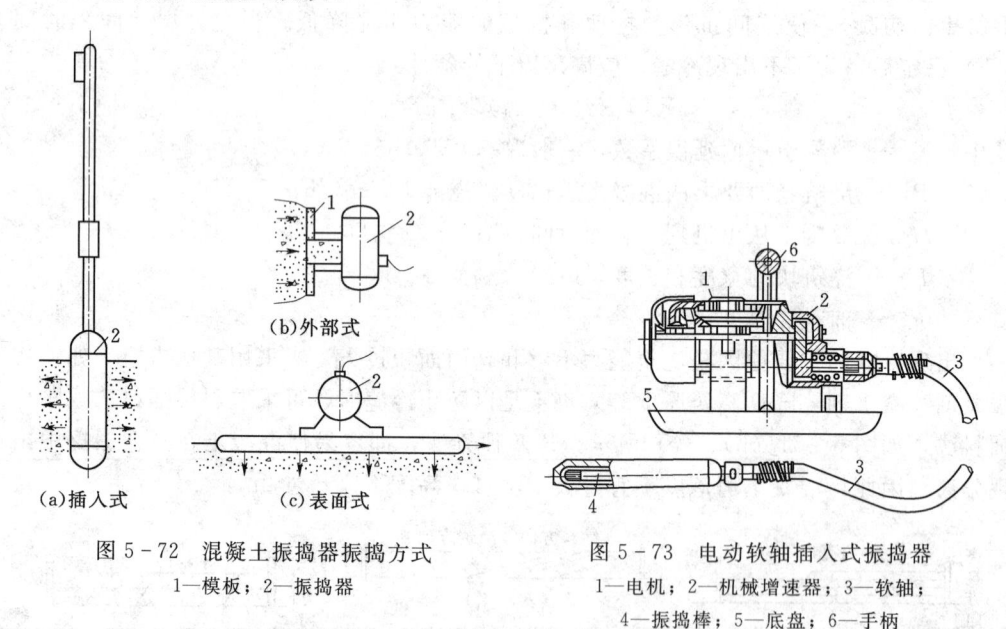

图5-72 混凝土振捣器振捣方式
1—模板；2—振捣器

图5-73 电动软轴插入式振捣器
1—电机；2—机械增速器；3—软轴；
4—振捣棒；5—底盘；6—手柄

振实判别的方法。使用插入式振捣器，应垂直插入混凝土内部，快插慢拔，并插入下层混凝土5～10cm，以消除上、下层间的接缝。振动棒上下略为抽动，振捣时间为20～30s，插点要均匀，逐点移动，按顺序进行，不得遗漏，移动间距不大于振动棒作用半径的1.5倍（一般为30～50cm），靠近模板距离不应小于20cm。平板振动器的移动间距应能保证振捣器的平板覆盖已振实部分边缘。振捣器不要碰到钢筋和模板。

振实标准可按以下现象判别：混凝土面不再出现气泡、不再显著下沉、表面泛浆为准。

五、混凝土养护

养护是保证混凝土强度增长，表面不发生干缩裂缝，保证混凝土质量的必要措施。

混凝土浇筑完毕后，应在12h以内加以覆盖，并洒水养护。每日洒水次数应能保持混凝土处于足够的润湿状态。冬季应采取保温措施，减少洒水次数，气温低于5℃时，应停止洒水。

混凝土浇水养护时间，掺用缓凝型外加剂或有抗渗要求的混凝土不得小于14d；大跨度梁、板或悬臂梁需带模养护28d以上。在混凝土强度达到1.25MPa之前，不得在其上踩踏或施工振动；大面积结构如底板、楼板、屋面等可洒水养护，贮水池可蓄水养护；可喷洒养护剂，在混凝土表面形成保护膜，防止水分蒸发，达到养护的目的；也可用草袋、锯末、无纺布或塑料薄膜等覆盖。

单元五 大体积混凝土温度控制

混凝土坝浇筑后，容易在坝的表面和基础部位产生裂缝。这些裂缝主要是由于温度变化而产生的温度裂缝。温度裂缝的深度较大，对坝体的整体性和防渗能力有不良的影响，甚至危及大坝的安全。因此，有计划地控制混凝土温度，防止温度裂缝产生，是混凝土坝施工中必须高度重视的问题。

一、混凝土的温度控制

1. 大体积混凝土的温度变化过程

混凝土浇筑后，由于水泥水化热作用，温度逐步上升，初期上升快，逐渐减慢。例如，1kg普通硅酸盐水泥的累计发热量：3d时为33万J；7d时为36万J；到28d时为38万J。最初3d放出的总热量占总水化热的86%以上。混凝土浇筑后的温度变化，由混凝土浇筑温度、水泥水化热温升和散热条件所确定。对结构尺寸不大的构件，散热条件较好，水化热温升不高，不致引起严重后果。但对于大体积水工混凝土，厚度均在3~5m以上，散热条件较差，且混凝土导热性能不良，大部分水化热都积蓄在浇筑块内，从而引起混凝土温度明显升高，在一两周内最高温度可达30~50℃，甚至更高。这样，由于混凝土温度高于外界温度，随着时间的推延，热量慢慢地向外界散失，坝体温度则缓慢下降，直至稳定。但这一自然降温过程极为漫长，实测资料表明，可以延续几年以至几十年之久。此后，坝体温度即趋于稳定。在稳定期，坝体内部温度基本固定，只有表层混凝土（厚约数米）的温度随外界温度的变化而有所波动。

由此可见，大体积混凝土的温度变化要经历温升期、冷却期和稳定期3个时期，如图5-74所示。在这3个时期内，混凝土从入仓浇筑温度T_p上升到最高温度T_m（T_{max}），其最大温升为T_r，然后再缓慢下降到稳定温度T_f。显然，混凝土最大温差为

$$\Delta T = T_m - T_f = T_p + T_r - T_f \tag{5-11}$$

要降低ΔT，只有采取温控措施降低T_p和T_r，因为T_f值取决于多年平均气温、库水温度和基岩温度，变化不大。

2. 温度应力与温度裂缝

温度变形和约束作用是产生温度应力的两个必要条件。由于坝体温度变化所引起的温度变形是经常存在的，而有无温度应力产生的关键是约束作用。混凝土的温度变化必然引起温度变形（体积膨胀或收缩），温度变形一旦受到约束，势必产生温度应力。当产生温度压应力时，由于混凝土抗压强度较高，一般不会损伤结构；当产生温度拉应力时，混凝土结构往往因抗拉强度不足而产生温度裂缝，如图 5-75 所示。

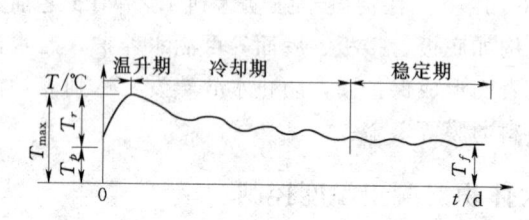

图 5-74 大体积混凝土的温度变化过程线

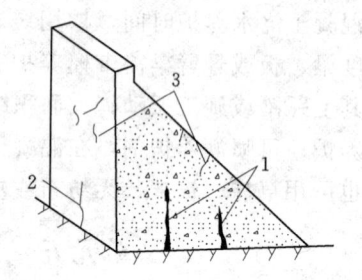

图 5-75 混凝土坝温度裂缝
1—贯穿裂缝；2—深层裂缝；3—表面裂缝

混凝土坝的温度裂缝，按发生部位和约束情况的不同，主要分以下两种类型。

（1）表面裂缝。混凝土坝各部分，由于散热条件不同，温度也不同：坝体内部散热慢，温度高，散热持续时间长；坝体表层散热快，温度低。这样，就形成了坝体表层和内部的温度差及由此产生的温度变形的差别，坝体内外温度变形形成的相互约束（即自身约束）。特别是在寒潮袭击、外部气温骤降时，内外温差更大，相互约束更强。于是，外层混凝土因降温而收缩，就会受到内部尚未收缩的混凝土的约束而产生温度拉应力，当超过混凝土抗拉极限强度时，就会产生表面裂缝。

大体积混凝土内各点温度应力的大小取决于该点温度梯度的大小。在混凝土内处于内外温度平均值的点应力为 0，高于平均值的点承受压应力，低于平均值的点承受拉应力。如图 5-76 所示，Ω_T 为浇筑块内温度分布线的包络面积，a 为结构物或浇筑块的厚度，故 Ω_T/a 是平均温度。设一横坐标通过这一平均温度线，则横坐标上下的正负温度应包络的面积彼此相等。沿结构物或块厚方向温度应力 σ 分布为

$$\sigma = \alpha E_c \left(T_x - \frac{\Omega_T}{a} \right) \quad (5-12)$$

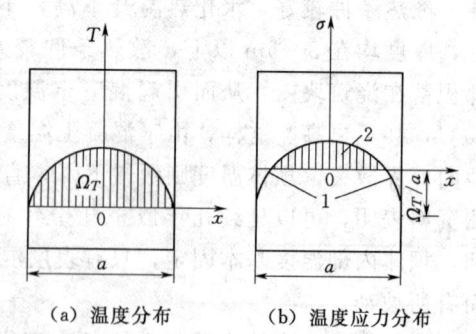

图 5-76 混凝土浇筑自身约束的温度应力
1—拉力区；2—压力区

式中 α——混凝土的线膨胀系数，一般取 $1 \times 10^{-5}/℃$；

E_c——混凝土的弹性模量；

a——混凝土浇筑块的厚度；

T_x——横坐标 x 点的温度，℃。

由式 (5-12) 可知，混凝土的表面所受的约束应力最大，控制浇筑块的内部温升和筑块厚度越小，可减小温度应力。

表面裂缝的特点是方向不规则，数量较多，但短而浅，缝深多在1m以内，缝宽多在0.5mm以下。有的表面裂缝还会随着混凝土内部温度降低而自行闭合。因此，表面裂缝对坝体危害相对较小。但若在坝的迎水面出现表面裂缝，将形成渗透的途径，并在渗水压力作用下，裂缝会进一步发展；在坝的基础部位出现，有可能与其他裂缝相连，发展成为贯穿裂缝。这些对坝的安全运行都是不利的，因此在混凝土坝施工中，必须防止表面裂缝的产生和发展。

大量工程实践表明，混凝土坝温度裂缝中大多数为表面裂缝，且大多数是混凝土浇筑初期遇气温骤降等原因引起的，少数表面裂缝是由于中后期年变化气温或水温影响，内外温差过大造成的。表面保护是防止表面裂缝中最有效的措施，特别是混凝土浇筑初期，内部温度较高的更应注意表面保护。混凝土内外温差的允许范围，一般为20~25℃（基础部位用下限）。由于在施工中难于掌握，所以施工单位多用控制坝体最高温度来代替。在施工中，应注意防止在冷风寒潮袭击和低气温下拆模；对新浇混凝土裸露面，当气温骤降时，应用草袋、草帘等保温材料覆盖，或在表面上喷深6cm厚的水泥珍珠岩（水泥浆掺入岩粉拌制），其效果与挂两层草帘相近。

(2) 贯穿裂缝和深层裂缝。混凝土浇筑初期，温度变化引起温度变形，但接近基础（基岩或老混凝土）部位的混凝土，由于与基础黏结牢固，变形受到基础的约束，称为基础约束。这种约束作用，在混凝土升温膨胀时引起压应力，在降温收缩时引起拉应力。升温期，混凝土有一定的塑性，压应力很低，不致出现裂缝；降温期，拉应力较大，当超过混凝土抗拉极限强度时，就会产生裂缝，称为基础约束裂缝。基础约束裂缝的方向大体垂直于基础面，自下而上开展，缝宽可达1~3mm，切割深度可达3~5m以上。由于它切割深、延伸长，所以又称为深层裂缝。当平行坝轴线出现时，常贯穿整个坝段，破坏坝的整体性，称为贯穿裂缝。

混凝土与基础接近处的温度应力，可由变形相容条件求出。在图5-77中，设浇筑块的初始温度呈均匀分布，温度为T_1，由于基础对塑性混凝土的变形无约束，故无应力发生。由于温升过程时间不长，可将筑块温升看作绝热温升，其温升至T_2，温度发生了T_2-T_1的变化，记为ΔT，相应的温度应变为$\varepsilon_T = \alpha \Delta T$。由于升温过程

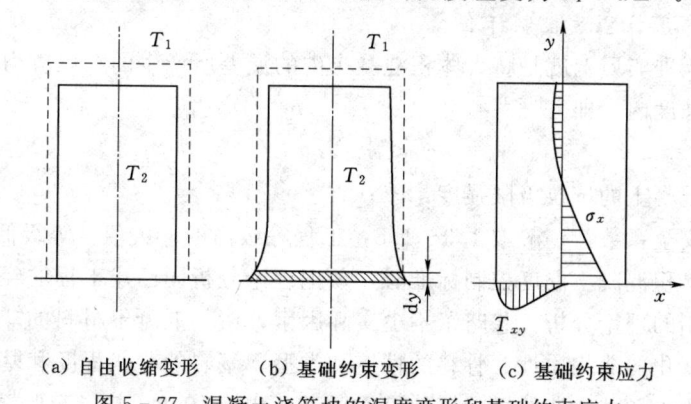

(a) 自由收缩变形　　(b) 基础约束变形　　(c) 基础约束应力

图 5-77　混凝土浇筑块的温度变形和基础约束应力

筑块尚处于塑性状态，变形自由，故无温度应力发生。事实上，只有降温结硬的混凝土在接近基础面部分才受到刚性基础的双向约束，难以收缩变形，产生拉应力。在极限平衡状态，温度变化引起的变形 ε_T 为基础的约束应力产生的变形 ε_σ 所抵消，表现为紧贴基础部位无变形发生，根据变形相容条件：

$$\varepsilon_T + \varepsilon_\sigma = 0 \tag{5-13}$$

即

$$\alpha \Delta T + \frac{(1-\mu)\sigma}{E_c} = 0 \tag{5-14}$$

得

$$\sigma = -\frac{E_c \alpha \Delta T}{1-\mu} \tag{5-15}$$

式中　σ——温度应力；

　　　ε_T、ε_σ——浇筑块温升引起的应变和基础约束产生的应变；

　　　μ——混凝土的泊松比，可取为 0.16～0.2。

显然，对于筑块混凝土，E、α、μ 均为常量，温度应力的大小只决定于温度变差 ΔT。混凝土是弹塑性材料，在应力持续作用下，会引起应力松弛（徐变），将抵消部分弹性应力；此外，老混凝土和基岩均非绝对刚体，离基础面越高，约束影响越小。综合以上影响因素，对上式修正如下：

$$\sigma = -\frac{E_c \Delta T R K_p}{1-\mu} \tag{5-16}$$

式中　K_p——混凝土的松弛系数，通常取 0.5；

　　　R——约束影响系数，离基础面越高 R 越小，其值除和混凝土与基础的弹性模量之比 E_c/E_r 有关外，也与混凝土筑块高度与其边长比 h/L 有关，取值大小可查表 5-11。

表 5-11　　　　　　　　　　基础约束影响系数 R

E_c/E_r	h/L		
	0.1	0.2	0.3
2	0.57	0.44	0.42
5	0.37	0.30	0.28

3. 大体积混凝土温度控制标准

温度控制标准实质上就是将大体积混凝土内的温差所产生的约束应力 σ 控制在混凝土允许抗拉强度内，即

$$\sigma \leqslant \sigma_p / K \tag{5-17}$$

式中　σ_p——混凝土的抗拉极限强度，Pa；

　　　K——安全系数，一般取 1.3～1.8，工程等级高的取大值，等级低的取小值。

在确定大体积混凝土温度控制标准时，须把理论分析同已建工程的经验紧密结合起来。温度控制的理论分析，忽略了不少实际因素，诸如混凝土材料的非均质性、浇筑块各向温度变化的非均质性、骨料的性质和类型、基岩的起伏程度和基岩的吸热作用等。常态混凝土 28d 龄期的极限拉伸值不低于 0.85×10^{-4}、基岩变形模量与混凝土

弹性模量相近、短间隙均匀上升时，基础允许温差 ΔT 的控制标准可参考《混凝土重力坝设计规范》（SL 319—2018），并结合工程实际情况来确定。基岩与混凝土温差控制标准见表 5-12。

表 5-12　　　　常态混凝土基础允许温差 ΔT 的控制标准　　　　单位：℃

距基面高度 h	浇筑块长边的长度 L/m				
	<17	17～20	20～30	30～40	40～通仓
(0～0.2) L	26～25	25～22	22～19	19～16	16～14
(0.2～0.4) L	28～27	27～25	25～22	22～19	19～17

注　L 为浇筑块长边的长度。

此外，当下层混凝土龄期超过 28d 成为老混凝土时，其上层混凝土浇筑应控制上、下层温差，要求不大于 15～20℃。要满足以上要求，在施工中一般通过限制上层块体覆盖下层块体的间歇时间来实现。过长的间歇时间是使上下层块体温差超标的重要原因之一。

灌浆温度是温控的又一标准。由于坝体内部的稳定温度随具体部位而异，一般情况并不恰好等于稳定温度。通常在确定灌浆温度时将坝体断面的稳定温度场进行分区，对灌浆温度进行分区处理，各区的灌浆温度取稳定温度的平均值。在严寒地区，经论证，灌浆温度可高于稳定温度一定值。

一般当混凝土的温度场变化小于外部水温或气温变幅的 10%，即可认为温度场基本稳定。坝内温度场由变温场转变为常温场——稳定温度场。

上游坝面以设计水位为边界，按不同的高程分区，取年平均水温作为边界温度；下游坝面以多年平均气温加日照升温值作为边界温度。当坝的边界温度值确定后，可用流网法或电模拟实验绘制稳定温度场。图 5-78 分别为国内一座重力坝和一座重力拱坝的稳定温度场。图中实线表示等温线，虚线表示热流线，它表示不同点热传导方向。

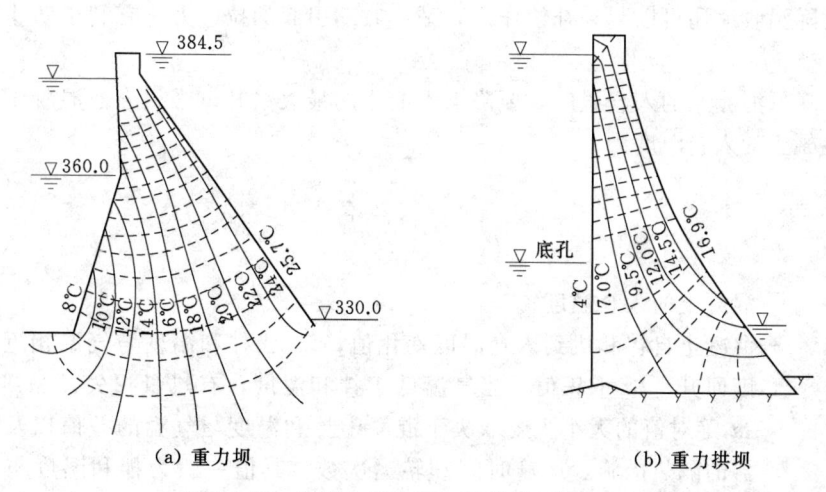

（a）重力坝　　　　（b）重力拱坝

图 5-78　混凝土坝的稳定温度场（单位：m）

在确定灌浆温度时，为了施工方便，常对稳定温度场进行分区简化，分区时既要考虑浇筑分块和纵缝位置，也应考虑工作特征高程，如死水位、底孔高程、正常水位等，如图5-79所示。大体上取各区稳定温度的平均值作为分区灌浆温度。

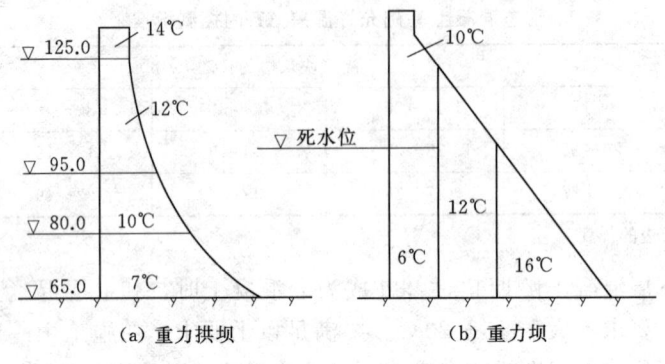

图5-79 坝体稳定温度的分区（单位：m）

4. 混凝土的温度控制措施

(1) 降低混凝土水化热温升。

1) 减少每立方米混凝土的水泥用量：①根据坝体的应力场对坝体进行分区，对于不同分区采用不同强度等级的混凝土；②采用低流态或无坍落度干硬性贫混凝土；③改善骨料级配，优化配合比设计，降低砂率，以减少每立方米水泥用量；④掺用混合材料，如粉煤灰等，掺合料用量可达水泥用量的25%~40%；⑤采用高效减水剂。高效减水剂不仅能节约水泥用量约20%，使28d龄期混凝土的发热量减少25%~30%，且能提高混凝土早期强度和极限拉伸值。

2) 采用低发热量的水泥。在满足混凝土各项设计指标的前提下，应采用水化热低的水泥，多用中热水泥和低热硅酸盐水泥，但低热硅酸盐水泥因早期强度低，成本高，已逐步被淘汰。近年已开始生产低热微膨胀水泥，它不仅水化热低，且有微膨胀作用，对降温收缩还可以起到补偿作用，减小收缩引起的拉应力，有利于防止裂缝的发生。

(2) 降低混凝土的入仓温度。要降低混凝土的最大温升，必须降低混凝土的入仓温度。混凝土的入仓温度为

$$T_p = T_b + \Delta t \tag{5-18}$$

其中
$$T_b = \frac{\sum C_i G_i T}{\sum C_i G_i} \tag{5-19}$$

式中 T_p——混凝土的入仓温度；

Δt——混凝土自拌和机到入仓温度变化值，℃，当拌和温度与气温相近时，温度回升，Δt取正值，当气温低于拌和温度，有热量损失，Δt取负值，Δt绝对值的大小主要取决于混凝土拌和温度与气温的差值以及盛料容器的隔热措施、运输时间和转运次数，其值一般为拌和温度与气温差绝对值的15%~40%；

T_b——混凝土的出机口温度，℃，按式(5-19)计算；

i——混凝土组成材料的编号；

C_i——混凝土中材料 i 的比热，kJ/(kg·℃)，水和水泥的比热分别为 4 和 0.8，骨料的比热一般为 0.8~0.96；

G_i——每立方米混凝土中材料 i 的用量，kg/m³；

T_i——拌和混凝土时材料 i 的温度，℃，水温可用当地月平均水温，水泥温度可取 30~60℃，骨料温度通常接近月平均气温，若使用前数周内受阳光照射，其温度一般比月平均气温高 3~5℃。

1) 合理安排浇筑时间。在施工组织上安排春、秋多浇，夏季早晚浇而中午不浇，这是最经济最有效降低入仓温度的措施。

2) 加冰或加冷水拌和混凝土。混凝土拌和时，将部分拌和水改为冰屑，利用冰的低温和冰溶解时吸收潜热的作用。实践证明，混凝土拌和水温降低 1℃，可使混凝土出机口温度降低 0.2℃ 左右，一般可将混凝土温度降低 20℃。规范规定加冰量不大于拌和水量的 80%。加冰拌和，冰与拌和材料直接作用，冷量利用率高，降温效果显著。但加冰后，混凝土拌和时间要适当延长，相应会影响生产力。若采用冰水拌和或地下低温水拌和，则可避免这一弊端。

3) 降低骨料温度：①成品料仓骨料堆料高度不宜低于 6m，并应有足够的储备；②搭盖凉棚，用喷雾机降温（砂子除外），水温降低 2~5℃，可使骨料温度降低 2~3℃；③通过地弄取料，防止骨料运输过程中温度回升，运输设备应有防晒隔热设施；④水冷，使粗骨料浸入循环冷却水中 30~45min，或在通入拌和楼料仓的皮带机廊道、地弄或隧洞中装设喷洒冷却水的水管（喷洒冷却水皮带段的长度由降温要求和皮带机运行速度而定）；⑤风冷，在拌和楼料仓下部通入冷气，冷风经粗料的空隙，由风管返回制冷厂再冷。细骨料砂难以采用冰冷，若用风冷，又由于砂的空隙小，效果不显著，应采用专门的风冷装置吹冷；⑥真空气化冷却，利用真空气化吸热原理，将放入密闭容器的骨料，保持真空状态约半小时，使骨料降温冷却。

(3) 加速混凝土散热。

1) 自然散热冷却降温。采用薄层浇筑，适当延长散热时间。基础混凝土和老混凝土约束部位浇筑层厚 1~2m 为宜，上下层浇筑间歇时间宜为 5~10d。在高温季节有预冷措施时，应采用厚块浇筑，缩短间歇时间，防止外界温度过高而热量倒流，以保持预冷效果。

2) 在混凝土内预埋水管通水冷却（人工强迫散热）。在混凝土内预埋蛇形水管，通循环冷水进行降温冷却。在国内以往的工程中，多采用直径约为 2.54cm 的黑铁管进行冷却，该水管施工经验多，施工方法成熟，水管导热性能好，但水管需要在附属加工厂进行制作，制作安装不方便，且费时较多。此外接头渗漏或堵管时有发生，材料及制安费用也较高，目前应用较多的是塑料水管。塑料软管充埋入混凝土内，待混凝土初凝后再放气拔出，清洗后以备重复利用。冷却水管布置，平面上成蛇形，断面呈梅花形，如图 5-80 所示，也可布置成棋盘形，蛇形管弯头有硬质材料制作，当塑料软管放气拔出后，弯头仍留在混凝土内。

一期通水冷却目的在于削减温升高峰，减少贯穿裂缝发生。一期通水冷却通常在

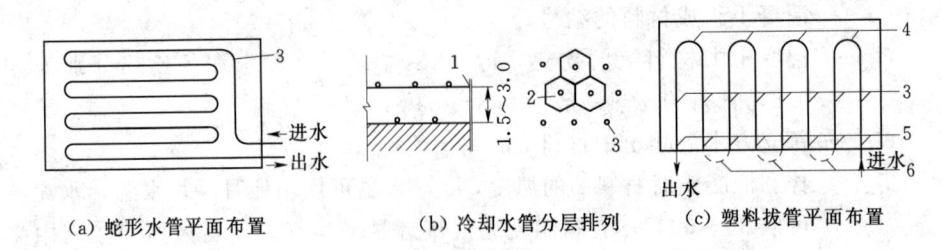

(a) 蛇形水管平面布置　　(b) 冷却水管分层排列　　(c) 塑料拔管平面布置

图 5-80　冷却水管布置图（单位：m）
1—模板；2—每一根冷却水管冷却的范围；3—冷却水管；
4—钢弯管；5—钢管（$l=20\sim30\text{cm}$）；6—胶皮管

混凝土浇后几小时便开始，持续时间一般为 15～20d，混凝土温度与水温差不宜超过 25℃。通水流速以 0.6m/s 为宜，水流方向应每 24h 调换一次，每天降温不宜超过 1℃，达到预定降温值方可停止。

二期通水冷却的作用是使坝体温度从最高温度降低到接近稳定温度，以便进行纵缝灌浆。二期通水冷却时间一般为 2 个月左右，通水水温与混凝土温度差不超过 20℃，日降温不超过 1℃。通常应保证至少有 10～15℃ 的温度降，使接缝张开度有 0.5mm，以满足接缝灌浆对灌缝宽度的要求。冷却用水尽量利用低温地下水和库内低温水，只有当采用天然水不符合要求时，才辅以人工冷却水。通水冷却应自下而上分区进行，通水方向每 24h 调换一次，以使坝体均匀降温。通水的进出口一般设于廊道内、坝面上、宽缝坝的宽缝中或空腹坝的空腹中。

二、混凝土坝的分缝与分块

为控制坝体施工期温度应力并适应施工机械设备的浇筑能力，需要用垂直于坝轴线的横缝和平行于坝轴线的纵缝及水平缝，将坝体划分为许多浇筑块进行浇筑。浇筑块的划分还应考虑结构受力特征、土建施工和设备埋件安装的方便。混凝土坝的施工方式有 4 种，如图 5-81 所示。

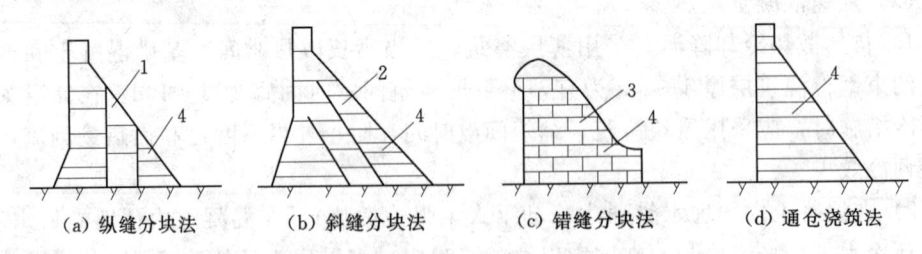

(a) 纵缝分块法　　(b) 斜缝分块法　　(c) 错缝分块法　　(d) 通仓浇筑法

图 5-81　混凝土浇筑分缝分块的基本形式
1—纵缝；2—斜缝；3—错缝；4—水平缝

1. 纵缝分块法

纵缝为平行坝轴线、带键槽的竖直缝，将坝段分成独立的柱状体，再用水平缝将其分成浇筑块。这种分块方法又称为柱状分块，目前我国应用最为普遍。

设纵缝的目的在于给温度变形以活动的余地，以避免产生基础约束裂缝。其间距一般为 20～40m，太小则会使接缝张开宽度达不到 0.5mm 以上要求。纵缝分块优点是：温控较有把握，混凝土浇筑工艺相对简单，各柱状体可分别上升，相互干扰小，施工安排灵活。缺点：纵缝将仓面分得较狭窄，使模板工作量增加，不便于大型机械化施工；为了恢复坝的整体性，纵缝需接缝灌浆处理，坝体蓄水兴利受到接缝灌浆的限制。

为增加其抗剪能力，在纵缝面设置键槽。键槽常为直角三角形，其短边、长边应分别与坝的第一、第二主应力正交，使键槽面承压而不承剪。键槽布置如图5-82所示。

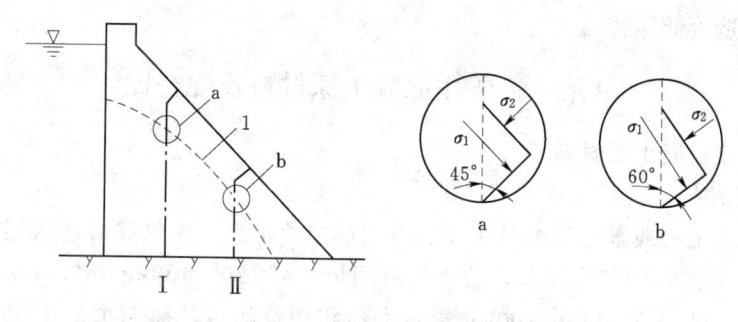

图5-82 坝体主应力与键槽布置
Ⅰ、Ⅱ—纵缝编号；1—第一主应力轨迹线

2. 斜缝分块法

斜缝是大致沿坝体两组主应力之一的轨迹面设置的伸缩缝，一般往上游倾斜，其缝面与坝体第一主应力方向大体一致，从而使缝面上剪应力基本消除。因此，斜缝面只需设置梯形键槽、加插筋和凿毛处理，不必进行斜缝灌浆。为了坝体防渗需要，斜缝的上端在迎水面一定距离处终止，并在终点顶部加设并缝钢筋或并缝廊道。

从施工方面考虑，选择斜缝原因有两个：一是坝内埋设有引水钢管，斜缝与钢管斜段平行，便于其安装；二是为了拦洪，采用斜缝分块可以及时形成临时挡水断面。斜缝的缺点是：只有先浇筑上游正坡坝段，才能浇筑倒坡坝块，施工干扰大，选择仓位的灵活性小；斜缝前后浇筑块高差和温差需严格控制，否则会产生很大的温度应力。由于斜缝面可以不灌浆，所以坝体建成后即可蓄水受益，节约工程投资。

3. 错缝分块法

分块时将块间纵缝错开，互不贯通，错距等于层厚的1/3~1/2，故坝整体性好，也不需要进行纵缝灌浆。但错缝高差要求严格，由于浇筑块相互搭接，其次序需按一定规律安排，施工干扰大，施工进度慢，同时纵缝上下端部位因应力集中容易出现混凝土开裂问题。

4. 通仓浇筑法

坝段不设纵缝，逐层往上浇筑，不存在接缝灌浆问题。由于浇筑仓面大，可节省大量模板，便于机械化施工，有利于加快施工进度，提高坝的整体性。但是，大面积浇筑，受基础和老混凝土的约束力强，容易产生温度裂缝。为此温度控制要求很严格，除采用薄层浇筑、充分利用自然散热之外，还必须采取多种预冷措施，允许温差控制在15~18℃。

上述4种分块方法，以纵缝法最为普遍。中低坝可采用错缝法或不灌浆的斜缝。如采用通仓浇筑，应有专门论证和全面的温控设计。

任务四 碾压混凝土施工

碾压混凝土坝是采用碾压土石坝的施工方法，使用干贫混凝土修建的混凝土坝，是混凝土坝施工的一种新技术。碾压混凝土具有大仓面连续浇筑上升、施工速度快、工序简单、造价低等特点。

单元一 碾压混凝土原材料及配合比

一、碾压混凝土原材料

1. 胶凝材料

碾压混凝土一般采用硅酸盐水泥、普通硅酸盐水泥、中热硅酸盐水泥、低热硅酸盐水泥，掺30%～65%粉煤灰，胶凝材料用量一般120～160kg/m³，《水工碾压混凝土施工规范》（DL/T 5112—2009）规定大体积建筑物内部碾压混凝土水胶比宜不大于0.5，胶凝材料用量不宜低于130kg/m³。

2. 骨料

与常态混凝土一样，可采用天然骨料或人工骨料，最大粒径一般为80mm，迎水面用碾压混凝土防渗时，一般在一定宽度范围内采用二级配碾压混凝土。碾压混凝土砂率一般比常态混凝土高，对砂子含水率控制要求比常态混凝土严格。当砂子含水量不稳定时，碾压混凝土施工层面易出现局部集中泌水现象。

3. 外加剂

一般应掺用缓凝减水剂，并掺用引气剂，以增强碾压混凝土的抗冻性。

二、碾压混凝土配合比

碾压混凝土配合比应满足工程设计的各项指标及施工工艺要求，包括以下几项：

(1) 混凝土质量均匀，施工过程中粗骨料不易发生分离。

(2) 工作量适当，拌和物较易碾压密实，混凝土密度大。

(3) 拌和物初凝时间较长，易保证碾压混凝土施工层面的良好黏结，层面物理力学性能好。

(4) 混凝土的力学强度、抗渗性能满足设计要求，具有较高的拉伸应变能力。

(5) 对于外部碾压混凝土，要求具有适应建筑物环境条件的耐久性。

(6) 碾压混凝土配合比经现场试验后调整确定。

单元二 碾压混凝土施工

一、碾压混凝土拌和及运输

碾压混凝土一般可用强制式或自落式搅拌机拌和，也可采用连续式搅拌机拌和，其拌和时间一般比常态混凝土延长30s左右，故而生产碾压混凝土时拌和楼生产率比常态混凝土低10%左右。碾压混凝土运输一般采用自卸汽车、皮带机、真空溜槽等方式，也有采用坝头斜坡道运输混凝土。选取运输机具时，应注意防止或减少碾压混凝土骨料分离。

二、碾压混凝土浇筑

1. 碾压混凝土浇筑上升方式

坝体浇筑方式有间断上升和连续上升两种，习惯上称为 RCD（日本模式）和 RCC（美国模式）。采用 RCC 碾压混凝土施工时，一般不分纵横缝（必要时可设少量的横缝），采用大仓面通仓浇筑，压实厚度一般为 30cm。对于水平接缝的处理，在成熟度超过 200～260℃·h 时，对层面采取刷毛、铺砂浆等措施处理。否则仅需对层面稍作清理。实际上，层面一般只需要清除松散物，在碾压混凝土尚处于塑性状态时即浇筑上一层碾压混凝土，因而施工速度快，造价低，也利于层面结合。

RCD 碾压混凝土施工，用振动切缝机切出与常态混凝土相同的横缝，碾压混凝土压实层厚 50～75cm，甚至达到 100cm；每层混凝土分几块薄层平仓，平仓层厚 15～25cm，一次碾压。每层混凝土浇筑后停歇 3～5d，层面刷毛、铺砂浆，因而混凝土水平施工缝面质量良好，但施工速度较慢。如淮河流域上河南省境内的石漫滩碾压混凝土坝是我国当时从仿效 RCD 方法即"金包银"式结构向全断面碾压混凝土结构转变的较新的碾压混凝土坝型。

我国在吸收 RCC 和 RCD 施工经验的基础上，既有沿用两种方法修筑的碾压混凝土坝，也有采用改进的施工方法修筑的碾压混凝土坝，如辽宁观音阁碾压混凝土坝完全采用 RCD 法，广西岩滩碾压混凝土围堰采用 RCC 法。我国大多数碾压混凝土坝采用自创的 RCCD 施工方法，即碾压混凝土在一个升程内（一般 2～3m）采用大面积薄层连续浇筑上升，压实厚度为 30cm，完毕后，对层面冲刷毛，在下一个升程浇筑前铺砂浆。三峡碾压混凝土纵向围堰及二期厂坝导墙即采用该法施工。

当施工仓面较大，碾压混凝土施工强度受设备限制难以满足连续浇筑上升层面允许间歇时间要求时，可采用斜层铺筑法浇筑。该法在湖南江垭工程碾压混凝土施工中采用，施工时碾压层沿坝轴线方向倾斜，坡度根据混凝土施工强度确定，一般为 1:20～1:40，以满足连续浇筑上升层面允许间歇时间要求为准。该法可缩短连续浇筑上升层面允许间歇时间，有利于提高层间胶结强度，其施工类似于 RCCD 法，升程高度一般为 3m。在碾压混凝土施工速度及施工强度上，其最大日浇筑量接近 2 万 m^3，日上升速度达 1.2m。

2. 碾压混凝土浇筑季节

碾压混凝土采用一个升程内大面积薄层连续浇筑上升，连续浇筑层层面间歇 6～8h，高温季节浇筑碾压混凝土，仓面的温度回升大。另外，碾压混凝土用水量少，高温季节出机口温度难以达到 7℃，因而高温季节对碾压混凝土进行预冷的效果不如常态混凝土。高温季节浇筑基础约束区混凝土，温升将大大超过坝体设计允许最高温度，因而可能产生危害性裂缝。另外，高温季节浇筑碾压混凝土时，混凝土初凝时间短，表层混凝土水分蒸发量大，压实困难，层面胶结差，难以保证层面结合质量。斜层铺筑法虽然可改善混凝土层面胶结，但难以解决混凝土温度控制问题。

因此，为确保大坝碾压混凝土质量，高温季节不宜进行碾压混凝土施工。根据已建工程经验，在日均气温超过 25℃ 时不宜进行碾压混凝土施工。如三峡工程左导墙碾压混凝土规定在 10 月下旬至次年 4 月上旬进行，其余时间停浇。

3. 平仓及碾压

碾压混凝土浇筑时一般按条带摊铺，铺料条带宽根据施工强度确定，一般为 4~12m，铺料厚度为 35cm，压实后为 30cm，铺料后常用平仓机或大型履带推土机平仓。为解决一次摊铺产生骨料分离的问题，可采用二次摊铺，层厚 35cm。采用二次摊铺后，对堆料之间及周边集中的骨料经平仓机反复推刮后，能有效分散，再辅以人工分散处理，可改善自卸汽车铺料引起骨料分离问题。

一条带平仓完后立即开始碾压，振动碾一般选用自重大于 10t 的大型双筒式自行式振动碾，作业时行走速度为 1~1.5km/h，碾压遍数通过现场试碾决定。一般为无振 2 遍加有振 6~8 遍。碾压条带间搭接宽度大于 20cm，端头部位搭接宽度大于 100~150cm。条带从铺筑到碾压完成时间控制在 2h 左右。边角部位采用小型振动碾压实。碾压作业完成后，用核子密度仪检测其密度，达到设计要求后进行下一层碾压作业；若未达到设计要求，立即重碾，直到满足设计要求为止。模板周边无法碾压的部位可加注与碾压混凝土相同水灰比的水泥浓浆后用插入式振捣器振捣密实。仓面碾压混凝土的 VC 值控制在 5~10s，并尽可能加快混凝土的运输速度，缩短仓面作业时间，做到在下一层混凝土初凝前铺完上一层碾压混凝土。

4. 造缝

碾压混凝土一般采取几个坝段形成的大仓面连续浇筑上升的方法，坝段之间的横缝，一般可采取切缝机切缝，或采用其他方式设置诱导缝。切缝机切缝时，可采取先切后碾或先碾后切，成缝面积不少于设计缝面的 60%。缝内埋设隔板时，相邻高度宜比压实层低 2~3cm。钻孔填砂造缝则是待碾压混凝土浇筑完一个升程后沿分缝线用手风钻造诱导孔。

5. 施工缝面处理

正常施工缝一般在混凝土收仓 10h 左右用压力水冲毛，清除混凝土表面的浮浆，以露出粗砂砾和小石为准。

施工过程中因故中止或其他原因造成层面间歇时间超过设计允许时间，应视间歇时间的长短采用不同处理方法。对于间歇时间较短，碾压混凝土未终凝的施工缝面，可将层面松散物和积水清除干净，铺一层 2~3cm 厚的砂浆后，继续进行下一层碾压混凝土摊铺、碾压作业；对于已经终凝的碾压混凝土施工缝，一般按正常工作缝处理。

第一层碾压混凝土摊铺前，砂浆铺设随碾压混凝土铺料进行，不得超前，保证在砂浆初凝前完成碾压混凝土的铺筑。碾压混凝土层面铺设的砂浆应有一定坍落度。

单元三 碾压混凝土温控及质量控制

一、碾压混凝土温度控制

1. 碾压混凝土温度控制标准

由于碾压混凝土胶凝材料用量少，极限拉伸值一般比常态混凝土小，其自身抗裂能力比常态混凝土差,因此其温差标准比常态混凝土严。按《碾压混凝土坝设计规范》(SL 314—2018)规定,由于基础容许温差的涉及因素多且有与常态混凝土不同的特点,各工程的具体条件也不一样,鉴于基础容许温差是控制混凝土发生深层裂缝的重要指标,故碾压混凝土高、中坝的基础容许温差值需根据工程具体条件经温度控制设计后确定。

2. 温控措施

碾压混凝土主要温控措施与常态混凝土基本相同,仅混凝土铺筑季节受到较大限制,由于碾压混凝土属于干硬混凝土,用水量少,高温季节施工时表面水分散发后易干燥而影响层间胶结质量,故而一般要求在低温季节浇筑。

二、碾压混凝土坝的施工质量控制要点

影响碾压混凝土坝施工质量的因素主要有碾压时拌合料的干湿度,卸料、平仓、碾压的质量控制以及碾压混凝土的养护和防护等。

1. 碾压时拌合料干湿度的控制

碾压混凝土的干湿度一般用VC值来表示。VC值太小表示拌合太湿,振动碾易沉陷,难以正常工作。VC值太大表示拌合料太干,灰浆太少,骨料架空,不易压实。但混凝土入仓料的干湿又与气温、日照、辐射、湿度、蒸发量、雨量、风力等自然因素相关,碾压时难以控制。现场VC值的测定可以采用VC仪或凭经验手感测定。

在碾压过程中,若振动碾压3~4遍后仍无灰浆泌出,混凝土表面有干条状裂纹出现,甚至有粗骨料被压碎现象,则表明混凝土料太干;若振动碾压1~2遍后,表面就有灰浆泌出,有较多灰浆黏在振动碾上,低挡行驶有陷车情况,则表明拌合料太湿。在振动碾压3~4遍后,混凝土表面有明显灰浆泌出,表面平整、润湿、光滑,碾滚前后有弹性起伏现象,则表明混凝土料干湿适度。

2. 卸料、平仓、碾压中的质量控制

卸料、平仓、碾压,主要应保证层间结合良好。卸料、铺料厚度要均匀,减少骨料分离,使层内混凝土料均匀,以利充分压实。卸料、平仓、碾压的质量要求与控制措施是:

(1) 要避免层间间歇时间太长,防止冷缝发生。

(2) 防止骨料分离和拌合料过干。

(3) 为了减少混凝土分离,卸料落差不应大于2m,堆料高不大于1.5m。

(4) 入仓混凝土及时摊铺和碾压。

(5) 常态混凝土和碾压混凝土结合部的压实控制,无论采用"先碾压后常态"还是"先常态后碾压"或两种混凝土同步入仓,都必须对两种混凝土结合部重新碾压。由于两种料的初凝时间相差可达4h,除应注意接缝面外,还应防止常态混凝土水平层面出现冷缝。应对常态混凝土掺高效缓凝剂,使两种材料初凝时间接近,同处于塑性状态,保持层面同步上升,以保证结合部的质量。

(6) 每一碾压层至少在6个不同地点,每2h至少检测1次。压实密度可采用核子水分密度仪、谐波密实度计和加速度计等方法检测,目前较多采用挖坑填砂法和核子水分密度仪法进行检测。

3. 碾压混凝土的养护和防护

(1) 碾压混凝土浇筑后必须养护，并采用恰当的防护措施，保证混凝土强度迅速增长，达到设计强度。

(2) 从施工组织安排上应尽量避免夏季和高温时刻施工。

4. 混凝土坝的质量控制手段

目前常用的几种主要质量控制手段有：

(1) 在碾压混凝土生产过程中，常用 VeBe 仪测定碾压混凝土的稠度，以控制配合比。

(2) 在碾压过程中，可使用核子密度仪测定碾压混凝土的湿密度和压实度，对碾压层的均匀性进行控制。

(3) 碾压混凝土的强度在施工过程中是以监测密度进行控制的，并通过钻孔取芯样校核其强度是否满足设计要求。

任务五 预应力混凝土施工

普通钢筋混凝土构件在荷载作用下，受拉区的混凝土较容易开裂。此时，受拉钢筋的应力只达到 30MPa。对于允许出现裂缝的构件，当裂缝宽度限制在 0.2～0.3mm 时，受拉钢筋的应力也只达到 200MPa 左右，钢筋的作用没有得到充分发挥。为了提高构件的抗裂性，并使高强度钢材能充分发挥作用，在结构或构件承受荷载以前，在受拉区域通过对高强度钢筋进行张拉后将钢筋的回弹力施加给混凝土，使混凝土受到一个预压应力。当该构件在荷载作用下产生拉应力时，受拉区混凝土的拉伸变形首先与压缩变形抵消，随着荷载的不断增加，受拉区混凝土才逐渐受拉，从而提高了构件的抗裂度和刚度。

预应力混凝土构件与钢筋混凝土构件相比，具有截面小、自重轻、节约钢材（节约钢材 20%～40%）、刚度大、抗裂性高和耐久性好等优点，可有效地利用高强度钢筋和高强度等级的混凝土。但预应力混凝土施工工序多，需要专门的机械设备，工艺比较复杂，操作要求较高。

为了使预应力混凝土结构中的钢筋与混凝土共同工作、共同受力，提高两者的黏结力，增加锚固能力，预应力混凝土的强度等级不宜低于 C30，若采用碳素钢丝、钢绞线、热处理钢筋作预应力钢筋时，混凝土强度等级不小于 C40。

预应力混凝土预加应力的方法有先张法和后张法（包括无黏结后张法）两种。

单元一 先张法施工

一、先张法施工工艺

先张法是在浇筑混凝土前张拉预应力筋，并将张拉的预应力筋临时固定在台座上（或钢模上），然后浇筑混凝土，待混凝土强度达到设计强度的 75% 以上，预应力筋与混凝土之间具有足够的黏结力之后，在端部放松预应力筋，使混凝土产生预压应力，如图 5-83 所示。

先张法是将构件固定在台座上生产，预应力筋的张拉力由台座承受。预应力筋的张拉、锚固与混凝土的浇筑、养护和预应力筋的放张等均在台座上进行。这种方法不需要复杂的机械设备，既可露天生产、自然养护，也可采用湿热养护，适用于中小型预应力混凝土构件的生产。

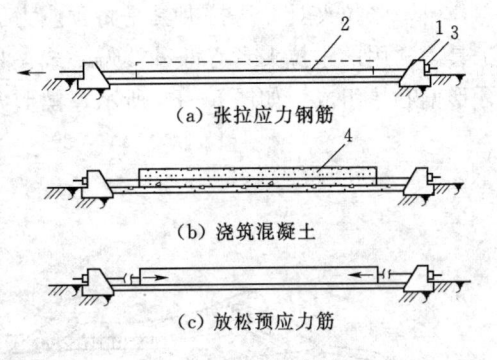

(a) 张拉应力钢筋

(b) 浇筑混凝土

(c) 放松预应力筋

图 5-83 施工顺序
1—台座；2—预应力筋；3—夹具；4—构件

二、张拉设备和机具

1. 台座

台座是先张法生产中的主要设备，承受预应力筋的张拉力。台座应有足够的强度和刚度，以免台座变形、倾覆、滑移而引起预应力值的损失。台座按结构形式分为墩式和槽式两种，其选择应根据构件种类、张拉力大小和施工条件确定。

(1) 墩式台座。墩式台座有重力式和构架式两种，如图 5-84 所示。重力式台座主要靠自重来平衡张拉力所产生的倾覆力矩；构架式台座主要靠土压力来平衡张拉力所产生的倾覆力矩。

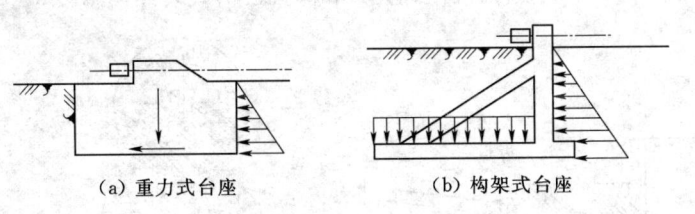

(a) 重力式台座 (b) 构架式台座

图 5-84 墩式台座

(2) 槽式台座。浇筑中小型吊车梁时，由于张拉力和倾覆力矩都很大，一般多采用槽式台座。如图 5-85 所示，它由钢筋混凝土立柱、上下横梁和台面组成。为便于拆卸迁移，台座应设计成装配式。此外，在施工现场也可利用条石或已预制好的柱、桩和基础梁等构件，装配成简易式台座。

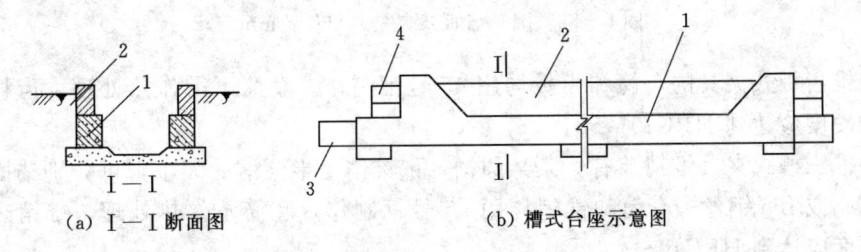

(a) Ⅰ—Ⅰ断面图 (b) 槽式台座示意图

图 5-85 槽式台座
1—传力柱；2—砖墙；3—下横梁；4—上横梁

2. 夹具

根据夹具的工作特点分为张拉夹具和锚固夹具。

(1) 张拉夹具。张拉夹具是将预应力筋与张拉机械连接起来，进行预应力张拉的工具。常用的张拉夹具有两种：偏心式夹具和楔形夹具。偏心式夹具由一对带齿的月牙形偏心块组成，如图5-86所示；楔形夹具由锚板和楔块组成，如图5-87所示。

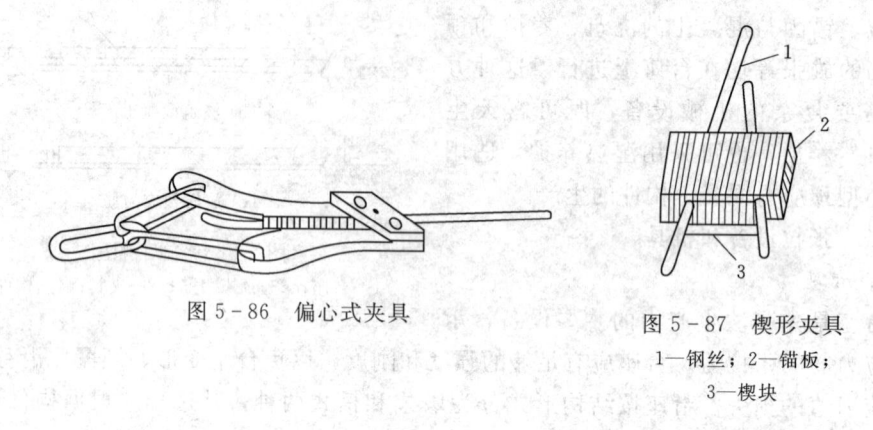

图5-86 偏心式夹具

图5-87 楔形夹具
1—钢丝；2—锚板；3—楔块

(2) 锚固夹具。锚固夹具是将预应力筋临时固定在台座横梁上的工具。常用的锚固夹具要有锥形夹具、圆套筒、三片式夹具、方套筒两片式夹具、镦头夹具5种。

锥形夹具是用来锚固预应力钢丝的，由中间开有圆锥形孔的套筒和刻有细齿的锥形齿板或锥销组成，分别称为圆锥齿板式夹具和圆锥三槽式夹具，见图5-88和图5-89。

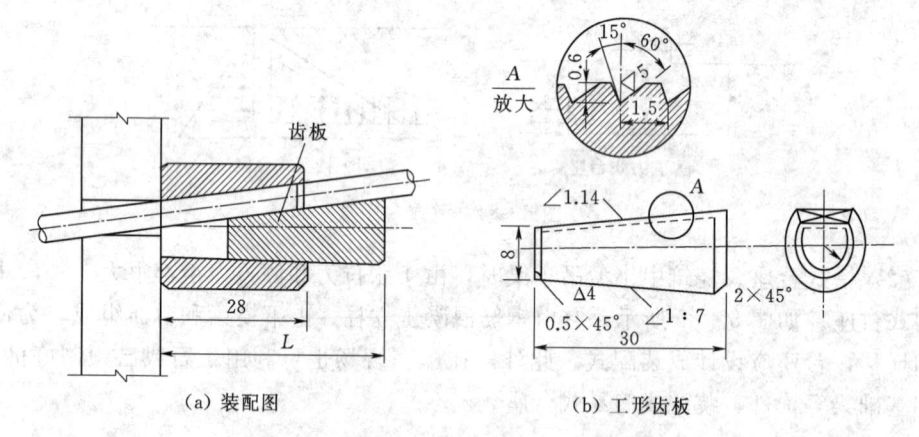

图5-88 圆锥齿板式夹具（单位：mm）
(a) 装配图 (b) 工形齿板

圆锥齿板式夹具的套筒和齿板均用45号钢制作。套筒不需作热处理，齿板热处理后的硬度应达到HRC40~50。

圆锥三槽式夹具锥销上有3条半圆槽，依锥销上半圆槽的大小，可分别锚固一根fb3、fb4或fb5钢丝。套筒和锥销均用45号钢制作，套筒不作热处理，锥销热处理后的硬度应达到HRC40~45。

锥形夹具工作时依靠预应力钢丝的拉力就能够锚固住钢丝。锚固夹具本身牢固可靠地锚固住预应力筋的能力，称为自锚。

镦头夹具是用来锚固预应力钢丝或钢筋的固定端的夹具。冷拔低碳钢丝可采用冷镦或热镦方法制作镦头；碳素钢丝只能采用冷镦方法制作镦头；直径小于22mm的钢

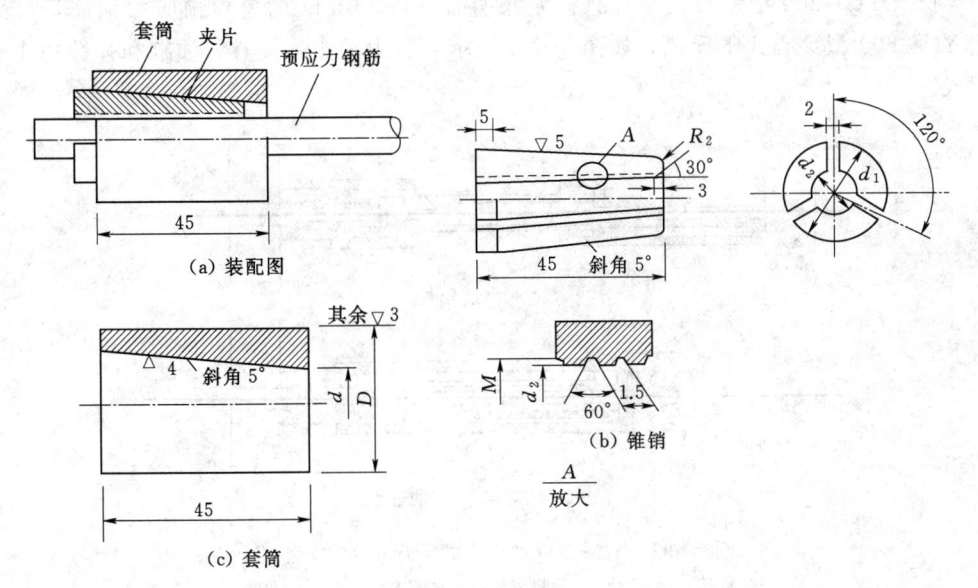

图 5-89 圆锥三槽式夹具（单位：mm）

筋可在对焊机上采用热镦方法制作镦头；大直径的钢筋只能采用热锻方法锻制镦头。镦头夹具如图 5-90 所示。

3. 张拉机械

先张法施工中预应力筋可单根张拉或多根成组张拉。常用的张拉机械如下。

(1) 电动螺杆张拉机。电动螺杆张拉机由张拉螺杆、变速箱、拉力架、承力架和张拉夹具组成，如图 5-91 所示。电动螺杆张拉机可以张拉预应力钢筋，也可以张拉预应力钢丝。

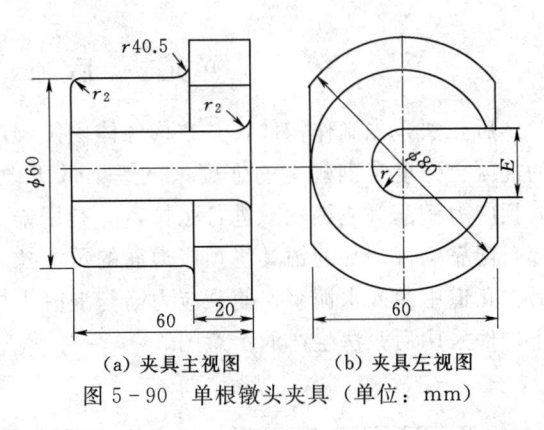

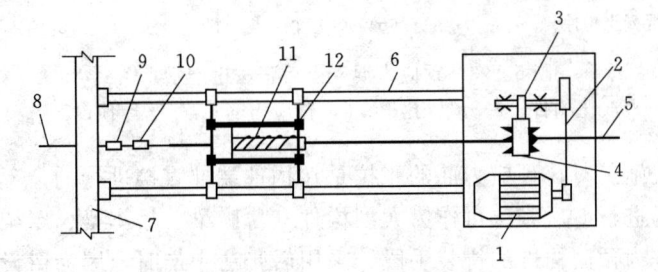

图 5-90 单根镦头夹具（单位：mm）

图 5-91 电动螺杆张拉机
1—电动机；2—皮带传动；3—齿轮；4—齿轮螺母；5—螺杆；6—顶杆；7—台座横梁；8—钢丝；9—锚固夹具；10—张拉夹具；11—弹簧测力器；12—滑动架

(2) YC-200型穿心式千斤顶。张拉直径12~20mm的单根预应力钢筋，可采用YC-200型穿心式千斤顶，如图5-92所示。它由偏心式夹具、油缸和弹性顶压头组成。

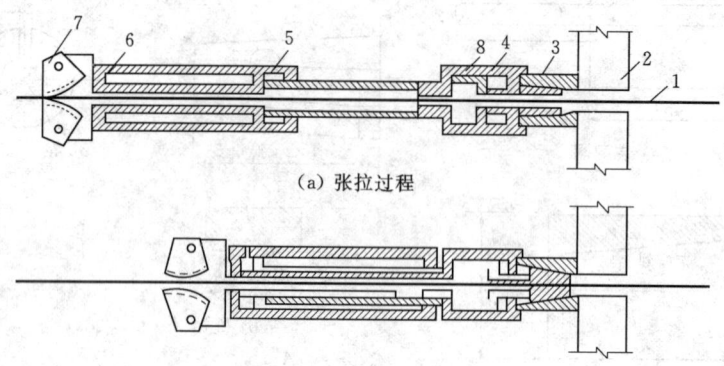

图5-92 YC-200型穿心式千斤顶工作示意图
1—钢筋；2—台座；3—圆套筒三片式夹具；4—弹性顶压头；
5、6—油嘴；7—偏心式夹具；8—弹簧

单元二 后张法施工

后张法是先制作构件，并在构件体内按预应力筋的位置留出相应的孔道；待构件的混凝土强度达到规定的强度（一般不低于设计强度的75%）后，在预留孔道中穿入预应力钢筋（或钢丝）进行张拉，并利用锚具把张拉后的预应力筋锚固在构件的端部，依靠构件端部的锚具将预应力筋的预张拉力传给混凝土，使其产生预压应力；最后在孔道中灌入水泥浆，使预应力筋与混凝土构件形成整体。图5-93为预应力混凝土构件采用后张法生产的示意图。

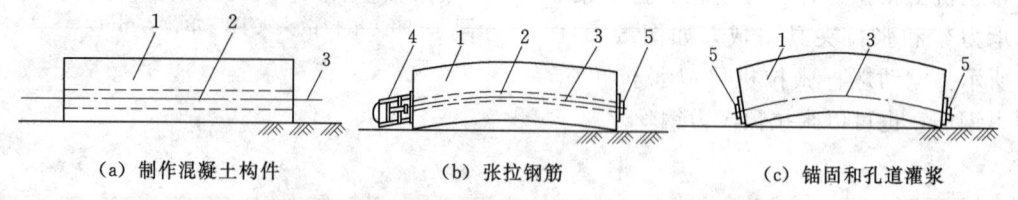

图5-93 预应力混凝土后张法生产示意图
1—混凝土构件；2—预留孔道；3—预应力筋；4—千斤顶；5—锚具

采用后张法施工时，预应力筋的张拉是在构件端部直接进行的，不需要专门的台座，故可在现场进行。后张法可作为大型构件（薄腹梁、吊车梁、屋架）的现场生产手段，也可以作为预制构件的拼装手段。采用后张法生产时，因为留设在构件上的锚具，不能重复使用，故耗钢量大；由于孔道留设、穿筋、灌浆及锚具部分预压应力局部集中处需加配筋等原因，使端部断面构造和施工操作都比先张法复杂。后张法的生产工艺流程如图5-94所示。

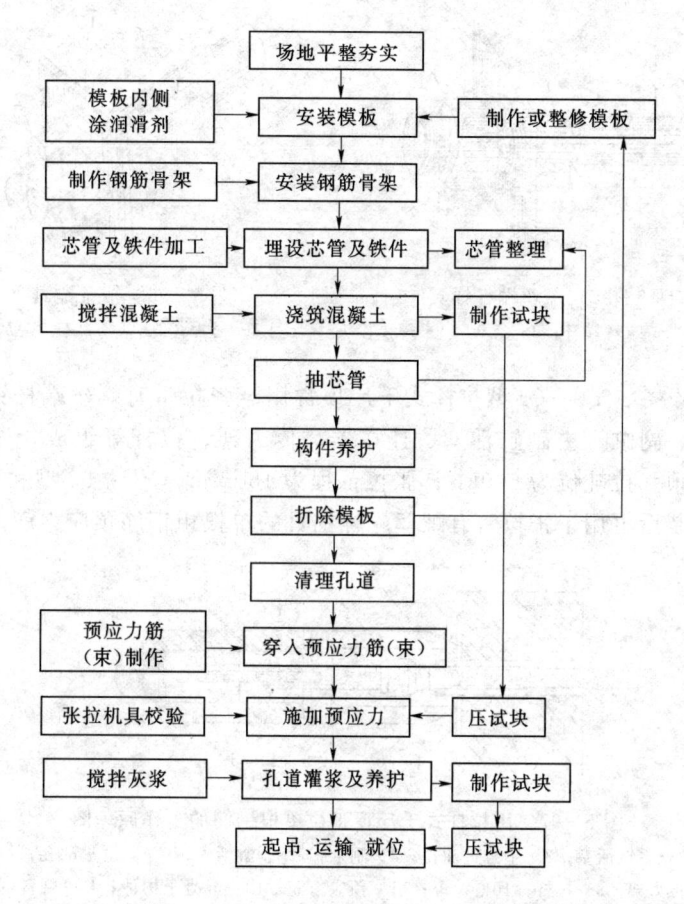

图 5-94 后张法生产工艺流程示意图

一、锚具、预应力筋和张拉设备

在后张法施工中的锚具、预应力筋和张拉设备是相互配套的。现在常用的预应力筋有单根粗钢筋、钢绞线束（钢筋束）和钢丝束三类。它们的加工方法与钢筋的直径、锚具的形式、张拉设备和张拉工艺有关，其中锚固预应力筋的锚具必须具有可靠的锚固能力，并且不能超过预期的滑移值。

1. 用单根钢筋作预应力筋

(1) 锚具。用单根粗钢筋作预应力筋时，张拉端通常采用螺丝端杆锚具，固定端采用帮条锚具。

螺丝端杆锚具是由螺丝端杆，螺母、垫板组成，如图 5-95 所示。螺丝端杆与预应力钢筋的焊接，应在预应力筋冷拉以前进行。冷拉时螺母的位置应在螺丝端杆的端部，经冷拉后螺丝端杆不得发生塑性变形。

帮条锚具是由衬板与 3 根帮条焊接而成，如图 5-96 所示。这种锚具可作为冷拉Ⅱ级与Ⅲ级钢筋的固定端锚具用。帮条固定时，3 根帮条与衬板相接触部分的截面应在同一垂直面上，以免受力时产生扭曲。

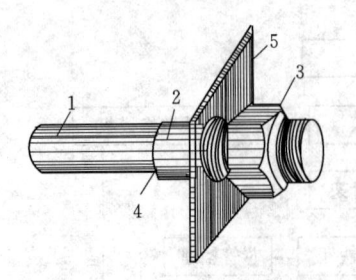

图 5-95 螺丝端杆锚具
1—钢筋；2—螺丝端杆；3—螺母；4—焊接接头

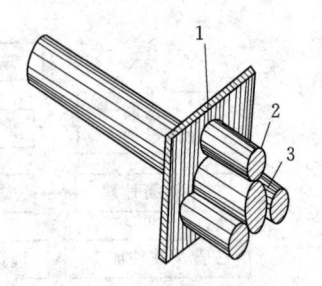

图 5-96 帮条锚具
1—衬板；2—帮条；3—主筋

(2) 张拉设备。YL-60型拉杆式千斤顶常用于张拉带有螺丝端杆锚具的预应力钢筋，由主缸、副缸、主副缸活塞、连接器、传力架、拉杆等组成，如图5-97所示。这种千斤顶张拉吨位为600kN；张拉行程为150mm。YC-60型和YC-18型穿心式千斤顶改装后可用于张拉带有螺丝端杆锚具的单根粗钢筋预应力筋。

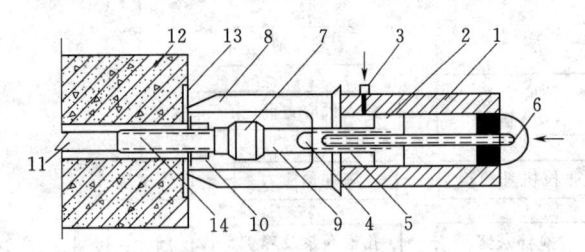

图 5-97 用拉杆式千斤顶张拉单根钢筋的工作原理图
1—主缸；2—主缸活塞；3—主缸进油孔；4—副缸；5—副缸活塞；6—副缸进油孔；7—连接器；
8—传力架；9—拉杆；10—螺母；11—预应力筋；12—混凝土构件；13—螺丝端杆

2. 预应力钢筋束和钢绞线束

(1) 锚具。钢筋束和钢绞线束常使用JM型、QM型、XM型等锚具。JM型锚具是由锚环和夹片组成，如图5-98所示，常用于锚固3~6根直径为12mm的光面钢筋、螺纹钢筋或钢绞线。锚环分甲型与乙型：甲型锚环为一个具有锥形内孔的圆柱体，使用时直接放置在构件端部的垫板上，乙型锚环是在圆柱体外部一端增加一个正方形肋板，使用时，将锚环预先埋在构件端部，不另设置垫板。

XM型锚具是一种新型锚具，见图5-99。它适用于锚固1~12根直径为15mm的预应力钢绞线束和钢丝束。这种锚具的特点是每根钢绞线都是分开锚固的，因此，任何一根钢绞线的失效（如钢绞线拉断，夹片碎裂等），都不会引起整束锚固失败。

QM型锚具也是一种新型锚具，适用于锚固$4\sim31\phi^j12$和$3\sim19\phi^j15$钢绞线束。它与XM型锚具的不同点是锚孔是直的，锚板顶面是平的，夹片垂直开缝；此外，备有喇叭形铸铁垫片与弹簧圈等。由于灌浆孔设在垫板上，锚板尺寸可稍小。QM型锚具及其有关配件的形状见图5-100。

(2) 张拉设备。使用JM型锚具、XM型锚具和QM型锚具锚固时，可采用YC型穿心式千斤顶张拉钢筋束和钢绞线束。这种千斤顶的构造与工作原理如图5-

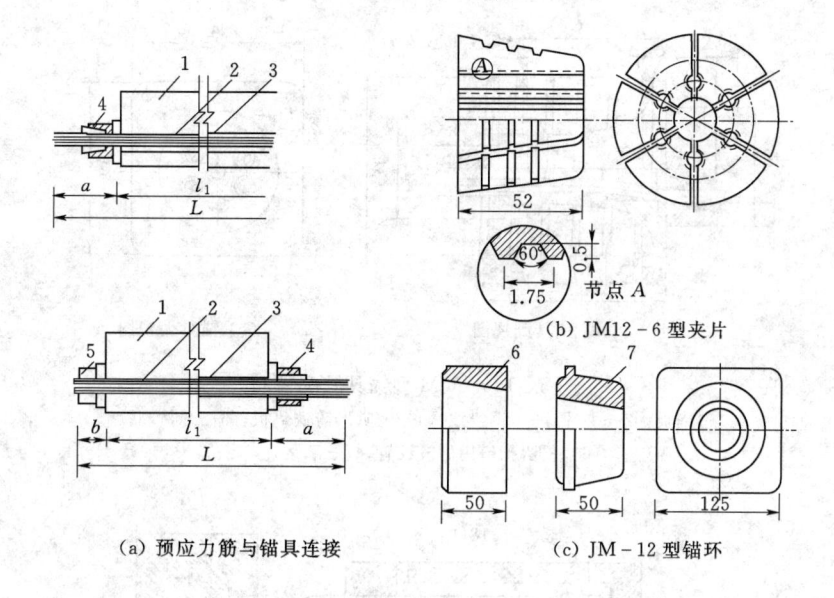

图 5-98 JM-12 型锚具

1—混凝土构件；2—孔道；3—钢筋束；4—JM-12 型锚具；
5—墩头锚具；6—甲型锚环；7—乙型锚环

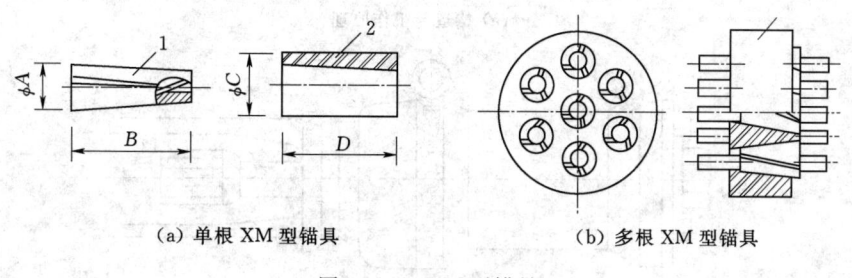

图 5-99 XM 型锚具
1—夹片；2—锚环；3—锚板

101（a）所示，其型号常用加撑脚后的 YC-60 型，如图 5-101（b）所示。

YC 型穿心式千斤顶是一种适用性很广的千斤顶，如配置撑脚和拉杆等附件，还可作为拉杆式千斤顶使用。如在千斤顶前端装上分束顶压器，并将千斤顶与撑套之间用钢管接长，可作为 YZ 型千斤顶张拉钢质锥形锚具。YC 型穿心式千斤顶的张拉力，一般有 180kN、200kN、600kN、1200kN 和 3000kN 等几种，张拉行程由 150mm 至 800mm 不等。

3. 钢丝束预应力筋

钢丝束预应力筋一般由几根到几十根直径为 3~5mm 的平行的碳素钢丝组成。常用的锚具有钢质锥形锚具、钢丝束镦头锚具和锥形螺杆锚具。

钢质锥形锚具由锚环和锚塞组成，如图 5-102 所示。它适用于锚固 6 根、12 根、

(a) 锚具剖视图 (b) 锚具俯视图

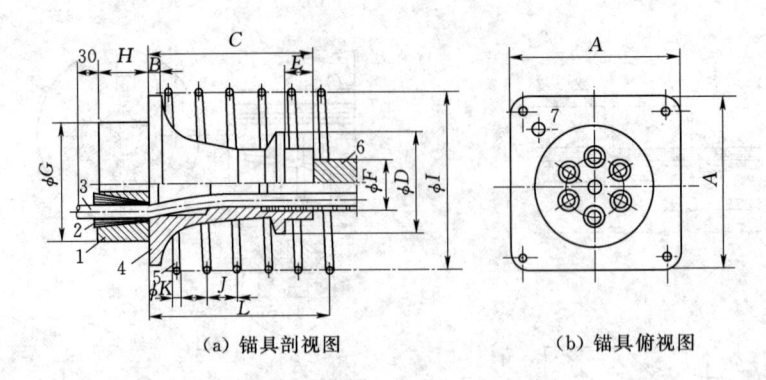

图 5-100 QM 型锚具及配件
1—锚板；2—夹片；3—钢绞线；4—喇叭形铸铁垫板；5—弹簧圈；
6—预留孔道用的波纹管；7—灌浆孔

(a) 构造与工作原理

(b) 加撑脚后的 YC-60 千斤顶

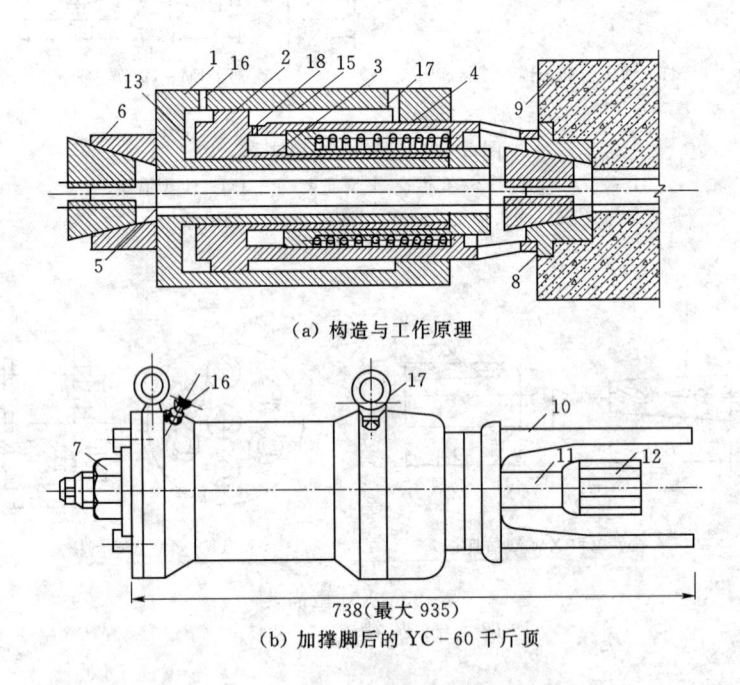

图 5-101 穿心式千斤顶构造及工作原理
1—张拉油缸；2—顶压油缸（即张拉活塞）；3—顶压活塞；4—弹簧；5—预应力筋；6—工具式锚具；
7—螺帽；8—锚具；9—混凝土构件；10—撑脚；11—张拉杆；12—连接器；13—张拉工作油室；
14—顶压工作油室；15—张拉回程油室；16—张拉缸油嘴；
17—顶压缸油嘴；18—油孔

18 根与 24 根直径为 3～5mm 的钢丝束。锚环内孔的锥度应与锚塞的锥度一致；锚塞上刻有细齿槽，以夹紧钢丝防止滑动。

钢丝束镦头锚具用于锚固 12～54 根直径为 3～5mm 碳素钢丝的钢丝束，分为 A 型和 B 型两种，见图 5-103。A 型由锚环与螺母组成，用于张拉端。B 型为锚板，用于固定端。镦头锚具的滑移值不应大于 1mm。镦头锚具的强度，不得低于钢丝规定抗拉强度的98%。

张拉时，张拉螺杆一端与锚环内丝扣连接，另一端与拉杆式千斤顶得拉头连接。当张拉到控制应力时锚环被拉出，则拧紧锚环外丝扣上的螺母加以锚固。

锥形螺杆锚具由锥形螺杆、套筒、螺母、垫板组成，如图5-104所示。它适用于锚固14~28根直径为3~5mm的钢丝束。

对于钢丝束的张拉，钢质锥形锚具用YZ型锥锚式双作用千斤顶进行张拉。镦头锚具用YC型或YL型千斤顶张拉。大

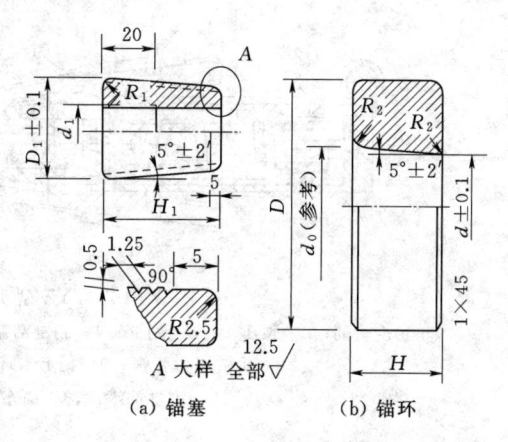

图5-102 钢质锥形锚具

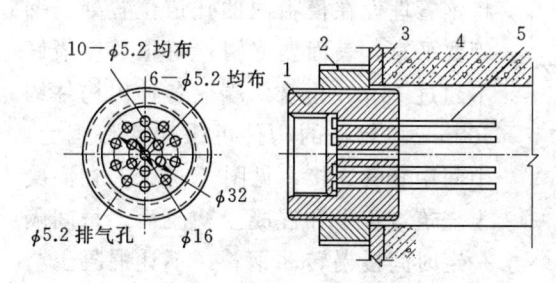

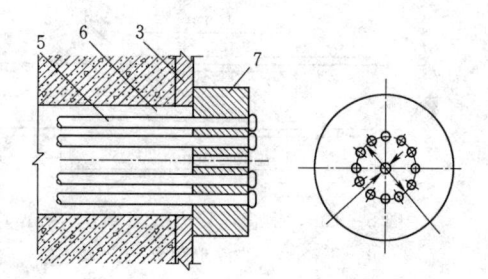

图5-103 钢丝束镦头锚具
1—A型锚环；2—螺母；3—构件断面预埋钢板；4—构件端部孔道；
5—钢丝束；6—构件预留孔道；7—B型锚板

跨度结构、长钢丝束等引伸量大者，用YC型千斤顶为宜。YZ型千斤顶（图5-105）宜用于张拉钢质锥形锚具锚固的钢丝束。YZ型千斤顶的张拉力为380kN、635kN、850kN等几种，张拉行程为200~500mm，顶压力为140kN、330kN和415kN。

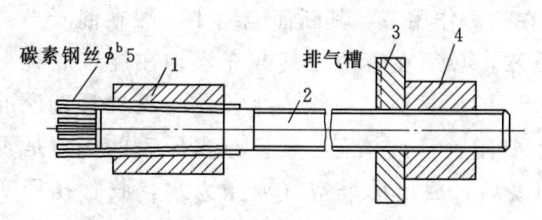

图5-104 锥形螺杆锚具
1—套筒；2—锥形螺杆；3—垫板；4—螺母

二、孔道留设

穿入预应力筋的预留孔道形状有直线形、曲线形和折线形3种。

孔道的直径一般比预应力钢筋（束）外径（包括钢筋对焊接头处外径或必须穿过孔道的锚具外径）大10~15mm，以利于预应力钢筋穿入。孔道的留设方法有抽芯法和预埋波纹管法。

1. 抽芯法

该方法在我国有较长的历史，价格比较便宜，但有一定的局限性。如对大跨度结构、大型的或形状复杂的特种结构及多跨连续结构等，因孔道密集而难以适应。抽芯法一般有两种，即钢管抽芯法与胶管抽芯法。

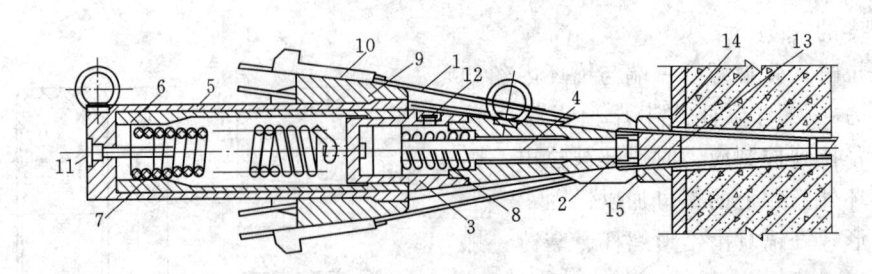

图 5-105 YZ型千斤顶构造示意图

1—预应力筋；2—顶压头；3—副缸；4—副缸活塞；5—主缸；6—主缸活塞；7—主缸拉力弹簧；
8—副缸压力弹簧；9—锥形卡环；10—楔块；11—主缸油嘴；
12—副缸油嘴；13—锚塞；14—构件；15—锚环

(1) 钢管抽芯法。该方法适用于留设直线孔道。采用钢管抽芯法施工时，要预先将钢管埋设在模板内的孔道位置处。钢管要平直，表面要光滑，每根长度最好不超过15m，钢管两端应各伸出构件约500mm。较长的构件可采用两根钢管，中间用套管连接，见图5-106。在混凝土浇筑过程中和混凝土初凝后，每间隔一定时间慢慢转动钢管，不让混凝土与钢管黏结牢固，等到混凝土终凝前抽出

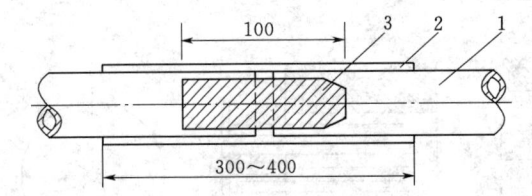

图 5-106 钢管连接方式（单位：mm）

1—钢管；2—白铁皮套管；3—硬木塞

钢管。抽管过早，会造成坍孔事故；太晚，则混凝土与钢管黏结牢固，抽管困难。一般抽管时间在浇筑后3~6h。抽管顺序宜先上后下，抽管可采用人工或卷扬机，速度必须均匀，边抽边转，并与孔道保持在一条直线上。抽管后应及时检查孔道情况，做好孔道清理工作。

(2) 胶管抽芯法。此方法不仅可以留设直线孔道，亦可留设曲线和折线孔道，胶管弹性好，便于弯曲，一般有5~7层帆布夹层（壁厚6~7mm）的普通橡胶管和钢丝网橡皮管两种。胶管具有一定弹性，在拉力作用下，其断面能缩小，故在混凝土初凝后即可把胶管抽拔出来。夹布胶管质软，必须在管内充气或充水。在浇筑混凝土前，向胶皮管中充入压力为0.5~0.8MPa的压缩空气或压力水，此时胶皮管直径可增大约3mm，浇筑混凝土时，振动棒不要碰胶管，并应经常检查水压表的压力是否正常，如有变化必须补压。待混凝土初凝后，放出压缩空气或压力水，胶管孔径变小，并与混凝土脱离，随即抽出胶管，形成孔道。抽管顺序一般应为先上后下，先曲后直。

一般采用钢筋井字形网架把管子固定在模内的位置。井字网架间距为钢管1~2m；胶管直线段一般为500mm左右，曲线段为300~400mm。

2. 预埋波纹管法

预埋波纹管法中的波纹管是由镀锌薄钢带经波纹卷管机压波卷成的一种金属波纹软管，具有重量轻、刚度好、弯折方便、连接简单、与混凝土黏结较好等优点。波纹

管的内径为 50~100mm，管壁厚 0.25~0.30mm。除圆形管外，近年来又研制成一种扁形波纹管，可用于板式结构中，扁管的长边边长为短边边长的 2.5~4.5 倍。预埋波纹管法可根据要求做成曲线、折线等各种形状的孔道。所用的波纹管施工后留在构件中，可省去抽管工序。

预埋管法一般用于采用钢丝或钢绞线作为预应力钢筋的大型构件或结构中，可直接把下好料的钢丝、钢绞线在孔道成型前就穿入波纹管中，这样可以省掉穿束工序，亦可待孔道成型后再进行穿束。

对连续结构中呈波浪状布置的曲线束，当高差较大时，应在孔道的每个峰顶处设置泌水孔；起伏较大的曲线孔道，应在弯曲的低点处设置排水孔；对于较长的直线孔道，应每隔 12~15m 设置排气孔。必要时可考虑将泌水孔、排气孔作为灌浆孔用。波纹管的连接可采用大一号的同型波纹管，接头管的长度为 200mm，用密封胶带或塑料热塑管封口。

三、预应力钢筋张拉

1. 混凝土的张拉强度

预应力钢筋的张拉是制作预应力构件的关键，必须按《建筑工程预应力施工规程》(CECS 180：2005) 有关规定精心施工。张拉时构件或结构的混凝土强度应符合设计要求，当设计无具体要求时，不应低于设计强度标准值的 75%。

2. 张拉控制应力及张拉程序

预应力张拉控制应力应符合设计要求及最大张拉控制应力有关规定。其中后张法控制应力值低于先张法，这是因为后张法构件在张拉钢筋的同时，混凝土已受到弹性压缩，张拉力可以进一步补足；而先张法构件，是在预应力钢筋放松后，混凝土才受到弹性压缩，这时张拉力无法补足。此外，由于混凝土的收缩、徐变而引起的预应力损失，后张法也比先张法小。

为了减小预应力钢筋的松弛损失等，与先张法一样采用超张拉法，其张拉程序为：$0 \rightarrow 1.05\sigma_{con} \rightarrow \sigma_{con}$ 或 $0 \rightarrow 1.03\sigma_{con}$。$\sigma_{con}$ 为张拉控制应力。

3. 张拉方法

张拉方法有一端张拉和两端张拉两种。两端张拉，宜先在一端张拉，再在另一端补足张拉力。如有多根可一端张拉的预应力钢筋，宜将这些预应力钢筋的张拉端分别设在结构的两端。

长度不大的直线预应力钢筋，可一端张拉。曲线预应力钢筋应两端张拉。抽芯成孔的直线预应力钢筋，长度大于 24m 时应两端张拉，不大于 24m 时可一端张拉。预埋波纹管成孔的直线预应力钢筋，长度大于 30m 时应两端张拉，不大于 30m 时可一端张拉。竖向预应力结构宜采用两端分别张拉的方法，且以下端张拉为主。

安装张拉设备时，应使直线预应力钢筋张拉力的作用线与孔道中心线重合；曲线预应力钢筋张拉力的作用线与孔道中心线末端的切线重合。

4. 张拉顺序

选择合理的张拉顺序是保证质量的重要一环。当构件或结构有多根预应力钢筋（束）时，应同时张拉，如不能同时张拉，也可分批张拉。但分批张拉的顺序应考虑使混凝土不产生超应力，构件不扭转与侧弯、结构不变位等因素来确定。在同一构件上一般应对称张拉，避免引起偏心。在进行预应力钢筋张拉时，可采用一端张拉法，亦可采用两端同时张拉法。当采用一端张拉时，为了克服孔道摩擦力的影响，使预应力钢筋的应力得以均匀传递，反复张拉2～3次，可以达到较好的效果。

采用分批张拉时，应考虑后批张拉预应力钢筋所产生的混凝土弹性压缩对先批预应力钢筋的影响，即应在先批张拉的预应力钢筋的张拉应力中增加 $E_s/(E_h \cdot \sigma_h)$。

先批张拉的预应力钢筋的控制应力 σ_{con}^1 应为

$$\sigma_{con}^1 = \sigma_{con} + \frac{E_s}{E_h}\sigma_h \tag{5-20}$$

式中 σ_{con}^1——先批预应力钢筋张拉控制应力；

σ_{con}——设计控制应力（即后批预应力钢筋张拉控制应力）；

E_s——预应力钢筋的弹性模量；

E_h——混凝土的弹性模量；

σ_h——张拉后批预应力钢筋时在已张拉预应力钢筋重心处产生的混凝土法向应力。

对于平卧叠层浇制的构件，张拉时应考虑由于上下层间的摩阻引起的预应力损失，可由上至下逐层加大张拉力。对于钢丝、钢绞线、热处理钢筋，底层张拉力不宜比顶层张拉力大5%；对于冷拉Ⅱ～Ⅳ级钢筋，底层张拉力不宜比顶层张拉力大9%，且不得超过最大张拉控制应力允许值。如果隔离层效果较好，亦可采用同一张拉值。

四、孔道灌浆

后张法预应力钢筋张拉、锚固完成后，利用灰浆泵将水泥浆压灌到预应力孔道中去，这样既可以起到预应力筋的防锈蚀作用，也可使预应力筋与混凝土构件的有效黏结增加，控制超载时的裂缝发展，减轻两端锚具的负荷状况，提高结构的耐久性。

灌浆前孔道应湿润、洁净。对于水平孔道，灌浆顺序应先灌下层孔道，后灌上层孔道。对于竖直孔道，应自下而上分段灌注，每段高度根据施工条件确定，下段顶部及上段底部应分别设置排气孔和灌浆孔。

灌浆用的水泥浆，除应满足强度和黏结力的要求外，还应具有较大的流动性和较小的干缩性和泌水性。宜用强度等级不低于42.5级的普通硅酸盐水泥；水灰比宜为0.4～0.45。对于空隙大的孔道可采用水泥砂浆灌浆，水泥浆及水泥砂浆的强度均不得小于20MPa。为增加灌浆密实度和强度，可使用一定比例的减水剂和膨胀剂。减水剂和膨胀剂均不得含有导致预应力钢材锈蚀的物质。

项目六 地下建筑工程

任务一 地下工程开挖

地下工程包括水利水电工程的各种平洞、地下厂房、斜井和竖井等。地下工程往往是整个枢纽工程施工进度控制的关键项目。目前,地下工程施工方法有钻眼爆破法及掘进机法,其中钻眼爆破法应用较为广泛。

地下工程的围岩分类对开挖和支护方式、施工方法、施工进度影响较大。围岩根据岩石强度、岩体完整程度、结构面状态、地下水和主要结构面产状等 5 项因素之和的总评分为基本依据,以围岩强度应力比为参考依据,进行工程地质分类,见表 6-1。

表 6-1　　　　　　　　围岩工程地质分类表

围岩类别	围岩稳定性	围岩总评分 T	围岩强度应力比 S	支护类型
Ⅰ	稳定。围岩可长期稳定,一般无不稳定块体	$T>85$	>4	不支护或局部锚杆或喷薄层混凝土。大跨度时,喷混凝土、系统锚杆加钢筋网
Ⅱ	基本稳定。围岩整体稳定,不会产生塑性变形,局部可能产生掉块	$85 \geqslant T>65$	>4	
Ⅲ	稳定性差。围岩强度不足,局部会产生塑性变形,不支护可能产生塌方或变形破坏。完整的较软岩,可能暂时稳定	$65 \geqslant T>45$	>2	喷混凝土、系统锚杆加钢筋网。跨度为 20~25m 时,浇筑混凝土衬砌
Ⅳ	不稳定。围岩自稳时间很短,规模较大的各种变形和破坏都可能发生	$45 \geqslant T>25$	>2	喷混凝土、系统锚杆加钢筋网,并浇筑混凝土衬砌。Ⅴ类围岩还应布置拱架支撑
Ⅴ	极不稳定。围岩不能自稳,变形破坏严重	$T \leqslant 25$	—	

注　Ⅱ、Ⅲ、Ⅳ类围岩,当其强度应力比小于本表规定时,围岩类别宜相应降低一级。

地下工程按其断面大小可分为小断面、中断面、大断面和特大断面 4 类,具体尺寸见表 6-2。

表 6-2　　　　　　　　地下工程断面分类

断面分类	断面积/m²	等效直径/m
小断面	<20	<4.5
中断面	20~35	4.5~6.5
大断面	35~120	6.5~12
特大断面	>120	>12

地下工程的施工特点为：

(1) 由于地质条件的不可预见性，施工方法直接受到工程地质、水文地质和施工条件的制约，因此，施工中强调随机应变的能力。

(2) 地下工程主要采用钻爆法开挖，在同一工作面表现为周期性的循环。有时也会遇到不良地质地段而发生塌方、有害气体逸出及地下涌水等突发事件，因此，施工中必须有充分的应急措施。

(3) 施工环境和条件相对较差，作业空间狭小，工序交叉多、干扰大，通风散烟和地下排水困难，安全问题比较突出。

(4) 围岩既是开挖的对象，又是成洞的介质。这就需要充分了解围岩性质和合理运用洞室体型特征，以发挥围岩自承稳定能力，既可保证施工安全，又可节省支护工程量。

单元一　地下工程开挖方式

地下工程，按体形和布置形式可分为平洞、斜井、竖井和地下厂房。

一、平洞的开挖方式

平洞（坡度小于等于6°的隧洞）开挖方式应根据工程地质条件、隧洞断面尺寸、工期要求及施工机械特性等综合分析，再经过经济技术比较后选定。

1. 全断面开挖法

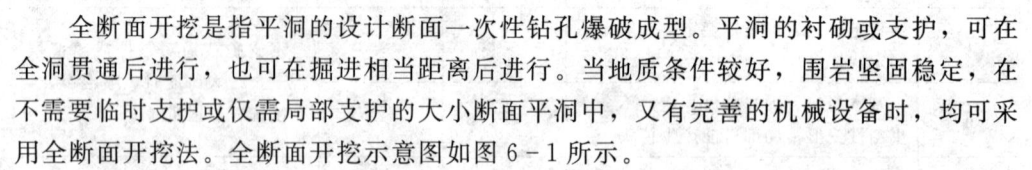

全断面开挖是指平洞的设计断面一次性钻孔爆破成型。平洞的衬砌或支护，可在全洞贯通后进行，也可在掘进相当距离后进行。当地质条件较好，围岩坚固稳定，在不需要临时支护或仅需局部支护的大小断面平洞中，又有完善的机械设备时，均可采用全断面开挖法。全断面开挖示意图如图6-1所示。

全断面开挖，由于洞内工作面较大，有利于机械化施工；且其施工干扰小，风水电管线无需多次拆装，可使用各种机械作业。

当缺乏大型施工机械设备而无法进行全断面开挖时，可采用断面分层开挖方法，即将工作面分为上下两层，上层超前2～4m，上下层同时掘进，如图6-2所示。具体施工顺序是爆破散烟及安全检查后，清理上层台阶的石渣，进行上层工作面的钻孔，同时下台阶出渣，清渣后下层工作面钻孔，钻孔完成后，上下层炮孔同时装药，一起爆破，保持上下工作面掘进深度一致。

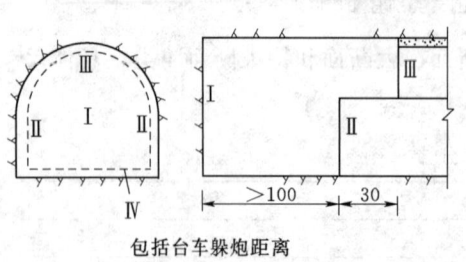

图6-1 全断面开挖法（单位：m）
Ⅰ、Ⅱ、Ⅲ、Ⅳ—开挖及衬砌顺序

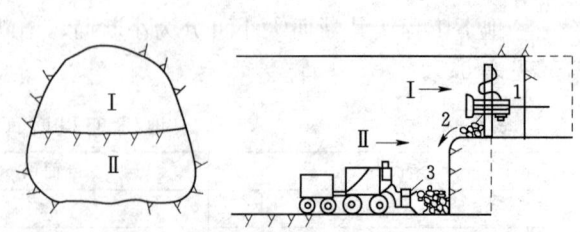

图6-2 全断面台阶法掘进示意图
Ⅰ—上台阶；Ⅱ—下台阶；
1—上台阶钻孔；2—扒落石渣；3—出渣后再钻孔

2. 导洞开挖法

导洞开挖法就是在平洞的断面上先开挖小断面的洞室（导洞）作为先导，然后扩大至整个设计断面。根据导洞及扩大开挖的次序可分为导洞专进法和导洞并进法。导洞专进法是待导洞全线贯通后再开挖扩大部分；导洞并进法是待导洞开挖一定距离（一般为 10～15m）后，导洞与扩大部分的开挖同时前进。

导洞一般采用上窄下宽的梯形断面，这种形状施工简单，受力条件较好，可利用底角布置风、水等管线。导洞断面尺寸根据出渣运输要求、临时支护形式和人行安全的条件确定。一般底宽为 2.5～4.5m（其中人行通道宽取 0.7m），高度为 2.2～3.5m。根据导洞在整个断面中的不同位置，可分为上导洞、下导洞、中导洞、双导洞等开挖方法。

(1) 下导洞开挖法。导洞布置在断面下部中央，开挖后向上、向两侧扩大至全断面。其施工顺序是，先开挖下导洞，并架设漏斗棚架，然后向上拉槽至拱顶，再由拱部两侧向下开挖。上部岩渣可经漏斗棚架装车出渣，所以又称为漏斗棚架法，如图 6-3 所示。其优点是出渣线路不必转移，工序之间施工干扰小。但遇地质条件较差时，施工不够安全。适用于围岩基本稳定的大断面隧洞或机械化程度较低的中小断面平洞。

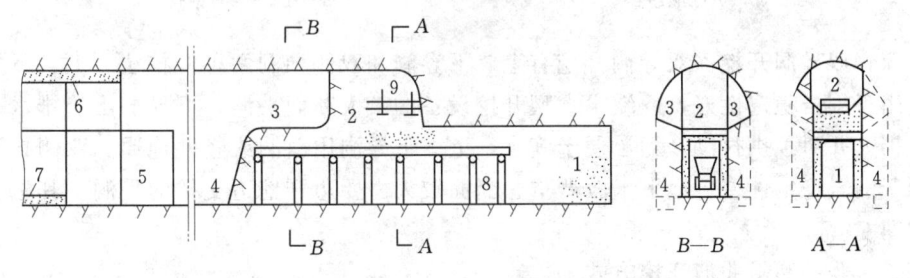

图 6-3 下导洞开挖法施工顺序
1—下导洞；2—顶部扩大；3—上部扩大；4—下部扩大；5—边墙衬砌；
6—顶拱衬砌；7—底板衬砌；8—漏斗棚架；9—脚手架

(2) 上导洞开挖法。导洞布置在断面顶拱中央，开挖后由两侧向下扩大。其施工顺序如图 6-4 所示。即先开挖顶拱中部，再向两侧扩拱，及时衬砌顶拱，然后再转向下部开挖衬砌。此法适用于稳定性差的围岩。其优点是：先开挖顶拱，可及时做好顶拱衬砌，下部施工在拱圈保护下进行，比较安全。缺点是需重复铺设风、水管道及出渣线路，排水困难，施工干扰大，衬砌整体性差。尤其是下部开挖时影响拱圈稳定，所以下部岩体开挖时常采用马口开挖法，如图 6-5 所示。其原理是由衬砌后的边墙承担拱圈的荷载。

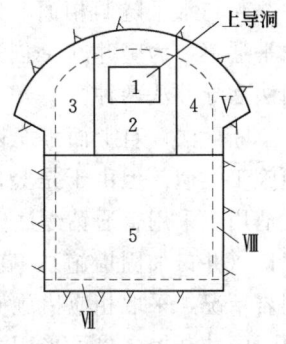

图 6-4 紧水滩水电站右岸导流隧洞的开挖
1、2、3、4、5—开挖顺序；
Ⅴ、Ⅵ、Ⅶ—衬砌顺序

(3) 中导洞法。导洞布置在断面中央，导洞全线贯通后向四周辐射钻孔开挖。此法适用于围岩基本稳定，不需临时支护，且具有柱架式钻机的大中断面的平洞。其优点是：利用柱架式钻机，可以一次钻完四周辐射炮孔，钻孔和出渣可平行作业。缺点是：导洞和扩大并进时，导洞部分出渣很不方便，所以一般待导洞贯通后再扩大开挖。其施工顺序如图6-6所示。

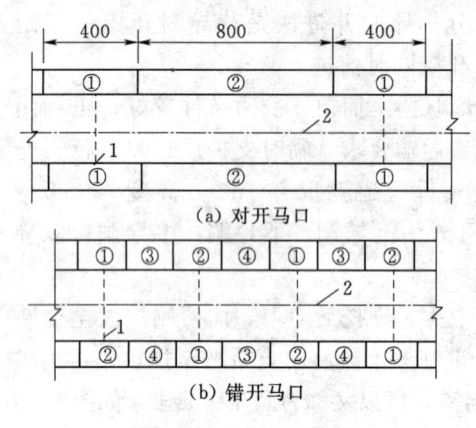

图6-5 马口开挖顺序
1—拱圈施工缝；2—隧洞中心线；
①~④—开挖顺序

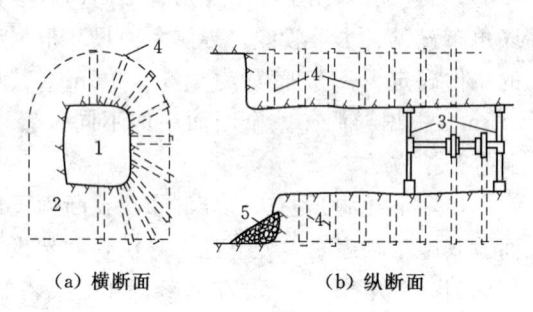

图6-6 中导洞开挖
1—导洞；2—四周扩大部分；
3—柱架；4—钻孔；5—石渣

（4）双导洞开挖。双导洞开挖有上、下导洞和双侧导洞两种开挖法。上、下导洞法适用于围岩稳定性好，但缺少大型开挖设备的较大断面平洞。下导洞出渣排水，上导洞扩大并对顶拱衬砌。为了便于施工，上、下导洞用斜洞或竖井连通。双侧导洞法适用于围岩稳定性差、地下水较严重、断面较大需要边开挖边支护的平洞。其施工顺序如图6-7所示。

二、竖井和斜井的开挖方式

竖井（井线与水平夹角大于75°）和斜井（井线与水平夹角为6°~75°）素有"咽喉工程"之称，工作面窄小，通风困难，不安全因素较多。

1. 竖井

竖井的施工特点是竖向开挖、竖向出渣和竖向衬砌。竖井往往与水平隧洞相通。因此，可先挖通与竖井相通的水平通道，为竖井施工创造条件。一般竖井开挖有全断面法和导井法两种。

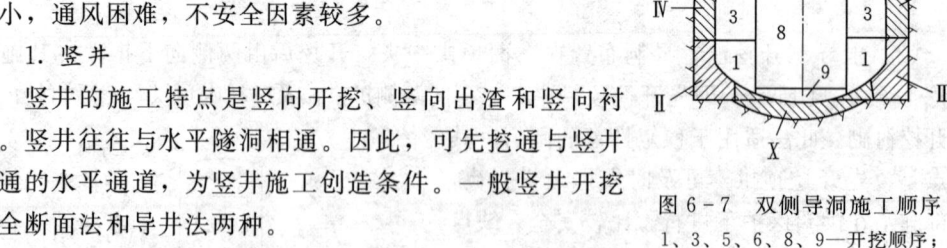

图6-7 双侧导洞施工顺序
1、3、5、6、8、9—开挖顺序；
Ⅱ、Ⅳ、Ⅶ、Ⅹ—衬砌顺序

（1）全断面法。自上而下全断面竖井开挖法与平洞的全断面施工类似。但由于是竖向作业，施工困难，进度较慢，适用于采用普通钻爆法开挖的小断面竖井。采用全断面竖井开挖，应注意做好竖井锁口（井口加固措施），确保提升安全，并做好井内外排水、防水设施。要注意观测围岩情况，采取相应措施确保安全施工。

全断面竖井开挖，也可采用深孔爆破法，即按设计要求，断面炮孔一次钻孔，再自下而上分层爆破（或一次爆破），由下部平洞出渣。此法适用于深度不大、围岩稳定的竖井。施工时要控制钻孔的偏斜，偏斜率应小于0.5%，同时还应控制装药量，特别是周边炮孔的装药量。

(2) 导井法。导井法即在竖井中部先开挖导井（断面面积 $4\sim5m^2$），然后扩大的施工方法。导井有自上而下和自下而上的开挖方法。前者可用普通钻爆法，也可用大钻机施工；后者常用吊罐法（也称吊篮法）或爬罐法施工。扩大开挖可自上而下逐层下挖，也可自下而上倒井上挖。扩挖的石渣，经导井落至井底，由井底水平通道运出洞外。

目前常用爬罐开挖导井。爬罐是一个带有驱动机构，沿着特制轨道上下爬升的吊笼，吊笼上有作业平台，可进行放线、钻孔、装药、安全处理等作业。

反井钻机导井施工法在水电工程竖井和斜井施工中已有不少实例。在水布垭、小湾、三板溪等工程的电站竖井施工中的成功应用，已总结出一套较为完整、成熟的施工工艺。反井钻机法具有钻进快、精度高、施工安全、质量好等优点，有很好的应用前景。

2. 斜井

倾角大于45°的斜井，施工条件与竖井相近，可按竖井开挖方法施工。倾角小于30°的斜井，一般采用自下而上的全断面开挖法，用卷扬机提升出渣，开挖完成后衬砌。倾角为30°～45°的斜井，可采用自下而上挖导井，自上而下扩大开挖，利用重力溜渣，由下部通道出渣。

竖井与斜井开挖方式、施工程序及施工特点见表6-3。

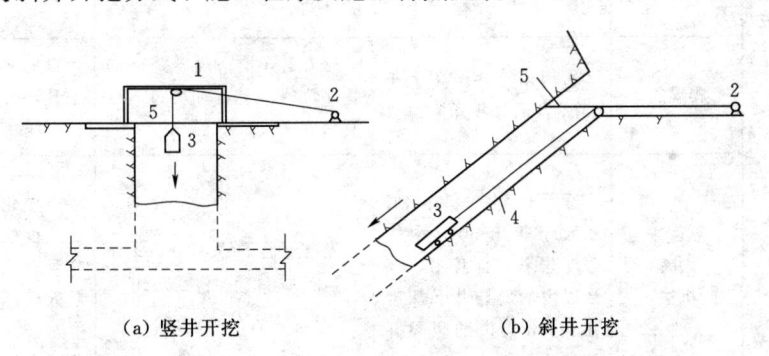

(a) 竖井开挖　　(b) 斜井开挖

图6-8　全断面开挖
1—井架；2—卷扬机；3—吊桶（或棱车箕斗）；4—轨道；5—井盖

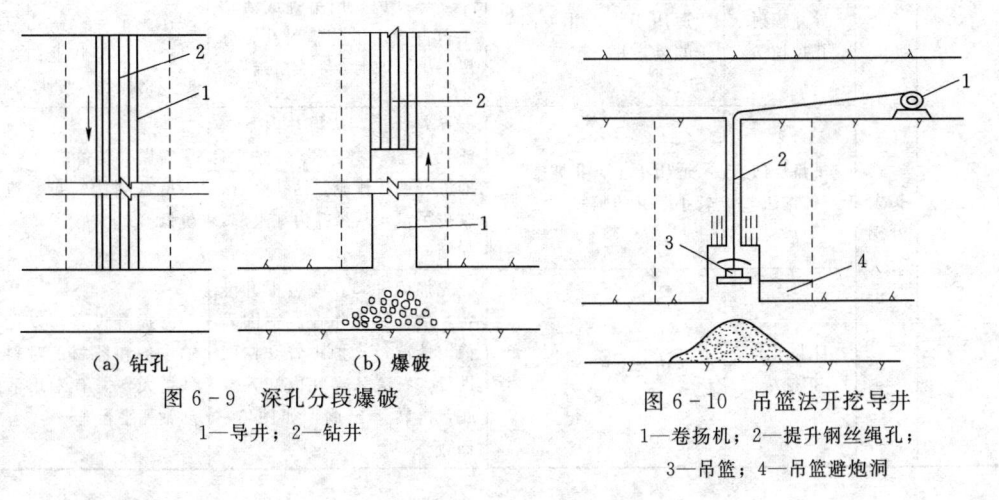

(a) 钻孔　　(b) 爆破

图6-9　深孔分段爆破
1—导井；2—钻井

图6-10　吊篮法开挖导井
1—卷扬机；2—提升钢丝绳孔；
3—吊篮；4—吊篮避炮洞

表 6-3　　　　　　　　　　　竖井与斜井开挖方式对比表

开挖方式			适用范围	施工程序	施工特点
全断面开挖法（正井法）			小断面浅井；大断面竖井下部无施工通道或下部虽有交通条件，但工期不能满足要求；斜井倾角小于40°	开挖一段，支护一段，如图6-8所示	需要提升设备解决人员，钻机及其他工具，材料，石渣的垂直运输；安全问题突出
先导井后扩大开挖法	导井开挖法	正反井或正反井结合法	适用于井深小于100m的导井	提升架及卷扬设备安装→开挖	施工简易；正井开挖需提升设备
		深井分段爆破法	适用于井深30～70m，下部有施工通道的竖井	钻机自上而下一次钻孔，自下而上一次或分段爆破，石渣坠落至下部出渣，如图6-9所示	成本低，效率高；爆破效果取决于钻孔精度
		吊罐法	适用于井深小于100m的竖井	先用钻机钻钢丝绳孔及辅助孔（孔径100mm）→上部安装起吊设备→下放钢丝绳吊吊罐进行开挖作业，如图6-10所示	施工设备简易，成本低；要求上、下联系可靠
		爬罐法	适用于竖井倾角大于45°斜井的导井开挖	先人工开挖一段导井→安装导轨→开挖，如图6-11所示	自上向下利用爬罐上升，向上式钻机钻孔、浅孔爆破
		反井钻机法	适用于竖井、斜井（倾角大于等于50°）中等强度岩石，深度在250米以内的斜导井和深度在300m以内的竖导井开挖	先自上而下钻ϕ216mm导孔，然后自下而上扩孔至2.0m，如图6-12所示	机械化程度高，施工速度快、安全，工作环境好，质量好、功效高；对于Ⅳ～Ⅴ类围岩成功率低
	扩大开挖	导井辐射孔扩挖法	适用于Ⅰ、Ⅱ类围岩于的竖导井	在导井内，用吊罐或活动平台自下而上打辐射孔，分段爆破，如图6-13所示	需要提升设备及活动作业平台；钻孔与出渣可平行作业；井壁规格控制难度大
		吊盘反向扩挖法	适用于Ⅰ、Ⅱ类围岩、较小断面的竖井	导井开挖，从导井内下放活动吊盘，并与岩壁撑牢，即进行钻孔作业。钻孔完后，收拢吊盘，从吊井内往上起，如图6-14所示	需提升设备；吊盘结构简单，造价低
		自上而下扩挖法	适用各类围岩	先加固井口，安装提升设备，进行钻孔作业。视围岩稳定情况，支护跟着开挖面进行。石渣从导井内卸入井底，再转运出洞，如图6-15所示	需提升设备，以运输设备和器材；对斜井扩大，需有专用活动钻孔平台车

(a) 竖井导井开挖　　　　　　　　　(b) 斜井导井开挖

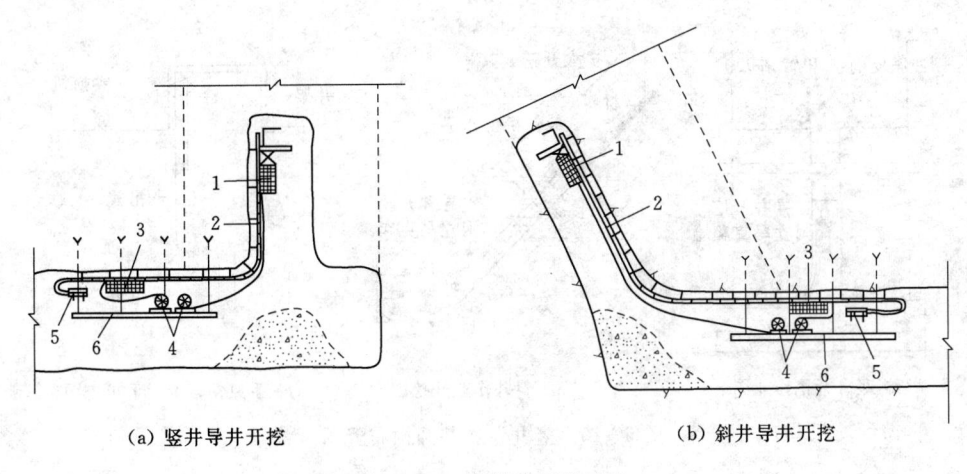

图 6-11　爬罐法开挖导井
1—主爬罐；2—导轨；3—副爬罐；4—主副爬罐电缆盘；5—风水阀门；6—悬吊工作平台

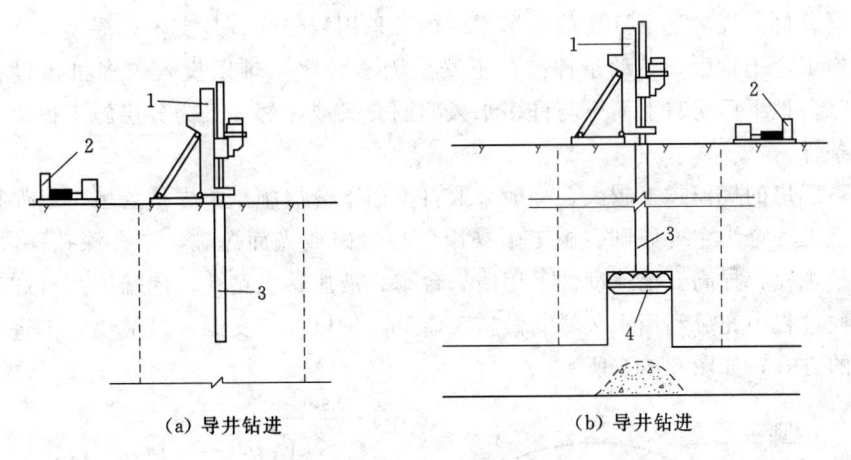

(a) 导井钻进　　　　　　　　　(b) 导井钻进

图 6-12　反井钻机开挖导井
1—反井钻机；2—辅助设施；3—导孔钻进；4—扩井钻进

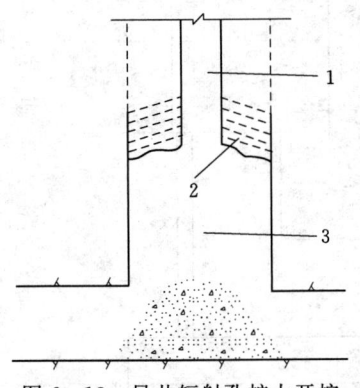

图 6-13　导井辐射孔扩大开挖
1—已挖好的导井；2—辐射孔；3—扩大后的竖井

图 6-14　反向扩大开挖
1—导井；2—活动吊盘；3—提升设备

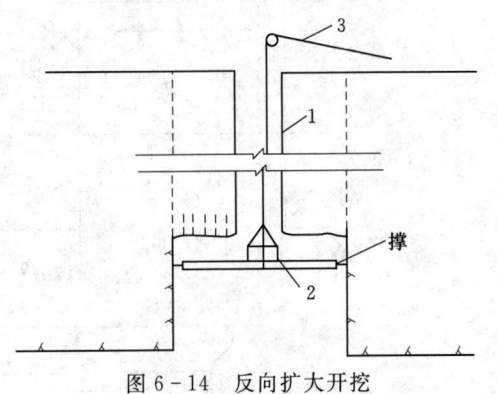

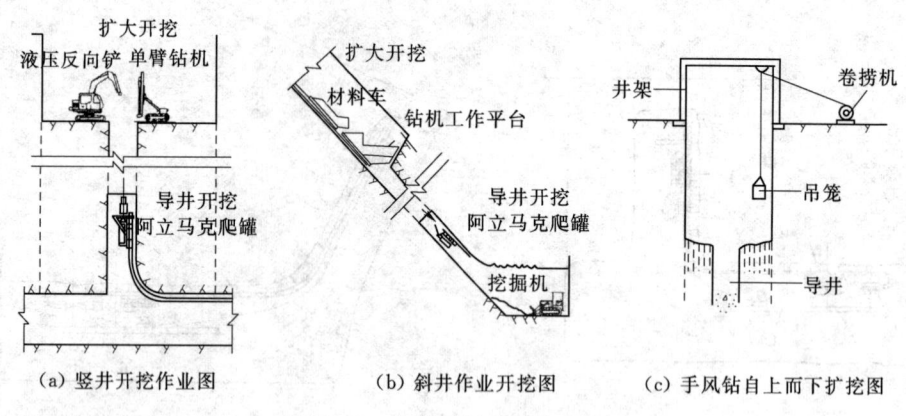

(a) 竖井开挖作业图　　(b) 斜井作业开挖图　　(c) 手风钻自上而下扩挖图

图 6-15　竖井、斜井开挖布置图

三、地下厂房的开挖方式

水电站地下厂房的特点是跨度大，边墙高，相邻洞室距离近，交叉洞口多，形成复杂的洞室群。许多地下厂房的吊车梁结构，采用岩锚式，与支护、混凝土浇筑等工序交叉施工，干扰大，劳动条件差，不安全因素较多，难以投入较多机械设备等特点。同时，地下厂房自上而下与许多永久隧洞交叉或相邻，又为分层施工提供了方便的交通条件。

地下厂房的规模越来越大，一般采取自上而下分层施工，先拱后墙，以保持围岩稳定和施工安全为主要原则。施工中采用预裂爆破或光面爆破，结合深孔梯段爆破，加大爆破规模，提高开挖速度。采用凿岩台车、液压钻机钻孔，挖掘机配自卸汽车出渣。开挖过程中充分利用永久隧洞做施工通道，辅以施工支洞，以加快施工进度。分层开挖的方式，如图 6-16 所示。

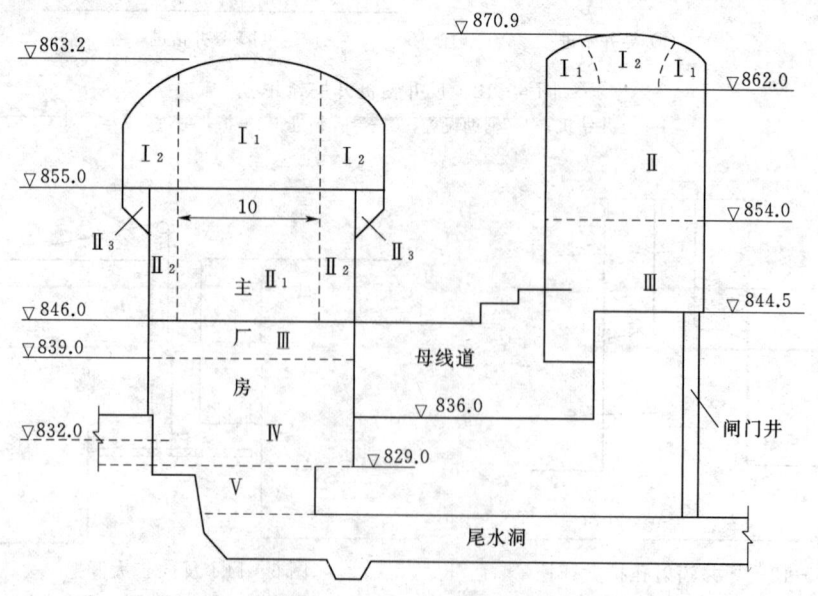

图 6-16　水电站主厂房及主变室分层开挖示意图（单位：m）

(1) 第一层（顶拱）开挖。层高一般为 7～9m，采用预裂爆破或光面爆破成型。该层多采用全断面开挖，或先挖中导洞，再由两侧跟进的施工方法。顶层开挖后应及时锚固、喷混凝土或进行混凝土衬砌。该层开挖一般都可利用通（排）风洞进行运渣。

(2) 第二层开挖。多数厂房在该层设计有岩锚梁，层厚可延伸至岩锚架以下 2～4m。在岩锚梁部位，预留出保护层。岩锚梁以外的部分采用深孔台阶爆破法施工。岩锚梁开挖要求边界平整、成型好。保护层可采用凿岩台车或手风钻钻孔，水平孔爆破，同时进行岩锚梁边壁光面爆破，严格控制超欠挖，并使残留半孔率达到 80% 以上。岩锚梁承受较大荷载，其锚杆定位、注浆及锚杆安装均有很高要求。

(3) 第三层开挖。采用深孔梯段爆破和控制爆破开挖。上一层岩锚梁施工前，应先进行该层控制爆破，岩锚梁完工后，应控制本层爆破规模，使岩锚梁受到的爆破振动不超过设计规定的允许振速值。第三层往往与进厂交通洞相通，厂、洞相交部位应进行锚喷支护锁口，当交通洞顶距岩锚梁较近时，要进行加固处理。

(4) 第四层及以下各层开挖。采用边墙控制爆破，中部梯段爆破法进行施工。在地下厂房开挖中，无论采用哪种开挖方式，都会遇到厂房与其他洞室交叉段的施工问题。在这种情况下，需在厂房大规模开挖之前，先把交叉段的洞口开挖出来，并做好喷锚支护和混凝土衬砌，或在设计断面以外浇筑临时混凝土套拱，以防洞口塌落，引起高边墙塌方。

单元二 钻孔爆破开挖法

钻孔爆破法主要施工顺序为钻孔、装药爆破、出渣及相应的辅助工作。

一、钻孔爆破设计

钻孔爆破设计的主要任务是：确定开挖断面的炮孔布置，即各类炮孔的位置、方向和深度；各类炮孔的装药量、装药结构及堵孔方式；确定各类炮孔的起爆方法和起爆顺序。

1. 炮孔类型及布置

由于受工作面、自由面的限制，以及控制开挖断面轮廓形状和尺寸的要求，按炮孔的作用可将炮孔分为掏槽炮孔、崩落炮孔和周边炮孔，如图 6-17 所示。

(1) 掏槽炮孔。掏槽炮孔的主要作用是增加临空面，以提高爆破效果，常布置于开挖断面的中部。根据炮孔布置的形状和方向，又可分为斜孔掏槽及垂直掏槽。

1) 斜孔掏槽。斜孔掏槽又分为楔形掏槽和锥形掏槽。楔形掏槽是由数对对称相向倾斜的炮孔组成，如图 6-18 (b) 所示，适用于各种坚固程度的岩石。楔形掏槽孔的夹角与布置是根据岩石的坚固系数值选定的，见表 6-4。在较坚硬岩体中，用分层楔形掏槽方

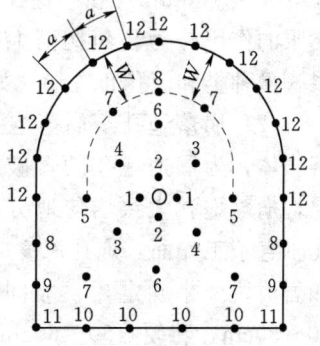

图 6-17 光面爆破炮孔布置图
1、2—掏槽孔；3～8—崩落孔；
9～12—周边孔

法，即第一层掏槽孔用较小的倾角，孔深为第二层掏槽孔的 0.5～0.7 倍，第二层掏槽孔用较大倾角（70°～75°），如图 6-19 所示。锥形掏槽炮孔的布置，如图 6-18（a）所示。

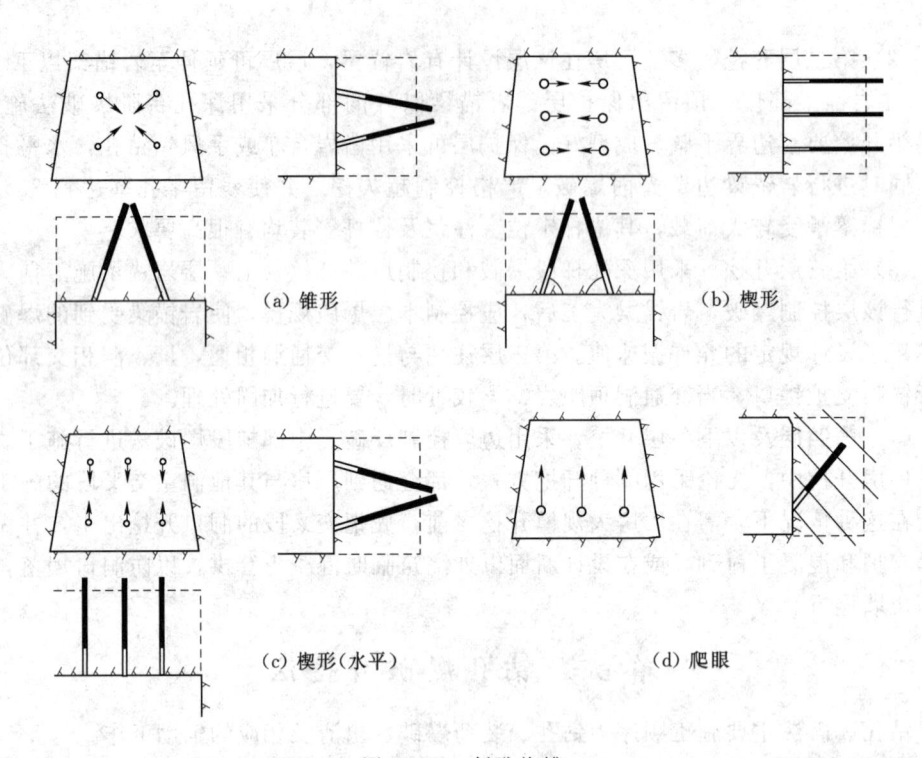

图 6-18 斜孔掏槽

2) 垂直掏槽。由于掏槽炮孔与工作面垂直布置，钻孔作业和深度不受工作面大小限制，便于钻孔作业，容易达到要求的循环进尺。

垂直掏槽的形式很多，常用的有大直径（大于 100mm）和小直径中空直眼掏槽，中空眼的作用是为装药掏槽炮孔提供临空面。直眼掏槽种类和炮孔布置形式如图 6-20 所示。

(2) 崩落炮孔。崩落炮孔的主要作用是爆落岩体，为周边炮孔的爆破创造有利条件。为此，崩落炮孔大致均匀地分布在掏槽外围。炮

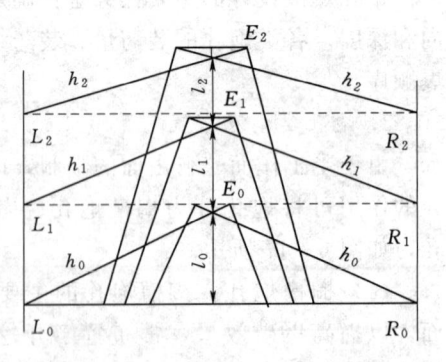

图 6-19 多层楔形掏槽孔布置图

孔垂直于工作面，炮孔深度应在同一平面，以保证工作面平整。炮孔间距由岩体硬度和岩渣块度来确定，一般间距为：软石 100～120cm，中硬石 80～100cm，坚硬石 60～80cm，特硬石 50～60cm。

(3) 周边炮孔。布置在开挖断面四周，控制开挖断面轮廓的炮孔。为了保证开挖面的规格，每个角上要布置角孔。断面底部的周边孔，考虑到底部岩石上抬的夹制影

(1) 菱形　　　(2) 螺旋形　　　(3) 对称形

(a) 大直径中空直眼掏槽基本类型

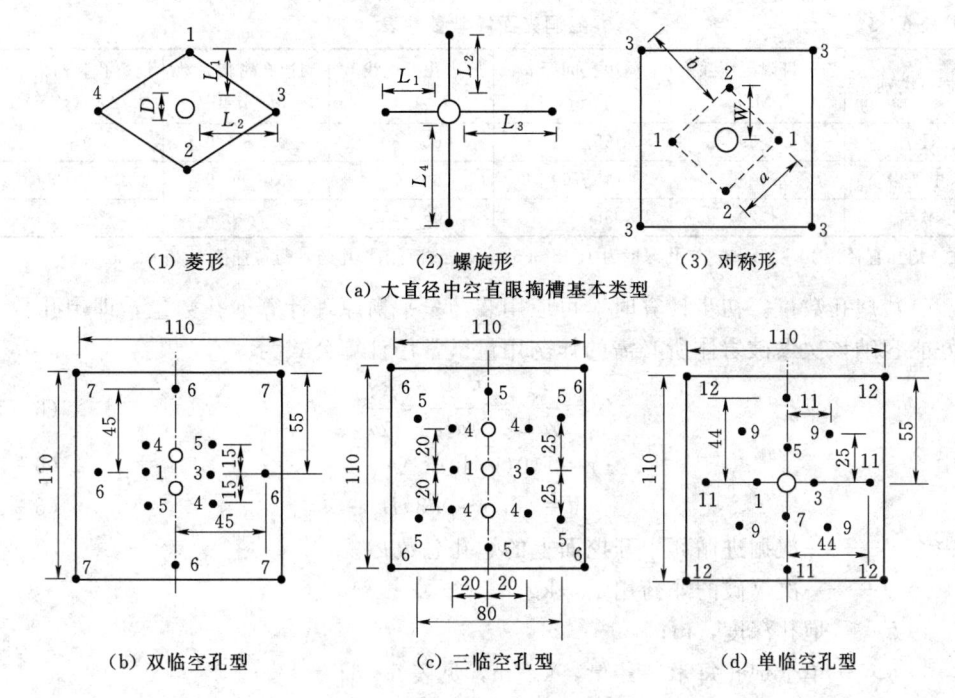

(b) 双临空孔型　　　(c) 三临空孔型　　　(d) 单临空孔型

图 6-20　直眼掏槽（单位：cm）
炮眼旁数字为毫秒雷管段别

响和工作面翻渣的作用，应将底孔间距适当加密或适当加大装药量。

表 6-4　　　　　楔形掏槽炮孔的布置

岩石坚固系数 f	最少掏槽孔数量/个	对开挖面倾角/(°)	成对掏槽孔的距离/cm
2~6	4	70	50
6~8	4~6	68	45
8~10	6	65	40
10~13	6	63	35
13~16	6	60	25
16~18	6	58	20
18~20	6~8	53	20

周边孔的孔口应距开挖断面设计边线 10~20cm，以利于钻孔作业。钻孔时应控制孔的倾斜角度和深度，使孔底落在同一平面上。孔底距设计边界的距离视岩石的硬度而确定，中硬岩石的孔底可达到设计边界；软石的孔底在设计边界内 10cm；坚硬岩石的孔底应超出设计边界 10~15cm。

为了减弱对围岩的影响和减少超欠开挖量，隧洞开挖常采用光面爆破。图 6-17 为光面爆破全断面开挖法的炮孔布置图，常用爆破参数见表 6-5。

2. 炮孔数量和装药量

工作面上炮孔数量和装药量，受岩层性质、炸药性能、爆破时自由面状况、炮孔大小和深度、装药方式、工作面的形状和大小以及岩渣的块度等多种因素的影响。

表 6-5　　　　　　　　　　　　隧洞光面爆破参数表

岩石类别	岩石极限抗压强度/MPa	周边孔间距 a/cm	周边孔抵抗线 W/cm	周边孔密集系数 $M=a/W$	周边孔装药集中度 ΔL/(g/m)
硬岩	>59	55～65	60～80	0.9～1.0	300～350
中硬岩	29～59	45～60	60～75	0.8～0.9	200～300
软岩	<29	35～45	45～55	0.7～0.8	70～120

注　炮孔直径为 40～50mm；炮孔深度为 1.0～3.5m；2 号岩石硝铵炸药，药卷直径为 20～25mm。

(1) 炮孔数量。初步计算时，可应用装药量平衡原理计算炮孔数量，即炮孔数目正好能容纳该次爆破岩体所必需的炸药用量。常用计算公式为

$$N=\frac{Q}{\gamma \alpha L}=\frac{KSL}{\gamma \alpha L}=\frac{KS}{\gamma \alpha} \quad (6-1)$$

其中

$$\gamma=100(\pi/4)d^2\Delta k; \quad (6-2)$$

$$W=(0.5\sim 0.8)B \quad (6-3)$$

式中　N——一次掘进循环中开挖面上的炮孔总数；

　　　Q——一次爆破的炸药用量，kg；

　　　L——炮孔深度，m；

　　　γ——单个炮孔每米装药量，kg/m，见表 6-6；

　　　d——药卷直径，cm；

　　　Δ——炸药密度，kg/cm³；

　　　k——装药压紧系数，通常硝铵炸药，$k=1.0$，硝化甘油炸药，$k=1.2$；

　　　α——炮孔的装药影响系数，见表 6-7。

　　　B——开挖断面宽度，m；

　　　K——单位耗药量，kg/m³，见表 6-8；

　　　S——开挖断面面积，m²。

(2) 炮孔装药量。

1) 排炮总药量。

$$Q=KV=KLS\mu \quad (6-4)$$
$$\mu=L'/L$$

式中　Q——排炮进尺炸药耗量，kg；

　　　K——单位耗药量，kg/m³；

　　　V——每排炮进尺爆落岩石的体积，m³；

　　　L——实际钻孔深度，m；

　　　S——开挖端面面积，m²；

　　　μ——炮孔利用率；

　　　L'——爆破后的实际深度，m。

表 6-6　　　　　　　　　　　　2 号岩石铵锑炸药 γ 值

药卷直径/mm	5	35	38	40	45	50
γ/(kg/m)	0.78	0.96	1.10	1.25	1.59	1.90

表 6-7　　　　　　　　　　　　炮孔的装药 α 值

炮孔类型	岩石坚固系数 f	α 低级（猛度 10~12mm）	α 中级（猛度 13~15mm）	α 高级（猛度 16~17mm）
掏槽孔	12~15	0.72~0.75	0.70~0.72	0.68~0.70
掏槽孔	8~10	0.70~0.72	0.68~0.70	0.66~0.68
掏槽孔	5~7	0.68~0.70	0.65~0.68	0.62~0.66
掏槽孔	3~4	0.65~0.68	0.63~0.65	0.60~0.62
掏槽孔	1.5~2.0	0.63~0.65	0.60~0.63	0.58~0.60
崩落孔与周边孔	12~15	0.64~0.65	0.62~0.64	0.60~0.62
崩落孔与周边孔	8~10	0.62~0.64	0.60~0.62	0.58~0.60
崩落孔与周边孔	5~7	0.60~0.62	0.58~0.60	0.56~0.58
崩落孔与周边孔	3~4	0.54~0.56	0.52~0.54	0.50~0.52
崩落孔与周边孔	1.5~2.0	0.52~0.54	0.50~0.52	0.48~0.50

表 6-8　　　　　　　　　　　　单位耗药量 K 值

炸药	部位	开挖断面 /m²	<Ⅵ	Ⅶ	Ⅷ	Ⅸ	Ⅹ	Ⅺ	Ⅻ	ⅩⅢ	ⅩⅣ	ⅩⅤ
硝铵炸药	导洞	4~6	0.99	1.53	1.63	1.83	2.01	2.32	2.66	2.84	3.06	3.28
硝铵炸药	导洞	6~9	0.81	1.24	1.33	1.49	1.63	1.89	2.11	2.30	2.51	2.67
硝铵炸药	导洞	9~12	0.76	1.08	1.15	1.29	1.42	1.63	1.83	2.01	2.26	2.31
硝铵炸药	扩大		0.55	0.62	0.66	0.71	0.78	0.83	0.90	0.99	1.05	1.17
硝铵炸药	挖底		0.49	0.54	0.58	0.61	0.64	0.69	0.70	0.73	0.80	0.86

2) 单孔装药量。排炮总药量计算出来之后，即可进行分配。根据炮孔的位置不同，需要不同的装药量。

a. 导洞部分。

掏槽孔：
$$q_{掏} = 1.15 \frac{Q_导}{N_导} \tag{6-5}$$

崩落孔：
$$q_{崩} = 0.85 \frac{Q_导}{N_导} \tag{6-6}$$

周边孔：
$$q_{周} = \frac{Q_导}{N_导} \tag{6-7}$$

式中　$q_掏$、$q_崩$、$q_周$——掏槽孔、崩落孔、周边孔的每个孔装药量，kg；

$Q_导$、$N_导$——导洞的总装药量（一个开挖面的一个循环）及导洞一次循环的炮孔数目。

b. 扩大部分。

$$q_{扩} = \frac{Q_扩}{N_扩} \tag{6-8}$$

式中　$q_扩$、$Q_扩$、$N_扩$——扩大部分的单孔装药量、扩大部分一个循环的总装药量及扩大部分一个循环的炮孔总数。

3. 炮孔深度

炮孔深度的确定，主要与开挖面的尺寸、掏槽形式、岩层性质、钻机、自由面数目和循环作业时间的分配等因素有关。加大炮孔深度无疑可以提高掘进速度。但是炮孔深度增加，钻孔速度与炮孔利用率将降低，炸药耗量亦随之增加。合理的炮孔深度，能提高爆破效果，降低开挖费用，加快掘进速度。因此，合理的炮孔深度，应综合分析确定。

合理的炮孔深度还应与循环作业时间相协调，循环作业时间常采用 4h、6h、8h、16h、24h 等。因此，炮孔深度 L 又是循环作业时间的函数，即 $L=f(T)$。循环作业时间 T 的组成公式为

$$T=\phi t_1 + N t_2 + t_3 + t_4 + t_5 \tag{6-9}$$

其中
$$t_1 = \frac{NL}{vm} \tag{6-10}$$

$$t_4 = \frac{LS\eta}{p} \tag{6-11}$$

式中　T——一个循环作业内各工作所需时间的总和；
　　　ϕ——钻孔与装岩出渣平行作业系数，用手提钻机时 $\phi=0.3\sim0.5$，不平行作业时，$\phi=1.0$；
　　　t_1——开挖面上的钻孔时间，h；
　　　N——开挖面上的炮孔总数；
　　　L——炮孔深度，m；
　　　v——一台钻机的钻孔速度，m/h；
　　　m——同时工作的钻机台数；
　　　t_2——每个炮孔的装药时间，h；
　　　t_3——爆破后的通风散烟时间，h；
　　　t_4——出渣时间，h；
　　　S——开挖断面面积，m²；
　　　η——炮孔利用系数，一般为 0.8～0.9；
　　　p——装岩出渣生产率，m³/h；
　　　t_5——准备工作与交接班时间，h。

将上述参数代入式（6-9），并经整理可得到炮孔深度为

$$L=\frac{(T-Nt_2-t_3-t_5)mvp}{pN\phi+Smvp} \tag{6-12}$$

4. 周边轮廓控制

钻孔爆破法开挖地下工程，周边轮廓的控制普遍采用光面爆破。

光面爆破爆破参数的选择，目前理论计算还不很成熟。主要还是依靠经验，根据工程地质条件，用"类比法"初选爆破参数，然后通过试验或试用，从围岩的振松情况、洞室成形好坏等方面来考察爆破的实际效果，以便调整不合理的参数，据以指导

此后的施工。常用爆破参数见表 6-5。

必须指出,光面爆破要求精确钻孔,控制孔深,使孔底落在同一平面上,控制孔斜,使周边孔的连线恰能形成开挖断面轮廓。起爆时,要控制好起爆顺序,先掏槽,次崩落,后周边,并使同类炮孔同时起爆。

二、钻孔爆破循环作业

钻孔爆破法开挖地下工程,每掘进一次,主要工序有钻孔准备、钻孔、装药、爆破、通风排烟、安全检查、出渣、延长运输线路和风水电管线铺设等。掘进一次的工序组合称为循环作业。

1. 钻孔作业

钻孔作业时间一般占循环时间的 1/4～1/2,且钻孔的质量对洞室开挖规格、爆破效率和施工安全影响极大。因此,选用高效的钻孔机械是加快隧洞掘进进尺的一项重要措施。常用钻孔机械有风钻和凿岩台车。

风钻可分为手持式、柱架式和气腿式。常用的是气腿式风钻,图 6-21 为目前常见的 YT-23 型气腿凿岩机。凿岩台车有窄轨式台车、履带式、轮胎式多臂台车,如图 6-22 所示。其特点是凿岩机可由支架自由移动至需要位置,并借助推动装置自动推进凿岩,提高了钻孔孔位的精度和钻孔速度,适用于围岩稳定性较好的大、中断面。

钻孔时应控制孔位、孔深和孔的斜度。掏槽孔和周边孔的孔位偏差应不大于 50mm,其他炮孔则不得超过 100mm;掏槽孔的深度应比崩落孔深 10～20cm,其他炮孔的孔底应落在设计规定的平面上;周边孔的最大斜度值应小于 20cm,以防止径向超挖过大。

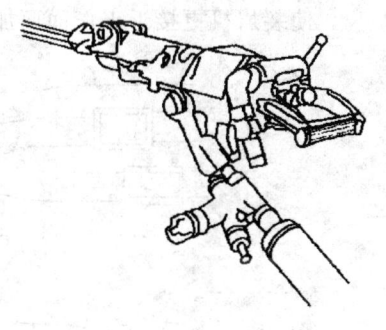

图 6-21 YT-23 型气腿凿岩机

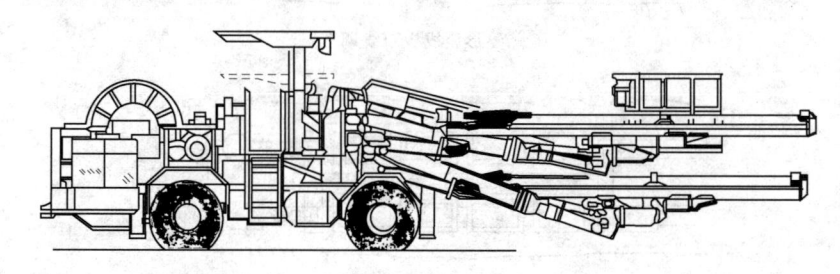

图 6-22 凿岩台车(实腹、轮行)

2. 出渣运输

出渣运输是一项最繁重的工作,一般占循环时间的 1/3～1/2,也是控制掘进速度的关键。因此,必须合理选择配套的装渣运输设备和数量;规划好洞内外运输线路和弃渣场地;制定可靠的施工组织措施和安全运行措施。

出渣运输设备应配套使用,运输道路布置应与出渣运输设备一致。常见的配套方式有以下几种。

(1) 棚架漏斗装渣，机车牵引斗车出渣。该方式适用于围岩稳定性较好、机械设备较低的平洞，如图6-23所示。棚架及出渣漏斗是在下导洞开挖后搭设，棚架应能承受爆破落渣的荷载，棚架下部净空应满足运行操作及错车要求，漏斗布置应满足出渣要求，漏斗口应对准车斗并与车斗的尺寸相适应。

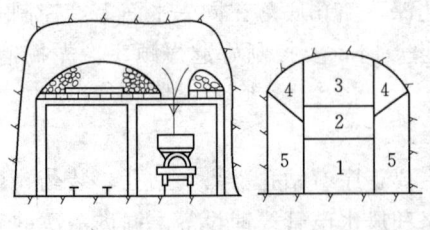

图6-23 棚架漏斗装渣
1～5—开挖顺序

(2) 装岩机装渣，机车牵引斗车或矿车出渣。该方式适用于围岩稳定的小断面平洞、施工支洞和导洞。风动或电动装岩机装车，装车和调车的方式可根据开挖断面和设备情况确定，图6-24所示是常用的3种调车方式。有轨运输线路，一般设双车道，并每隔300～400m设置岔道。当采用单车道时，每隔100～200m设置岔道，岔道有效长度应符合最长车组的要求，以满足装车和调车的需要。采用浮放道岔，可缩短调车距离，使装岩机更接近工作面而加快装渣速度。

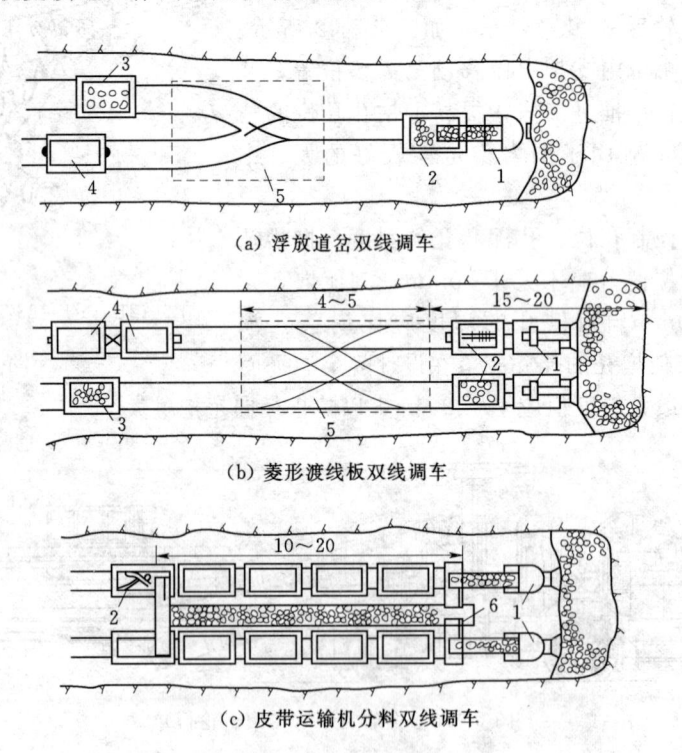

(a) 浮放道岔双线调车

(b) 菱形渡线板双线调车

(c) 皮带运输机分料双线调车

图6-24 装岩机装车出法调车方式（单位：m）
1—装岩机；2—正在装载的矿车；3—已装满待运的矿车；4—等待装载的空车；
5—浮放道岔或菱形波线板；6—皮带运输机

(3) 装载机或挖掘机装渣，自卸汽车出渣。该方式适用于中、大断面全断面开挖的平洞。装载机按行走方式可分为履带式和轮胎式，如图6-25 (a)、(b) 所示，按铲斗卸渣形式可分为侧向卸渣和三向卸渣。挖掘机生产效率低，要求工作面净空较大，适用于大断面洞室开挖。装载机具有行走速度快、装渣灵活、对工作面净空要求较低、生产效率较高等优点。因此，常采用装载机配自卸汽车方式，如图 6-25（c）所示。装载机铲斗斗容和自卸汽车斗容的适宜比例为 1：3～1：5。运输路线宜设双车道，如设单车道，应每隔 200～300m 设错车道。自卸汽车载重量和装载机斗容量在不同运距时的配套可参考表 6-9。

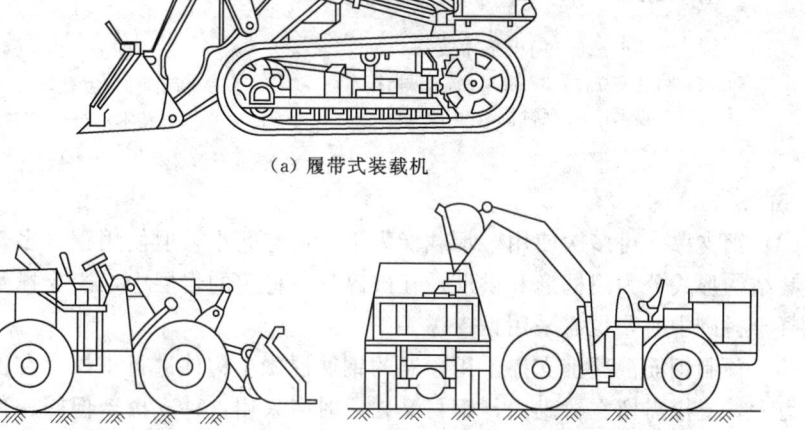

（a）履带式装载机

（b）轮胎式装载机　　（c）装载机配自卸汽车

图 6-25　装载机及出渣示意图

表 6-9　　　　　自卸汽车和装载机斗容量配套参考表　　　　　单位：m³

装载机斗容	自卸汽车斗容			备　注
	运距小于 1km	运距为 1～3km	运距大于 3km	
1.5	7～10	7～10	10	1. 车辆载重单位为 t； 2. 洞内车速小于 10km/h； 3. 洞外车速小于 20km/h
2	10	12	12	
3	12～15	15	15	
4	20	20	20	
5	32	32	32	

3. 临时支护

临时支护的形式很多，可分为传统的构架式支撑和锚喷支护两类。喷混凝土和锚杆支护是一种临时性和永久性结合的支护形式，应优先采用，有关内容将在本项目任务三中介绍。

构架式支撑的结构形式有门框形和拱形两种，如图 6-26、图 6-27 所示。按使用的材料分为木支撑、钢支撑、预制钢筋混凝土支撑。

（1）木支撑。具有重量轻，加工、架立方便，损坏前有显著变化，不会突然折断等优点，其结构形式分为门框形、拱形和扇形。由于木支撑要耗费大量木材，故已少用。

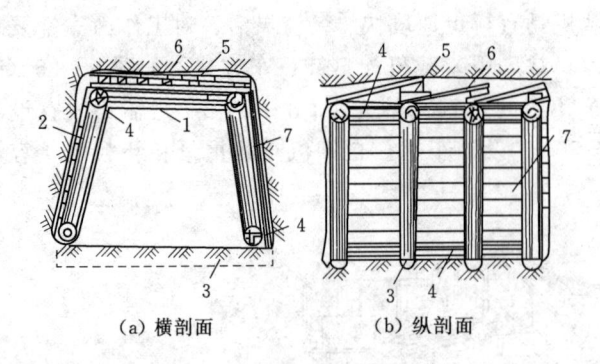

图6-26 门框形木支撑
1—顶梁；2—立柱；3—底梁；4—纵向撑木；
5—垫木；6—顶衬板；7—侧衬板

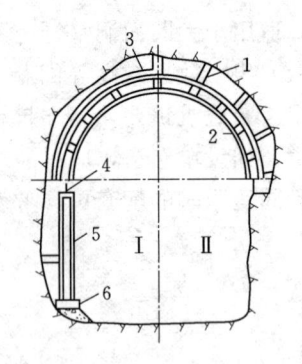

图6-27 钢拱支撑
Ⅰ—半截面（有立柱）；Ⅱ—半截面（无立柱）；
1—垫木；2—纵向拉杆；3—衬板；
4—工字托梁；5—立柱；6—楔块

(2) 钢支撑。可多次使用，承载能力强，占空间小，但使用钢材多，一次性费用高，其结构形式分为门框形和拱形。在破碎且不稳定的岩层中，当支撑不能拆除需留在混凝土衬砌中时，也需采用钢支撑。

(3) 预制钢筋混凝土支撑。用预制的钢筋混凝土构件进行支撑，在围岩软弱，山岩压力大，支撑需留在衬砌内，钢材又缺乏时多采用这种支撑，但因构件重量大，安装、运输都不方便，所以只适用于中、小断面。

4. 辅助作业

地下工程施工的辅助作业有通风、防尘、消烟、照明和风水电供应等工作，做好这些辅助作业，可以改善施工人员工作环境，加快施工进度。

(1) 通风、防尘及消烟。通风、防尘及消烟的目的是为了排除因钻孔、爆破、装岩、内燃机尾气等原因产生的有害气体，降低岩尘含量，及时供给工作面充足的新鲜空气，改善洞室内的温度、湿度和气流速度，使之符合洞室施工卫生要求。

1) 通风方式。有自然通风和机械通风两种，自然通风只适用于洞长小于40m的短洞。一般多采用机械通风，其基本形式有压入式、吸出式和混合式3种，如图6-28所示。

压入式通风是将新鲜空气通过风管直接送到工作面，混浊空气由洞身排至洞外。其优点是工作面很快获得新鲜空气，缺点是混浊空气容易扩散至整个洞室。风管端部布置离工作面不宜超过 $6\sqrt{S}m$ （S 为开挖面积，m^2）。吸出式通风是通过风管将工作面的混浊空气吸走并排出至洞外，新鲜空气由洞口流入洞内。其优点是工作面混浊空气较快地被吸出，但新鲜空气流入较缓慢。混合式通风是在爆破后排烟用吸出式，经常性通风用压入式，充分发挥上述两种方式的优点。

2) 通风量。通风量可根据下列3种情况分别计算，取最大者，再根据通风长度，考虑20%～50%的风管漏风损失。

a. 按工作面作业的最多人数计算，每人所需通风量为 $3m^3/min$。

b. 按冲淡有害气体的要求计算，通风量为

(a) 压入式

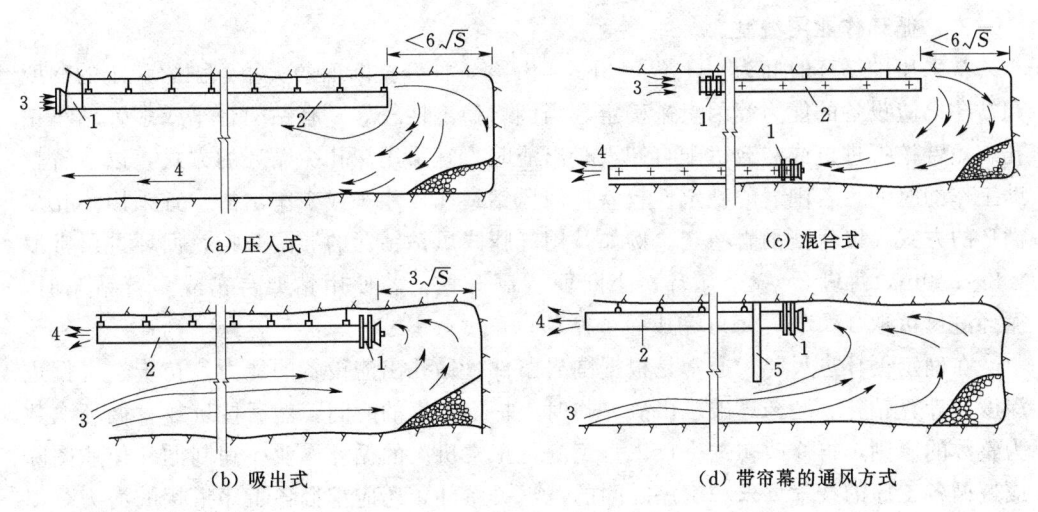

(c) 混合式

(b) 吸出式

(d) 带帘幕的通风方式

图 6-28 机械通风方式
1—风机；2—风筒；3—新鲜空气；4—污浊气体；5—帘幕

$$Q = AB/(1000 \times 0.02\% \times t) = 5AB/t = 10A \tag{6-13}$$

式中 Q——通风量，m^3/min，如洞室内使用内燃机应另加（按每马力 $3m^3/min$ 通风量计算）；

A——工作面同时爆破的最大炸药量，kg；

B——每千克炸药产生一氧化碳气体量，可按 40L 计算；

1000——$1m^3 = 1000L$；

0.02%——一氧化碳气体浓度降至 0.02%以下才可进入工作面；

t——通风时间，可按 20min 计算。

c. 按洞内温度与风速的要求计算，根据洞内温度确定洞内风速，其关系如表 6-10 所示。

$$Q > V_{最小风速} \cdot S_{最大} \tag{6-14}$$

式中 $V_{最小风速}$——全断面开挖时不小于 0.15m/s，导洞内不小于 0.25m/s；

$S_{最大}$——隧洞最大断面面积，m^2。

表 6-10　　　　　　　　　洞内温度与洞内风速关系

温度/℃	<15	15～20	20～22	22～24	24～28
风速/(m/s)	0.25～0.5	0.5～1.0	1.0～1.5	1.5～2.0	>2.0

（2）风、水、电供应及排水。洞室在整个开挖循环作业中，风、水、电供应及排水需统筹考虑。输送到工作面的压缩空气，应保证风量充足，风压不低于 500kPa；施工用水的数量、质量和压力，应满足钻孔、喷锚、衬砌、灌浆等作业的要求；洞内动力、照明、电力起爆的供电线路应按需要分开架设，并注意防水和绝缘；洞内照明应采用 36V 或 24V 的低压电，保证照明亮度；洞内排水系统必须畅通，保证工作面和路面无积水。

三、循环作业图编制

常采用的循环时间为4h、6h、8h、12h等，视开挖断面的大小、围岩稳定的程度和钻孔出渣设备的能力等因素来确定。当围岩稳定性较好，有钻架台车或多臂钻车钻孔，短臂挖掘进机或装载机配自卸汽车出渣时，宜采用深孔少循环的方式，以节省辅助工作的时间。若围岩的稳定性较差，用风钻钻孔，斗车或矿车出渣，宜采用浅孔多循环的方式，以保证围岩稳定。例如，用气腿式风钻钻孔的导洞开挖，循环进尺常取1.8~2.0m，每班2~3个循环；小断面隧洞开挖，若使用钻架台车或多臂钻车时，循环进尺可取3~5m，每班完成一个循环。

在确定循环进尺时，通常是根据围岩条件、钻孔出渣设备的能力，初步选定掘进深度，计算钻孔、装药爆破、出渣、临时支护等工序的时间，然后按班或日循环次数为整数的原则，再修改初选进尺，直到满足正常班次的循环作业。编制循环作业图除应遵循各工序的技术要求和工序之间的逻辑关系外，还应挖掘各工序搭接的潜力，以提高掘进速度，降低工程造价。

【案例1】 鲁布革水电站引水隧洞循环作业

鲁布革水电站引水隧洞分A、B、C、D四段掘进，其中D段全长2589m，开挖直径为8.8m，底坡为0.032。岩层为厚层白云岩和白云质灰岩，完整性好，偶有团块状灰岩与泥质薄层出现，节理断层较不发育，地下水位线位于洞底高程以下。采用全断面钻爆法施工，其施工方案简述如下：

(1) 施工设备。测量放线与布孔用激光发生器；钻孔用2台JCH310-C型全液压三臂凿岩台车；通风用1台PF100SW37型隧洞轴流式送风机；清撬危石及清底用1台斗容量为0.34m³的UH04型液压反向铲；装渣用1台斗容量为3.1m³的966D型侧翻式轮胎装载机；出渣用4~6辆12t自卸汽车。

(2) 钻爆施工参数。设计开挖断面60.82m²，钻孔139个，钻孔直径为100mm和45mm，钻孔深度为3.3m，循环进尺为3.0m，炮孔密度为2.29个/m²，爆破效率为89.8%，平均单位耗药量为1.65kg/m³，平均单位耗雷管量为0.79个/m³，每天3个循环，施工总人数为62人。

(3) 循环作业。循环作业如图6-29所示。

作业项目	时间/min	时间/h
测量、布孔	32	
钻孔	124	
装药连线	80	
退避、爆破	17	
通风、清撬	22	
出渣、清底	146	

图6-29 鲁布革水电站引水隧洞D段循环作业图

单元三 掘进机施工

掘进机是一种专用的隧洞掘进设备。它依靠机械的强大推力和剪切力破碎岩石，同时连续出渣，具有比钻爆法更高的掘进速度。目前使用的掘进机主要有3种：小炮头掘进机（也称部分断面掘进机）、全断面掘进机、盾构掘进机。

一、岩石掘进机

掘进机产生于20世纪50年代，我国在20世纪60年代开始使用，70年代开始生产，先后在杭州玉皇山、云南西洱河、天生桥二级水电站及甘肃引大入秦等水利水电引水隧洞工程中使用，掘进机形式如图6-30所示。掘进机可分为滚压式和铣削式。滚压式主要是通过水平推进油缸，使刀盘上的滚刀强行压入岩体，利用刀盘旋转推进过程中的挤压和剪切的联合作用破碎岩体；铣削式是利用岩石抗弯、抗剪强度低的特点，靠铣削（即剪切）加弯折破碎岩体。碎石渣由安装在刀盘上的铲斗铲起，转至顶部集料斗卸在皮带机上，通过皮带机运至机尾，卸入运输设备并送至洞外。图6-31为掘进机施工示意图。

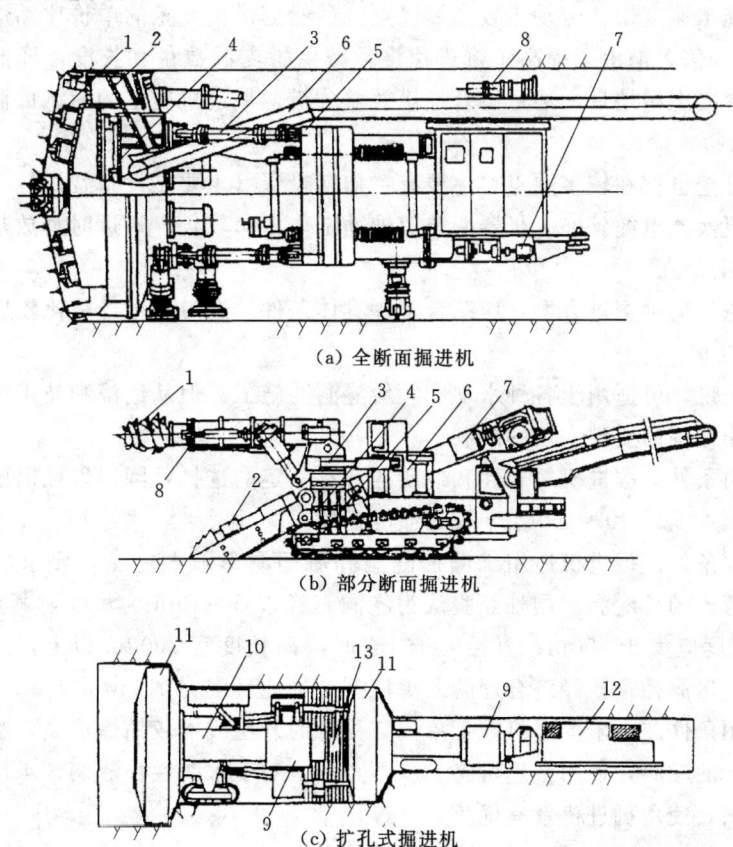

(a) 全断面掘进机

(b) 部分断面掘进机

(c) 扩孔式掘进机

图6-30 隧洞掘进机

1—工作机构；2—装载机构；3—液压系统；4—机架；5—行走机构；6—输送机构；7—电气系统；8—喷雾除尘系统；9—支撑装置；10—行走装置；11—刀盘；12—液压泵及马达等；13—迈步支架

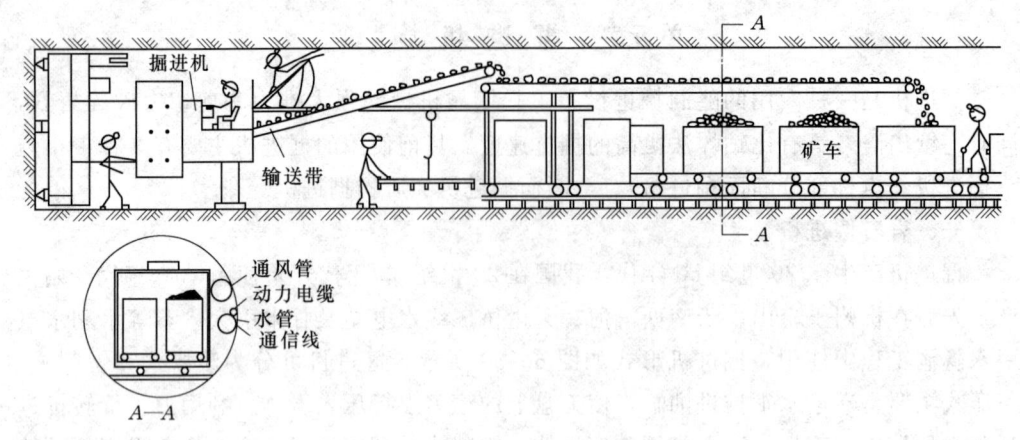

图 6-31 掘进机施工示意图

1. 掘进机的特点

与传统钻爆法相比，掘进机开挖可实现多种工序的综合机械化联合作业，具有成洞质量优、施工速度快、劳动工效高等优点。虽然掘进机开挖的单价比钻爆法开挖的单价约高 1.78 倍，但由于提高了掘进速度，减少了支洞数量和长度，降低了隧洞超挖岩石量和混凝土超填量，通过综合经济效益分析，掘进机施工的隧洞成洞造价比钻爆法约低 35%。

掘进机开挖也存在较多缺点，主要有：初期投资（主要是设备费用）大；刀具磨损快，刀具更换、电缆延伸、机器调整等辅助工作占时较长；掘进时释放热量大，要求通风能力强。

因此，选择何种掘进方案，应结合工程具体条件，通过技术经济比较后确定。

2. 适用范围

从理论上说，可适用于各种水平和倾斜隧洞的施工。但从经济和技术的综合角度考虑，其使用范围尚受到一定的限制。

（1）地质条件。掘进机对岩性和地质构造有一定的选择，围岩岩性以中硬岩石为佳，岩石抗压强度以 30~150MPa 最为经济合理。

（2）工程条件。掘进机适用于圆形隧洞和城门洞形隧洞施工，要求洞线比较顺直，无较大弯道的长隧洞。国外经验认为隧洞直径以 5~10m 为最佳，其直径在 2~4m 时隧洞长度应大于 800m；直径大于 4m 时隧洞长度宜 2000m 以上，或认为开挖长度大于 600 倍洞径是较经济合理的。单机掘进最佳长度为 10km 左右。

（3）使用条件。由于掘进机施工单位工程量的开挖成本较钻爆法高，临时性隧洞或衬砌要求低的隧洞，采用掘进机施工就不经济。对于永久性长隧洞、承压或衬砌要求较高的隧洞，使用掘进机就有优势。

3. 影响施工进度的主要因素

（1）掘进机技术特性对施工进度的影响。目前世界上各国生产的掘进机特性各异，产品质量差异较大。我国掘进机的研制虽然到了实用阶段，而且曾创造过月进尺 301m、日进尺 22m 的好成绩，但与国外掘进机相比，还存在较大的差距。有效时间利用系数国外一般为50%左右，近年来增至60%～75%，而我国生产的掘进机只有20%左右。

（2）岩性对掘进速度的影响。围岩岩性对掘进机掘进速度影响较大，中软和中硬岩石掘进速度较高，如砂岩、页岩、石灰岩、白云岩等月进尺可达600～750m，而坚硬的花岗岩月进尺仅140～220m，且刀具的损耗随岩石抗压强度的增加而显著加大。

国外在20世纪70年代用莫氏硬度表示，凡莫氏硬度小于4.5的岩石（如页岩、砂岩等）被认为是掘进机最佳的掘进对象，见表6-11。随着掘进机破岩性能、刀具性能的提高，掘进机适应的岩石硬度也将有所提高。

表6-11　　　　　　　　　岩石莫氏硬度表

岩石	页岩	砂岩	灰岩	大理岩	板岩	花岗岩	片岩	片麻岩	玄武岩
莫氏硬度	<3	3～7	3	3	4～5	6～7	6～7	6～7	8～9

（3）地质构造对掘进速度的影响。掘进机遇到不良地质如断层、溶洞、暗河或流沙等时，其掘进速度将受到严重影响。在特别复杂的条件下，要借助人力或钻爆法，并辅以必要的安全支护措施。如西班牙的伯特隆隧洞，正常掘进时月最高进尺达619m，但遇到断层时月进尺只有90m。

（4）配套系统的完善和可靠程度对掘进速度的影响。要使掘进机快速挖掘的优点能充分发挥出来，就必须配备合适的配套设备，尤其在小直径长隧洞的施工中这一点更为重要。整个开挖进尺往往主要受控于岩渣运出洞外的施工安排。

（5）施工组织与管理对掘进速度的影响。掘进机法开挖隧洞必须有严格的施工组织设计。要根据工程本身的具体条件和设备情况，优选合适的施工方法，制定施工进度计划，培训施工技术队伍，科学管理、文明施工。

二、盾构法

盾构法是在机身前部安装盾构，在盾构内部安设混凝土管片衬砌的掘进机，适用于软弱地层或破碎岩层的掘进。盾构机的主要组成部分有：用厚钢板制成的防护罩、带有切割刀具的刀盘、刀盘的驱动系统、压缩空气封闭室、向工作面输送膨润土泥浆的管道、从工作面排除开挖土和膨润土泥浆的输送管道、预制混凝土块安装器、后配套设备和地面泥浆筛分厂等。盾构法的特点是在掘进的同时进行排渣和拼装后面的预制混凝土衬砌块。这种施工方法的机械化程度高，全部工作在盾构壳体保护下进行，施工安全。

盾构机掘进的具体方法：用带有切割刀具的开式刀盘切割破碎岩层或土层；用尾部已安装好的预制混凝土衬砌块为盾构机向前掘进提供反力；用机械或水力出渣；用盾构支撑洞壁，保障施工安全。

盾构机掘进隧洞的出渣方式分为机械式和水力式，发达国家多使用水力式。使用水力式盾构机出渣，在工作面处要建立一个注满膨润土液的密封室。膨润土液既用于平衡工作面上的土压力和地下水压力，又用来和土颗粒相互作用以增加黏结力，并作为出渣输送土料的介质。此外，还要在地面上设置筛分场，以便把土料分离出来，重复使用膨润土液。为了向工作面提供稳定的压力，常采用设置空气垫的办法解决，即在水力盾构机前端压力密封舱的上部设置一块局部隔板,隔板下部稍超过盾构机轴线,将舱室分为前后两部分。前部分完全注满膨润土液,后部分只用膨润土液充填一多半,形成一个自由液面,当从舱室上部输入压缩空气,并作用于自由液面时,便形成空气垫。空气垫的压力由一个特制的调节阀控制。液面下降时,泵输出的膨润土液量上升;液面上升时,泵输出的膨润土液量下降,可根据盾构机的掘进速度进行调节。

【案例 2】 瑞士爱姆森水工隧洞

爱姆森隧洞洞长 1145m,倾角为 33°,通过岩层为含石英的花岗岩,岩石抗压强度为 2400kgf/cm²,采用一台维尔特 TBⅡ-300E 型挖掘机自下而上开挖,1968 年 10 月 1 日开工,1969 年 9 月 1 日完成掘进 1108m,实际施工时间 9 个月。每日两班作业,每班 5~6 人。日平均进尺 5.3m,日最高进尺 15.75m;月最高进尺 140m。工作时间分配:掘进机运转,50%;刀具维修,10%(检查 54 次,换刀 216 把);其他影响,34%;机修及停工,3%;扩大,3%。

任务二 衬 砌 施 工

单元一 衬 砌 施 工

地下洞室开挖后,为了防止围岩风化和坍落,保证围岩稳定,往往要对洞壁进行衬砌。衬砌类型有现浇混凝土或钢筋混凝土衬砌、混凝土预制块或条石衬砌、预填骨料压浆衬砌等。本任务仅介绍隧洞现浇混凝土及钢筋混凝土衬砌施工。

一、隧洞衬砌的分段分块及浇筑顺序

水工隧洞较长,纵向需要分段进行浇筑。分段长度根据围岩条件、隧洞断面尺寸、混凝土生产能力与混凝土冷却收缩等因素而定。一般分段长度以 9~15m 为宜。当结构上设有永久伸缩缝时,可利用结构永久缝分段;当结构永久缝间距过大或无永久缝时,可设施工缝分段,并做好施工缝的处理。

分段浇筑的顺序有跳仓浇筑、分段流水浇筑和分段留空当浇筑 3 种方式。平洞衬砌分段分块施工如图 6-32 所示。

分段流水浇筑时,须等待先浇筑段混凝土达到一定强度后,才能浇筑相邻后段,影响施工进度。跳仓浇筑可避免窝工,因此隧洞衬砌常采用跳仓浇筑或分段留空当浇筑。对于无压平洞,结构上按允许开裂设计时,也可采用滑动模板连续施工的浇筑方式,但施工工艺必须严格控制。

衬砌施工除在纵向分段外,在横断面上也采用分块浇筑。一般分为底拱(底板)、边拱(边墙)和顶拱,如图 6-33 所示。常采用的浇筑顺序为:先底拱(底板)、后边拱(边墙)和顶拱。可以连续浇筑,也可以分开浇筑,由浇筑能力或模板形式而定。地质条件较差时,可采用先顶拱后边拱(边墙)和底拱(底板)的浇筑顺序。当采用开挖和衬砌平行作业时,由于底板清渣无法完成,可采用先边拱(边墙)和顶拱,最后浇筑底拱(底板)的浇筑顺序。当采用底拱(底板)最后浇筑的顺序时,应

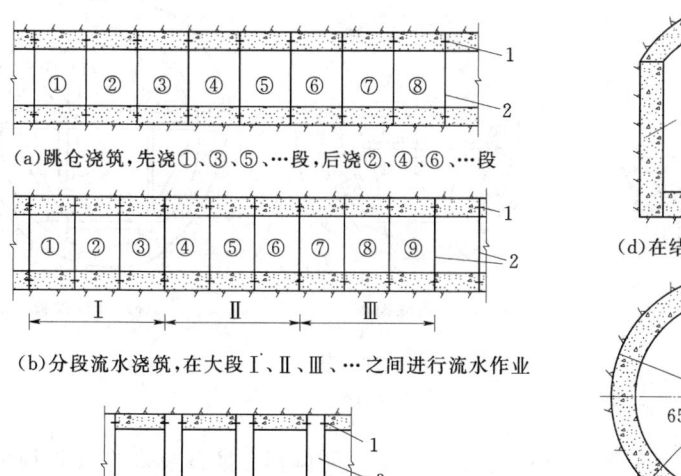

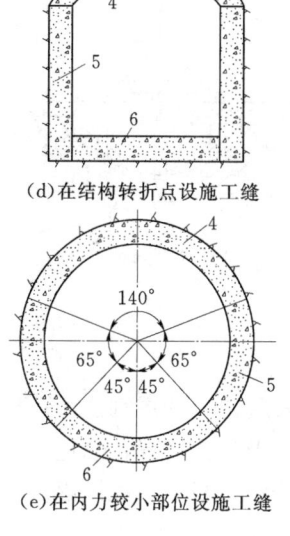

图 6-32 平洞衬砌分段分块
Ⅰ、Ⅱ、Ⅲ—流水段号；
1—止水；2—分缝；3—空当；4—顶拱；5—边拱（边墙）；6—底拱（底板）

注意已衬砌的边墙、顶拱混凝土的位移和变形，并做好接头处反缝的处理，必要时对反缝要进行灌浆。

二、隧洞衬砌模板

隧洞衬砌用的模板，按浇筑部位不同，可分为底拱模板、边拱（边墙）和顶拱模板，不同部位的模板，其构造和使用特点各不相同。

底拱模板，当中心角较小时，可以像平底板浇筑那样，只立端部挡板，不用表面模板，在混凝土浇捣中，用弧形样板将表面刮成弧形。对于中心角较大的底拱，一般采用悬挂式弧形模板，如图 6-33（a）所示。浇筑前，先立端部挡板和弧形模板的桁架，悬挂式弧形模板是随着混凝土的浇筑升高的，从中间向两旁逐步安装。安装时，应将运输系统的支撑与模板架支撑分开，避免引起模板位移走样。

对洞径一致的中、大型隧洞的底拱浇筑，也可采用拖模法施工，但必须严格控制施工工艺。

边拱（边墙）和顶拱的模板，常用的有桁架式和移动式两种。

桁架式模板又称为拆移式模板，主要由面板、桁架、支撑及拉条等组成，如图 6-33 所示。通常是在洞外先将桁架拼装好，运入洞内安装就位，再安装面板。

移动式模板主要由车架、可绕铰转动的模板支架和钢模板组成。车架和支架用型钢构成，车架可通过行走机构移动，故又称为钢模台车。它具有全断面一次成型、施工进度快及成本低等优点。鲁布革水电站引水隧洞混凝土衬砌采用针梁式钢模台车。该针梁式钢模台车，浇筑段长 15m，设置 40 个不同高度的 450mm×600mm 的洞口，供进料、进入操作及检查用。四周设置 40 个螺栓孔，用来埋设灌浆管。顶部设置 3

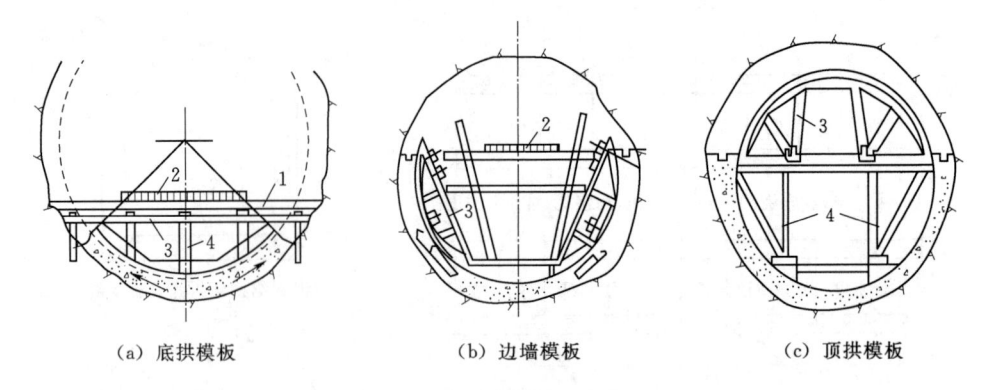

(a) 底拱模板　　　　　(b) 边墙模板　　　　　(c) 顶拱模板

图 6-33　平洞断面分块
1—脚手架；2—路面板；3—模板桁架；4—桁架立柱

个泵送混凝土的尾管注入孔口，同时还设置抗浮、防倾斜、防滑移和升降钢模的液压装置以及行走装置，总重150t。如图 6-34 和图 6-35 所示。由于针梁式钢模台车可全断面一次成型，配以混凝土泵送料入仓，提高了工作效率。

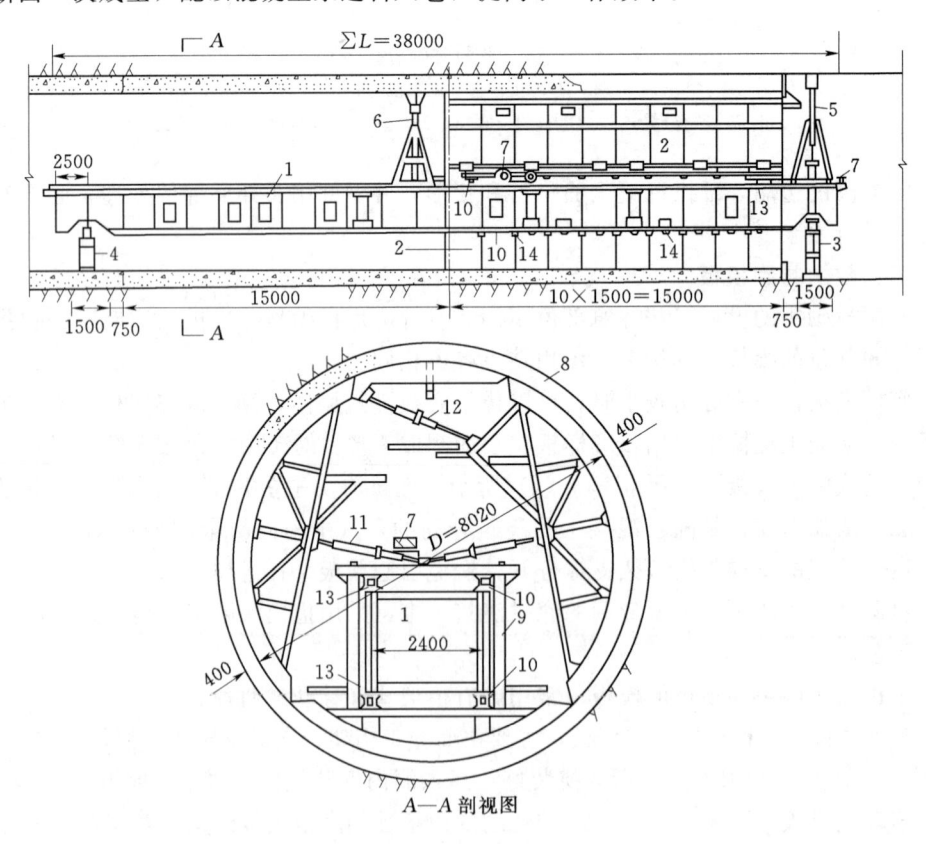

图 6-34　针梁式钢模台车示意图（单位：mm）
1—针梁；2—钢模；3—前支座液压千斤顶；4—后支座液压千斤顶；5—前抗浮液压千斤顶平台；6—后抗浮液压千斤顶平台；7—行走装置系统；8—混凝土衬砌；9—针梁的梁框；10—装在梁框上的轮子，供钢模行走用；11—手动螺栓千斤顶，供伸缩边模用；12—手动螺栓千斤顶，供伸缩顶模用；13—针梁上下共4条钢轨，供有轨行走用；14—千斤顶定位螺栓

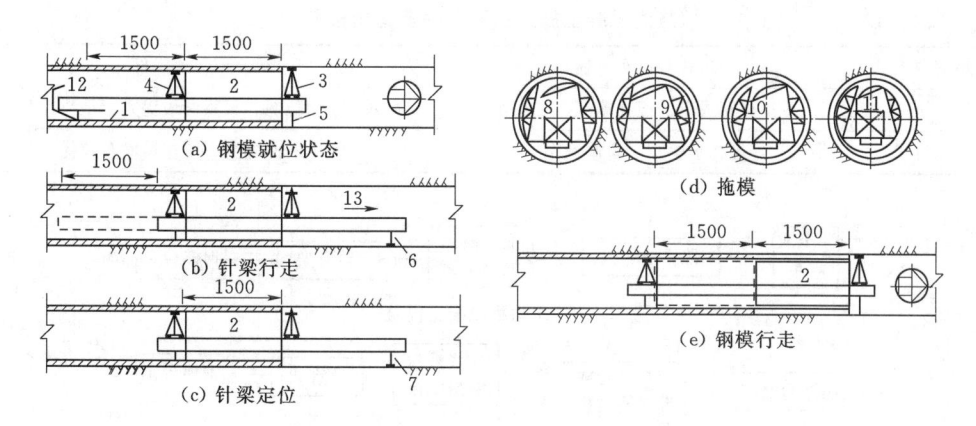

图 6-35 针梁式钢模台车运行示意图（单位：cm）
1—针梁；2—钢模；3—前抗浮；4—后抗浮；5—前支座千斤顶；6—千斤顶收起；7—千斤顶受力；
8—收缩顶拱；9—收缩右边拱；10—收缩左边拱；11—收缩底拱；12—后支座；13—针梁移动

三、衬砌混凝土的浇筑和封拱

由于隧洞衬砌的工作面狭窄，混凝土的运输和浇筑，以及浇筑前钢筋的绑扎安装等工作都较困难，采用合理的施工方案、先进的施工技术和组织设计尤为重要。隧洞衬砌内的钢筋，是在洞外制作，运入洞内安装绑扎。扎筋工作常在立好模板并预留端部挡板的时候进行。钢筋靠预先插入岩壁的锚筋固定。如采用钢筋台车绑扎钢筋时，则先绑扎钢筋后立模板，如图 6-36 所示。

隧洞混凝土浇筑能力的关键是混凝土的运输组合。混凝土水平运输有自卸汽车、搅拌运输车、专用梭车、搅拌罐车等。混凝土的入仓运输常用混凝土泵，常用型号为液压活塞泵。各种运输工具和适用条件见表 6-12。

混凝土泵的给料设备是保证混凝土泵生产率的重要配套设备，应根据混凝土泵进料高度、运输车辆出料高度及工作面等进行选择。常用的给料设备及配套方案如图 6-37 所示。浇筑布置如图 6-38 所示。

在浇筑顶拱时，浇筑段的最后一个预留窗口的混凝土封堵称为封拱。由于受仓内工作条件限制，使混凝土形成完整拱圈的封拱工作，常采取以下两种措施：

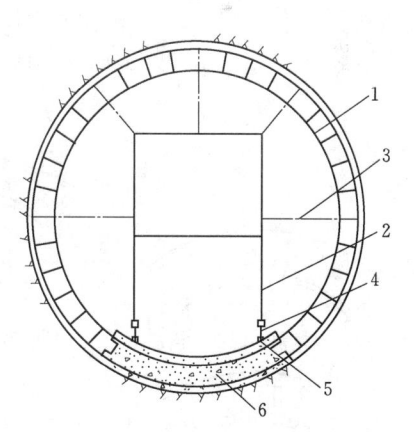

图 6-36 钢筋台车示意图
1—钢筋；2—钢筋台车；3—螺旋千斤顶；
4—轨道；5—固定轨道埋件；
6—底拱混凝土

（1）封拱盒封拱。当最后一个顶拱预留窗口，工人无法操作时，退出窗口，并在窗口四周装上模框，将窗口浇筑成长方形，待混凝土强度达到 1MPa 后，拆除模框，洞口凿毛，装上封拱盒封拱，如图 6-39 所示。

表 6-12　　　　　　　　　隧洞混凝土施工运输车辆及适用条件

运输方式	运输车辆	运用条件
有轨	斗车或箱式车、搅拌罐车、专用车	中小断面隧洞、长隧洞最优方案是搅拌车
无轨	搅拌运输车、自卸汽车	大中断面隧洞、搅拌运输车较优

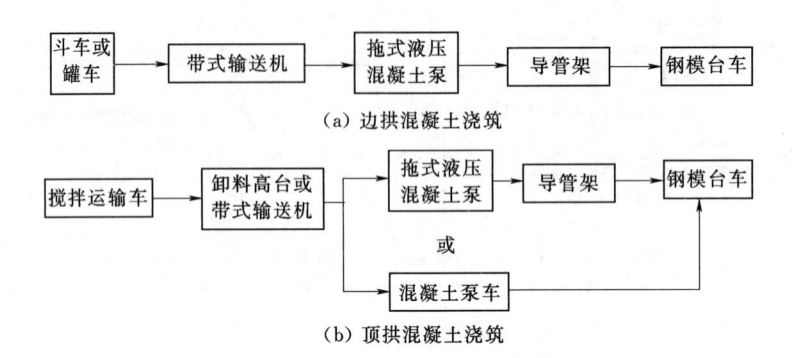

(a) 边拱混凝土浇筑

(b) 顶拱混凝土浇筑

图 6-37　边、顶拱混凝土浇筑机械化配套

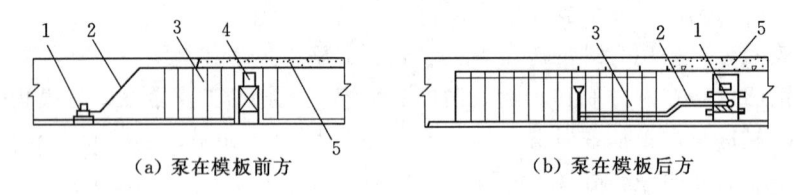

(a) 泵在模板前方　　　　(b) 泵在模板后方

图 6-38　混凝土泵浇筑边、顶拱施工布置
1—混凝土泵；2—泵管；3—钢模；4—运输台车；5—混凝土衬砌

(a) 封拱前的混凝土浇筑面

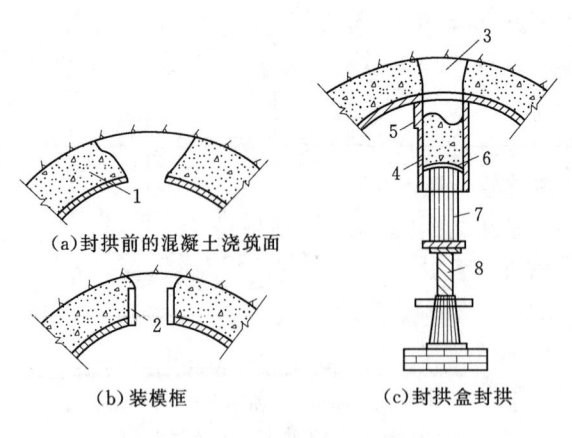

(b) 装模框

(c) 封拱盒封拱

图 6-39　采用封拱盒封拱
1—已浇筑的混凝土；2—模框；3—封拱部分；4—封拱盒；
5—进料盒门；6—活动封拱板；7—顶架；8—千斤顶

(2) 混凝土泵封拱。使用混凝土泵浇筑顶拱混凝土时，封拱布置如图 6-40 所示。即将导管的末端接上冲天尾管，垂直穿过模板伸入仓内，冲天尾管的位置应用钢筋固定，尾管之间的间距根据混凝土扩散半径确定，一般为 4~6m，离端部约 1.5m，尾管出口与岩面的距离一般为 20cm 左右，其原则是在保证压出的混凝土能自由扩散的前提下，越贴近岩面，封拱效果越好。为了排除仓内空气和检查拱顶混凝土充填情况，在仓内最高处设置通气孔。为了便于人进仓工作，在仓的中央设置进入孔。

混凝土泵封拱的步骤如下：当混凝土浇筑至顶拱仓面时，撤出仓内各种器材，并尽量填高；当混凝土浇筑至与进入孔齐平时，撤出仓内人员，封闭进入孔，增大混凝土坍落度（达14~16cm），并加快泵送速度，直至通气管开始漏浆或压入混凝土超过预计量时止，停止压送混凝土后，拆除尾管上包住预留孔眼的铁箍，从孔眼中插入钢筋，防止混凝土下落，并拆除尾管。待顶拱混凝土凝固后，将外伸的尾管割除，用灰浆抹平，如图6-41所示。

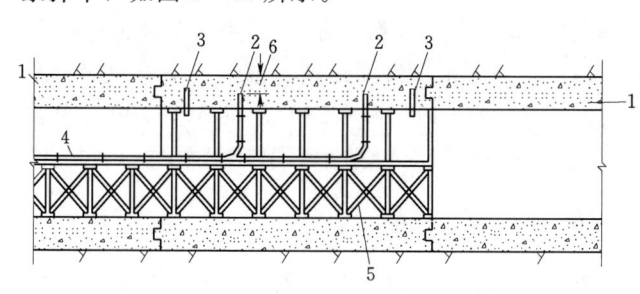

图6-40 混凝土泵封拱示意图
1—已浇段；2—冲天尾管；3—通气管；
4—导管；5—脚手架；6—尾管出口与岩面距离

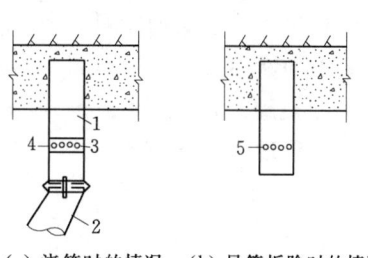

图6-41 垂直尾管上的孔眼
（a）浇筑时的情况 （b）导管拆除时的情况
1—尾管；2—导管；3—直径2~3cm的孔眼；
4—铁皮箍；5—插入孔眼中的钢筋

单元二 隧洞灌浆

隧洞灌浆有回填灌浆和固结灌浆两种。前者的作用是填塞围岩与衬砌间空隙，所以只限于拱顶一定范围内；后者的作用是加固围岩，提高围岩的整体性和强度，所以其范围包括断面四周的围岩。

灌浆孔可在衬砌时预留，孔径为38~50mm。灌浆孔沿洞轴线2~4m布置一排，各排孔位交叉排列。同时还需布置一定数量的检查孔，用以检查灌浆质量，如图6-42所示。

水工隧洞灌浆应按先回填后固结的顺序进行，回填灌浆应在衬砌混凝土达到70%设计强度后尽早进行。回填灌浆结束7d后再进行固结灌浆。灌浆前应对灌浆孔进行冲洗，冲洗压力不宜大于本段灌浆压力的80%。回填灌浆须按分序加密原则进行，固结灌浆应按环间分序、环内加密的原则进行，灌浆压力、浆液浓度、升压顺序和结束灌浆标准应符合设计要求。

图6-42 灌浆孔的布置
1—回填灌浆孔；2—固结灌浆孔；3—检查孔

任务三 锚喷支护

锚喷支护是应用锚杆（索）与喷射混凝土形成复合体以加固岩体的措施。主要有锚杆支护、喷混凝土支护、喷混凝土锚杆支护、喷混凝土锚杆钢丝网支护等不同形式。锚杆支护、喷射混凝土和现场量测是新奥地利隧洞施工法（简称新奥法）的3项

219

主要内容。新奥法由奥地利学者 L V. 拉布采维兹等人于20世纪50年代初期创建，并于1963年正式命名。新奥法的关键是在洞室的设计和施工中要有措施，使围岩既能充分发挥承载能力，又不致过度松弛降低岩体强度。

锚喷支护是在洞室开挖后，将围岩冲洗干净，适时喷上一层厚3~8cm的混凝土，防止围岩松动。如发现围岩变形过大，可视需要及时加设锚杆或加厚混凝土，使围岩稳定。锚喷支护既可以作临时支护，也可以作永久支护。它适用于各种地质条件、不同断面大小的地下洞室，但不适用于地下水丰富的地区。锚喷支护与现浇混凝土衬砌相比，混凝土量减少50%以上，开挖量减少15%~25%，可省去支模和灌浆工序，劳动力节省50%左右，施工速度加快一倍以上，造价降低50%左右。

单元一 锚喷支护原理

锚喷支护是充分利用围岩的自承能力和具有弹塑性变形的特点，有效控制和维护围岩的稳定，最大限度发挥围岩自承能力的新型支护形式。它的原理是把岩体视为具有黏性、弹性和塑性等物理性质的连续介质，洞室开挖后，洞室周围的岩体（围岩）将向着临空面变形，变形随时间而增大，增大到一定程度，围岩将产生坍塌。因此，在围岩产生一定变形前，应及时采用既有一定刚度又有一定柔性的薄层支护结构，使支护与围岩紧密地黏结成一个整体，既限制围岩变形又可与围岩"同步变形"，从而加固和保护围岩，使岩成为支护的主体，充分发挥围岩自身的承载能力，增加围岩的稳定性。

喷锚支护原理与传统的现浇混凝土衬砌的松动围岩压力理论有着本质的不同。后者认为，洞室的衬砌或支护结构完全是为了承担洞壁邻近部分松塌岩体所形成的松动围岩而设置的，并且认为围岩的松塌是不可避免的，认为围岩越差、洞室越大，松塌的范围也就越大，因此所用支护结构必然是坚固的、比较厚的混凝土或钢筋混凝土衬砌。实践证明，传统的衬砌理论不能正确地反映围岩的自承能力，这种理论只适用于围岩非常松散破碎的洞室衬砌。传统的钢木支撑不能满足这种要求，锚杆和喷射混凝土则能与围岩结合为一体，不仅可以取得良好的支护效果，而且施工简便，其参数易于调整，并能满足不同地质条件对支护所提出的各种要求。

单元二 锚 杆 支 护

锚杆是锚固在岩体中的杆件，锚杆插入岩体后，与围岩共同工作，提高围岩的自稳能力。

一、锚杆分类及作用

工程中常用的锚杆，按受力状态可分为非张拉型锚杆和张拉型锚杆。其中，张拉型锚杆又分为张拉锚杆和预应力锚杆。按锚固方式可分为全长黏结型锚杆、端头锚固型锚杆和摩擦型锚杆等。

楔缝式锚杆和胀壳式锚杆是属于端头锚固型锚杆，如图6-43（a）、（b）所示。其施工顺序是：将楔块（或锥形螺母）嵌入锚杆端部的楔瓣（或胀圈）内后，同时插入钻孔，使楔块（或锥形螺母）与孔底接触。再用冲击力（楔缝式）或用扳手旋转锚杆（胀壳式）使楔瓣（或胀圈）胀开，紧压孔壁，最后安上垫板，拧紧螺帽，将岩石压紧锚固。端头锚固型锚杆一般用作临时支护。

全长锚固的锚杆有砂浆锚杆和树脂锚杆等，如图 6-43（c）～（g）所示。锚杆可用钢筋，也可用钢丝索或钢丝绳。为了充分发挥锚杆强度，尤其是用钢丝索或钢丝绳作锚杆时，可对锚杆施加预应力而成为预应力锚杆。全长锚固型锚杆一般用于永久支护。

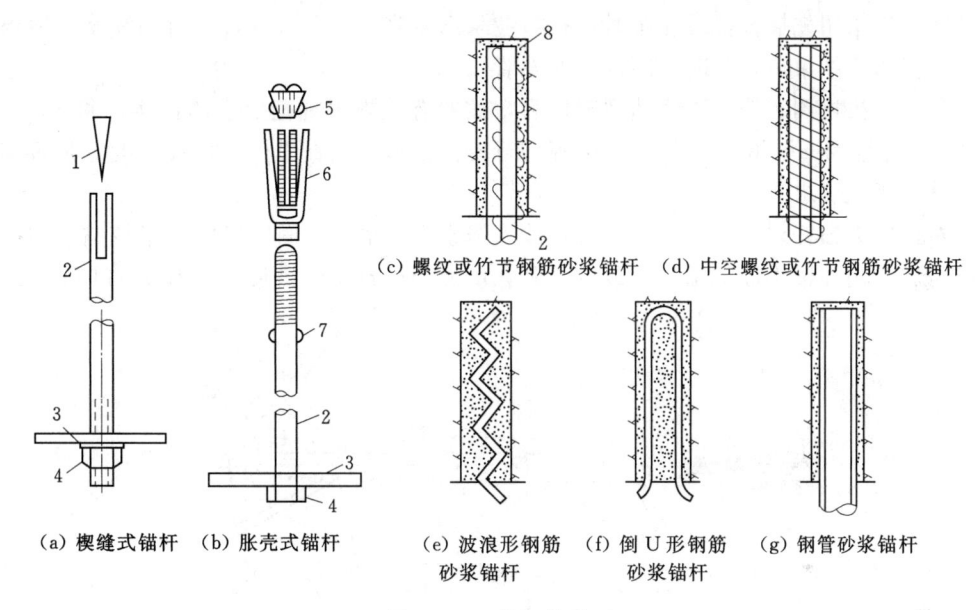

图 6-43 锚杆的类型

(a) 楔缝式锚杆　(b) 胀壳式锚杆　(c) 螺纹或竹节钢筋砂浆锚杆　(d) 中空螺纹或竹节钢筋砂浆锚杆　(e) 波浪形钢筋砂浆锚杆　(f) 倒 U 形钢筋砂浆锚杆　(g) 钢管砂浆锚杆

1—楔块；2—锚杆；3—垫块；4—螺帽；5—锥形螺帽；6—胀圈；7—突头；8—水泥砂浆或树脂

二、全长黏结型锚杆工艺流程

（1）先注浆后插杆。测量定位→钻机就位→造孔（钻头直径比锚杆直径大 15mm 以上）→洗孔→灌注水泥砂浆→安装锚杆→封孔灌浆→检测适用于垂直孔、下倾孔和临时支护锚杆。

（2）先插杆后注浆。测量定位→钻机就位→造孔（孔口注浆，钻头直径比锚杆直径大 25mm 以上；孔底注浆，钻头直径比锚杆直径大 40mm 以上）→洗孔→安装锚杆（附加进浆管和排气管）→灌注水泥砂浆→检测适用于水平孔、仰角孔及永久性支护锚杆。

三、施工技术要点

锚杆施工前，应根据不同的地质条件进行生产性工艺试验，以确定最优的施工参数和工艺。

（1）造孔。造孔精度控制：孔位偏差不宜超过 10cm，钻孔孔斜偏差 2°～4°，孔深偏差±5cm。锚杆直径大多采用 25mm。长度小于 5m 的一般采用手风钻造孔，对其他的锚杆可根据设计要求采用回转钻机或其他钻孔设备进行造孔。在三峡船闸锚杆施工中采用的钻孔设备为 YQl00B 和 DCZ 锚杆钻机。

（2）锚杆安装。锚杆安装一般采用人工安装，安装前应对杆体表面进行检查，进行去污和除锈处理，并安装孔内杆体的居中托架。

（3）注浆。砂浆配合比：水泥和砂宜为 1∶1～1∶2（重量比），水灰比为 0.38～0.45。采用先注浆后插锚杆时，注浆管应插至距孔底 10～20cm，随砂浆的注入缓慢匀速拔出；杆体插入若无砂浆溢出，应及时补注。当采用先插锚杆后注浆时，注浆管插至距孔底 10～20cm，随砂浆的注入缓慢匀速拔出；杆体插入若无砂浆溢出，应及时补注。当采用先插锚杆后注浆时，孔口应采用灌浆塞或孔口（管）封闭灌浆，适当加压，待灌浆结束后，及时封闭进、回浆管。

（4）拉拔检测。锚杆砂浆达到龄期后，按照有关规程规范要求的比例，每 300～400 根锚杆至少选一组（3 根），对锚杆进行拉拔抽检，检查锚杆的抗拉强度等是否满足设计及规范要求。

对预应力锚杆，钻孔冲洗干净后，放入锚索及内锚头，固定锚索，张拉锚索到控制应力后，用外锚头固定锚索，最后灌浆，用混凝土封闭外锚头，如图 6-44 所示。

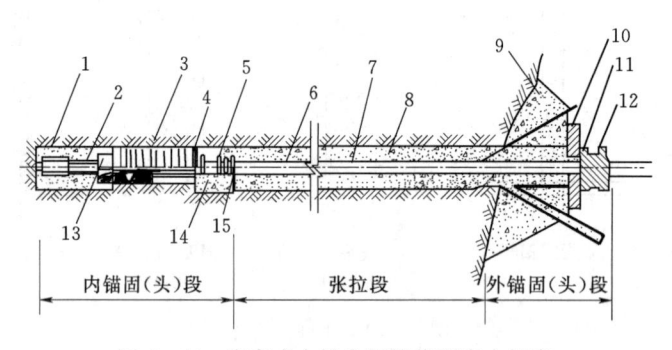

图 6-44 胀壳式内锚头钢绞线预应力锚索
1—导向帽；2—六棱锚塞；3—外夹片；4—挡圈；5—顶簧；6—套管；7—排气管；8—黏结砂浆；
9—现浇混凝土支墩；10—垫板；11—锚环；12—锚塞；13—锥筒；14—顶簧套筒；15—托筒

四、锚杆布置

锚杆布置有局部锚杆和系统锚杆之分。局部锚杆主要用于加固危石，防止掉块，如图 6-45 所示。系统锚杆是用于提高围岩的承载能力，顶拱的系统锚杆可在顶拱围岩中形成连续压缩带，提高围岩的承载能力。系统锚杆在岩层中的布置和在围岩中的作用如图 6-46 和图 6-47 所示。

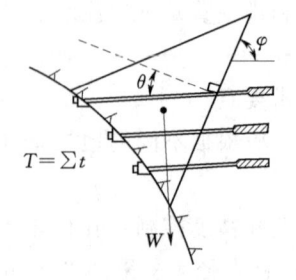

(a) 顶拱楔形体　　(b) 边墙楔形体

图 6-45 围岩楔形体锚杆支护

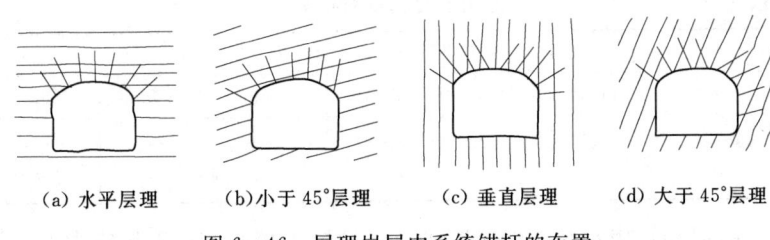

(a) 水平层理　　(b) 小于45°层理　　(c) 垂直层理　　(d) 大于45°层理

图 6-46　层理岩层中系统锚杆的布置

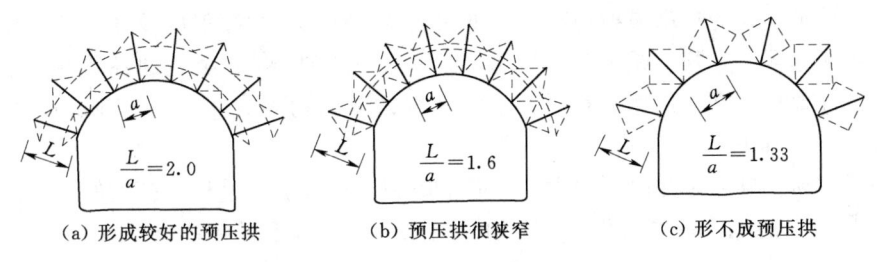

(a) 形成较好的预压拱　　(b) 预压拱很狭窄　　(c) 形不成预压拱

图 6-47　围岩中的预压拱

锚杆的布置参数一般可参照以下规定选取：

(1) 加固危岩的锚杆必须插入稳定的岩体中，插入深度和间距视危岩的质量（或滑动力）确定。

(2) 系统锚杆一般按梅花形排列，锚杆长度视洞室跨度、围岩特性和锚固部位而定，通常插入深度为 1.5～3.5m，间距约为锚固深度的 1/2。

单元三　喷混凝土施工

喷混凝土是将水泥、砂、石等集料，按一定配合比拌和后，装入喷射机中，用压缩空气将混合料压送到喷头处，与水混合后高速喷到作业面上，快速凝固而成一种薄层支护结构。这种支护结构的主要作用是，喷射混凝土不但与围岩表面有一定的黏结力，而且能充填围岩的缝隙，提高围岩的整体性和强度，增强围岩抵抗位移和松动的能力，同时还可起到封闭围岩、防止风化的作用，是一种高效、早强、经济的轻型支护结构。

一、喷混凝土的原材料及配合比

喷混凝土的原材料与普通混凝土基本相同，但在技术要求上有一定的差别，现说明如下：

(1) 水泥。优先选用强度等级不低于 42.5 的普通硅酸盐水泥，也可采用强度等级不低于 52.5 的矿渣硅酸盐水泥和火山灰质硅酸盐水泥。其目的是保证喷射混凝土的凝结时间与速凝剂有较好的相容性。

(2) 砂石料。优先选用磨圆度较好的天然砂和卵石，也可采用机制砂石料。砂的细度模数应大于 2.5，细石粒径不宜大于 15mm，以减少施工操作时的粉尘、回弹量和堵管。最大粒径为 15.0mm 的级配应满足表 6-13 的要求。

表 6-13　　　　　　　　　　　喷射混凝土骨料级配

项目	通过各种筛径的累计质量百分数/%							
	0.15mm	0.30mm	0.60mm	1.20mm	2.50mm	5.00mm	10.0mm	15.0mm
优	5~7	10~15	17~22	23~31	35~43	50~60	73~82	100
良	4~8	5~12	7~31	18~41	26~54	40~70	62~90	100

(3) 水。喷混凝土用水与一般混凝土对水的要求相同。地下洞室中的浑浊水和一切有酸、碱侵蚀性的水不能使用。

(4) 外加剂。为提高喷射混凝土的早期强度，增加一次喷射的厚度，宜在喷射混凝土中掺加速凝、早强、减水等外加剂，但掺入外加剂的喷混凝土的各项性能指标不得低于设计要求。在使用速凝剂时，水泥净浆试验的初凝时间应小于 5min，终凝时间不得大于 10min。

(5) 硅粉。硅粉是在电弧炉中生产硅金属和硅铁合金的过程中产生的副产品，含有 85%~95% 的无定形二氧化硅，平均粒径 $0.1\mu m$，为水泥颗粒粒径的 1/100，颗粒呈圆形。

在混凝土中掺入适量的硅粉，可以减少混凝土拌和物的泌水性和混凝土的孔隙率，提高混凝土的强度、抗渗性和耐久性。硅粉的一般掺量为水泥质量的 5%~15%。

喷射混凝土的配合比应满足混凝土强度和喷射工艺的要求，可按类比法选择后通过试验确定。喷射混凝土配合比可参考表 6-14。

表 6-14　　　　　　　　　各种喷射混凝土配合比及密度

喷射混凝土类型	水泥与砂石质量比	水灰比	砂率	外加剂占水泥用量	密度/(kg/m³)
干喷法	1.0:4.0~1.0:4.5	0.40~0.45	45%~55%	2%~4%	≥2.2×10³
湿喷法	1.0:3.5~1.0:4.5	0.42~0.50	50%~60%	2%~4%	≥2.2×10³
水泥裹砂喷射混凝土	1.0:4.0~1.0:4.5	0.40~0.52	55%~70%	2%~4%	≥2.2×10³
钢纤维喷射混凝土	1.0:3.0~1.0:4.0	0.40~0.45	50%~60%	2%~4%	≥2.4×10³

注　28d 龄期抗压强度为 20MPa，抗拉强度 1.5MPa，黏结力不小于 0.5MPa，抗渗等级 P8。

二、喷混凝土的施工工艺

喷混凝土的施工方法有干喷、潮喷、湿喷和半湿喷四种。主要区别是投料的程序不同，尤其是加水和速凝剂的时机不同。

1. 干喷和潮喷

干喷是将集料水泥和速凝剂按设计比例干拌均匀，然后装入喷射机，用压缩空气将混合的干集料压送到喷枪，再在喷嘴处与高压水混合，以较高速度喷射到岩面上。其优点是喷射机械较简单，机械清洗和故障处理容易；其缺点是产生的粉尘量大，回弹量大，水灰比不易控制。其施工工艺流程如图 6-48 所示。

潮喷只是在集料中预加少量水，从而降低了上料、拌和和喷射时的粉尘。其余与干喷工艺一样。由于潮喷可降低一定的粉尘，目前使用较多。

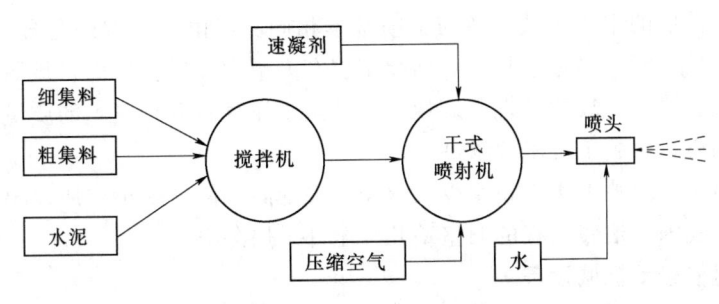

图 6-48 干喷工艺流程

2. 湿喷

湿喷是将集料、水泥和水按设计比例拌和均匀，用湿式喷射机压送到喷头处，再在喷头上添加速凝剂后喷出。其施工工艺流程如图 6-49 所示。

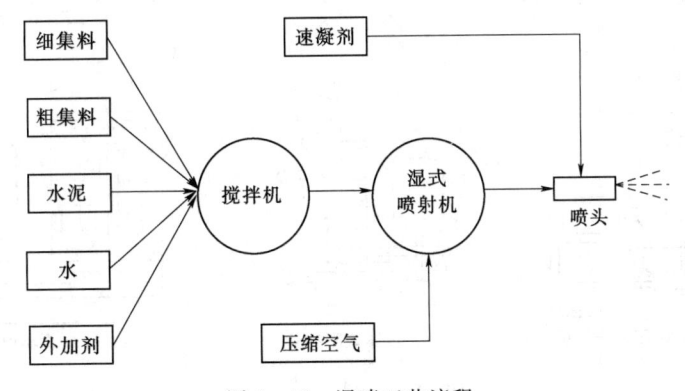

图 6-49 湿喷工艺流程

湿喷的优点是粉尘少、回弹量小、混凝土质量容易控制，应当发展应用。缺点是对喷射机械要求较高，机械清洗和故障处理较麻烦。

3. 半湿喷

半湿喷又称混合喷射或水泥裹砂造壳喷射。其施工程序是先将一部分砂加第一次水拌湿，再投入全部水泥预制搅拌造壳，然后加第二次水和减水剂拌和成 SEC 砂浆，同时将另一部分砂和石强制搅拌均匀，然后分别用砂浆泵和干式喷射机压送到混合管后喷出。其施工工艺流程如图 6-50 所示。

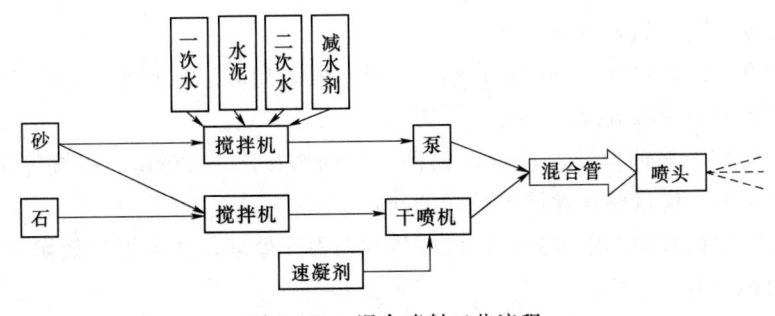

图 6-50 混合喷射工艺流程

半湿喷所使用的主要机械设备与干喷基本相同。但由于半湿喷是分次投料搅拌，混凝土的质量较干喷时要好，粉尘和回弹率也有大幅度降低。然而机械数量较多，工艺较复杂，机械清洗和故障处理很麻烦。尤其是水泥裹砂造壳技术的质量直接影响到喷射混凝土的质量，施工技术要求高。

由于湿喷和半湿喷工作面粉尘少，混凝土强度高，回弹率小，所以湿喷和半湿喷被广泛应用。我国小浪底工程的洞室壁几乎全部采用湿喷。

三、喷射混凝土机械设备

（1）喷射机。喷射机是喷射混凝土的主要设备，有干式喷射机和湿式喷射机两种。干式喷射机有双罐式、转体式和转盘式，如图6-51所示；湿式喷射机有挤压泵式、转体活塞式和螺杆泵式。泵式喷射机要求混凝土具有较大的流动性和大于70%的含砂率，机械构造较为复杂，清洗和故障处理麻烦，机械使用费较高，目前现场使用较少，有待进一步改进推广。

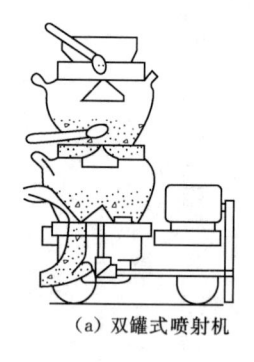

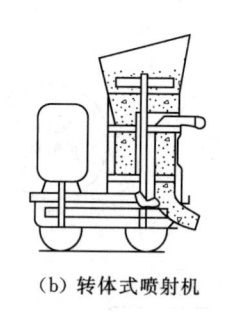

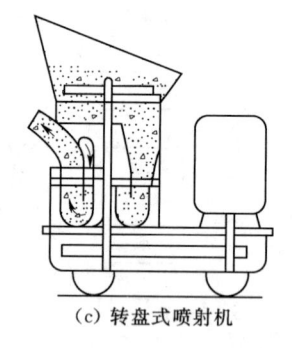

（a）双罐式喷射机　　（b）转体式喷射机　　（c）转盘式喷射机

图6-51　干式喷射机

（2）机械手。喷头的喷射方向和距离的控制，可采用人工控制或机械手控制。人工控制虽然可以近距离随时观察喷射情况，但劳动强度大，粉尘危害大，易危及人身安全，现场只用于解决少量和局部的喷射工作。机械手控制可避免以上缺点，喷射灵活方便，工作范围大，效率高，其工作原理见图6-52。

（3）其他。喷射混凝土的拌制是用强制式搅拌机，喷射时的风压为0.1~0.15MPa，水压应稍高于风压。湿式喷射时，风压和水压均较干喷时高。输料管在使用过程中应转向，以减少管道磨损。

四、喷前检查及准备

喷射混凝土前应做好以下工作：

（1）对开挖断面尺寸进行检查，清除松动危石，用高压风和水清洗受喷面，对欠挖、超挖严重的应予以处理。

（2）挂网应顺坡铺设铁丝网或钢筋网，网间搭接10~20cm，用镀锌铁丝绑扎，如遇坡面不平整，应调整铁丝网与坡面的间距。

（3）受喷岩面有集中渗水处，应做好排水的引流处理，并根据岩面潮湿程度，适当调整水灰比。

（4）埋设喷层厚度检查标志。可采用石缝处钉铁钉、安设钢筋头等方法作标志。

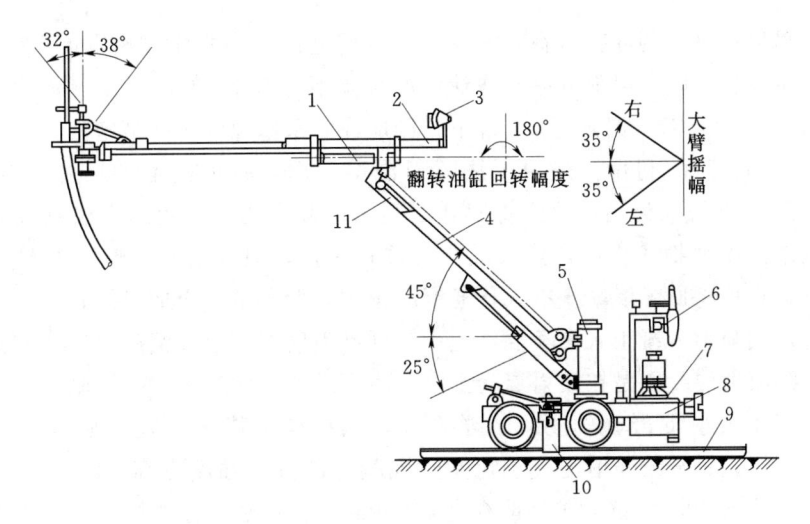

图 6-52 喷射机械手工作原理

1—翻转油缸；2—伸缩油缸；3—探照灯；4—大臂；5—转筒；6—风水系统；
7—液压系统；8—车架；9—钢轨；10—卡轨器；11—拉杆

(5) 检查调试好各机械设备的工作状态。

五、施喷注意事项

(1) 喷射时应分段（不超过 6m）、分部（先下后上）、分块（2m×2m）进行，严格按先墙后拱、先下后上的顺序进行，以减少混凝土因重力作用而引发的滑动或脱落现象。

(2) 喷头要垂直于受喷面，倾斜角度不大于 10°，距离受喷面 0.8~1.2m。喷头移动可采用 S 形往返移动前进，也可采用螺旋形移动前进，如图 6-53 所示。

(3) 喷射时一次喷射厚度不得太薄或太厚，对于岩面凹陷处应先喷且多喷，凸出处应后喷、少喷。一次喷射厚度可参考表 6-15。

(4) 若设计喷射混凝土较厚，应分 2~3 层喷射。分层时间间隔不得太长，在初喷混凝土终凝后，即可复喷。喷射混凝土的终凝时间与水泥品种、施工温度、速凝剂类型及掺量等因素有关。间隔时间较长时，应将初喷面清洗干净后再进行复喷。

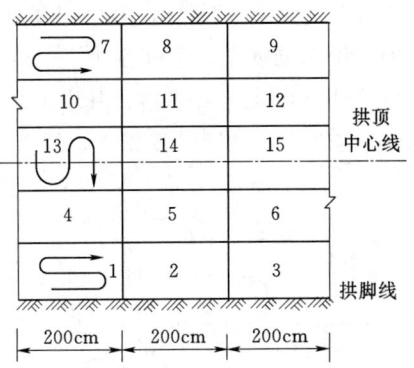

图 6-53 混凝土喷射程序

表 6-15　　　　　　　　一次喷射厚度表　　　　　　　　单位：cm

部　位	喷　射　厚　度	
	掺速凝剂	不掺速凝剂
边墙	7~10	5~7
拱部	5~7	3~5

(5) 喷射混凝土的养护应在其终凝 1~2h 后进行，养护时间不得小于 7d。

(6) 冬季施工时，喷射混凝土作业区的气温不得低于 5℃；混凝土强度未达到设计强度的 50% 时，若气温降于 5℃ 以下，则应注意采取保温防冻措施。

(7) 回弹物料的利用。采用干法喷射混凝土时，一般边墙的回弹率为 10%~20%，拱部为 20%~35%，故应将回弹混凝土回收利用。常用的方法是及时将洁净的尚未凝结的回弹物回收后，掺入混合料重新搅拌，但掺量不宜超过 15%，且不宜用于顶拱。也可将回弹混凝土掺入普通混凝土中，但掺量也应加以控制。

目前常用喷射混凝土有素喷混凝土、钢纤维喷射混凝土及钢筋网喷射混凝土。

钢纤维喷射混凝土是在喷射混凝土中加入钢纤维，弥补了素喷混凝土的脆性破坏缺陷，改善了喷射混凝土的物理力学性能。钢纤维的掺量一般为喷混凝土质量的 1.0%~1.5%，钢纤维喷射混凝土比素喷混凝土的抗压强度提高 30%~60%，抗拉强度提高 50%~80%，抗冲击性能提高 8%~30%，抗磨损性能提高 30% 左右。所以钢纤维喷射混凝土适用于承受强烈震动、冲击的动荷载的结构物，也适用于有耐磨要求，或不便配置钢筋但又要求有较高强度和韧性的工程中。

钢筋网喷射混凝土是在喷射混凝土之前，在岩面上挂设钢筋网，然后再喷射素混凝土。其主要用于软弱破碎围岩，更多的是与锚杆构成联合支护，在我国隧洞工程中应用较多。

【案例 3】 印度契比洛水电站地下厂房加固

印度契比洛水电站地下厂房高 32m，位于裂隙发育的灰岩及页岩岩体中，有一系列的断层通过岩体，断层厚 2~5m。利用距厂房上下游侧最近的洞室，在洞室开挖后立即施加预应力锚索，见图 6-54。

锚索的平均长度为 23.5m，由 16 根 ϕ7mm 的钢丝组成，锚索孔直径为 75mm。锚索排距为 2.5~2.7m，沿厂房高度方向的间距 3.0~4.6m。开始时利用这些锚索孔对围岩做固结灌浆，灌浆压力 7~8kgf/cm²，灌浆后重新钻透这些钻孔。

总计安设 411 根锚索，其中上游侧 231 根，下游侧 180 根，每根锚索的张拉力为 55tf。围岩表面挂网喷混凝土，厚度 7~8cm。

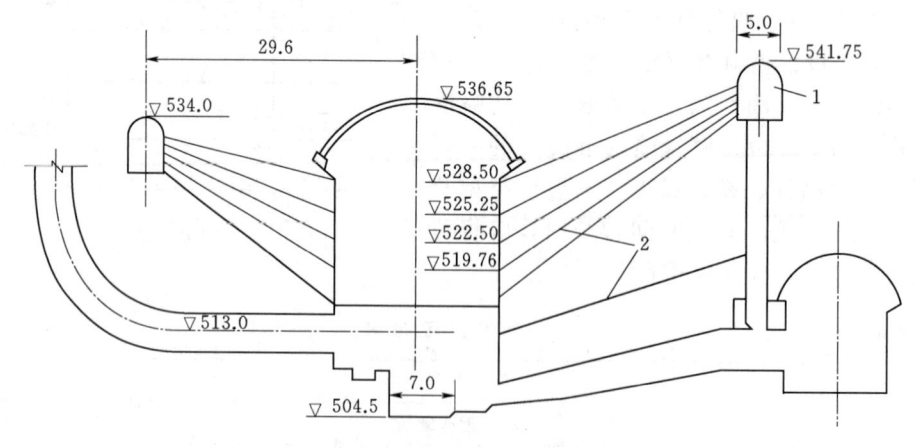

图 6-54 契比洛水电站厂房锚索布置（单位：m）
1—工作廊道；2—平均长度 23.5m

参 考 文 献

［1］ 梁建林，胡育. 水利水电工程施工技术［M］. 北京：中国水利水电出版社，2005.
［2］ 闫国新，张梦宇，王飞寒. 水利水电工程施工技术［M］. 郑州：黄河水利出版社，2013.
［3］ 袁光裕，胡击根. 水利工程施工［M］. 6版. 北京：中国水利水电出版社，2016.
［4］ 梁润. 施工技术［M］. 北京：水利电力出版社，1985.
［5］ 杭有声. 建筑施工技术［M］. 2版. 北京：高等教育出版社，2005.
［6］ 魏璇. 水利水电工程施工组织设计指南［M］. 北京：中国水利水电出版社，1999.
［7］ 于亚伦. 工程爆破理论与技术［M］. 北京：冶金工业出版社，2004.
［8］ SL 260—2014 堤防工程施工规范［S］.
［9］ SL/T 62—2020 水工建筑物水泥灌浆施工技术规范［S］.
［10］ SL 677—2014 水工混凝土施工规范［S］.
［11］ DL/T 5112—2021 水工碾压混凝土施工规范［S］.
［12］ DL/T 5110—2013 水电水利工程模板施工规范［S］.
［13］ SL 274—2020 碾压式土石坝施工规范［S］.
［14］ SL 49—2015 混凝土面板堆石坝施工规范［S］.
［15］ SL 174—2014 水利水电工程混凝土防渗墙施工技术规范［S］.